高等学校数学讲练教程系列

概率论与数理统计
分级讲练教程

主　编　仉志余
副主编　宋智民　赵治荣

北京大学出版社
PEKING UNIVERSITY PRESS

图书在版编目(CIP)数据

概率论与数理统计分级讲练教程/仇志余主编．—北京：北京大学出版社，2006．9
（高等学校数学讲练教程系列）
ISBN 978-7-301-10707-2

Ⅰ．概…　Ⅱ．仇…　Ⅲ．概率论-高等学校-教学参考资料
Ⅳ．O21

中国版本图书馆CIP数据核字(2006)第047186号

书　　　名：概率论与数理统计分级讲练教程
著作责任者：主编　仇志余　　副主编　宋智民　赵治荣
责 任 编 辑：曾琬婷
标 准 书 号：ISBN 978-7-301-10707-2/O·0694
出 版 发 行：北京大学出版社
地　　　址：北京市海淀区成府路205号　100871
网　　　址：http://www.pku.cn
电　　　话：邮购部 62752015　发行部 62750672　理科部 62752021
出版部 62754962
电 子 邮 箱：zpup@pup.pku.edu.cn
印　刷　者：北京大学印刷厂
发　行　者：北京大学出版社
经　销　者：新华书店
890 mm×1240 mm　A5　10.125印张　320千字
2006年9月第1版　2016年8月第9次印刷
定　　　价：22.00元

内容简介

本书是高等院校工科各专业数学公共课概率论与数理统计的学习辅导书，与国内多套现行全国优秀教材《概率论与数理统计》配套，可同步使用。为了配合同类高校各专业概率论与数理统计课程的教学和学生的学习，编者精心策划，按专题组织了多年参与教学改革并取得丰富经验的第一线教师，编写了这套《高等学校数学讲练教程系列》辅导教材。本书是《概率论与数理统计分级讲练教程》。全书共分为八个专题，内容包括概率论的基础知识、随机变量及其分布、多维随机变量及其分布、随机变量的数字特征、大数定律及中心极限定理、抽样及抽样分布、参数估计、假设检验等。每个专题均分为六个模块：内容提要、基本要求、释疑解难、方法指导、同步训练(分 A,B 两级习题)、学习札记。

本书的重点是“释疑解难”和“方法指导”。“释疑解难”部分对于本专题易于混淆的概念和解题过程中容易出现的错误做了简要清晰的说明，以帮助学生克服难点。“方法指导”目的是使学生通过本部分练习，加强对基本概念、基本方法的理解和掌握；强调解题方法，特别是通过提供一题多解，启发学生掌握通用方法，学会运用技巧和养成灵活多样、举一反三的科学素质。

本书按照教育部颁布的《高等学校工科本科概率论与数理统计课程教学基本要求》进行编写，注重数学思想、方法和技巧三位一体，结合了作者在教学第一线总结出的学习高等数学的认知规律与解题方法。

本书可作为高等院校工科各专业本科大学生学习概率论与数理统计的辅导教材，也可作为任课教师的教学参考书。对于报考硕士研究生的高年级大学生，本书也是复习备考的良师益友。

作者简介

仉志余 数学教授，硕士生导师。1957 年 12 月生，山东寿光人。现任太原工业学院副院长，兼任中国优选法统筹法与经济数学研究会理事，山西省数学会常务理事，山西省管理科学研究会副理事长等职。1982 年毕业于山东大学数学系以来，一直担任高校数学教学和数学科学研究工作。研究领域主要有常微分方程与泛函微分方程的定性理论及其在经济、金融和管理科学中的应用等。先后主持或参与过 7 个省级和国家级科研项目；多次参加国际国内学术会议，在国际国内重要学术刊物上发表学术论文 60 余篇，多篇已被 SCI、EI、ISTP、美国《数学评论》、德国《数学摘评》等收录。主编高校教材 7 套，其中一套被评为普通高等教育“十一五”国家级规划教材。先后主持省部级教学研究项目 10 个，其中已获得省人民政府教学成果一等奖两项、二等奖一项，主讲的“线性代数”课程成为首届国家级精品课程；还获得省部级优秀教材一等奖两个、二等奖一个。三次被评为省部级优秀教师或优秀中青年骨干教师，2003 年被评为山西省教学名师，2004 年被国家教育部授予“全国优秀教育工作者”称号。现为山西省大学数学优秀教学团队负责人。

前 言

随着我国高等教育大众化阶段的到来，高校入学新生数学基础区间呈扩大之势已是不争的事实。为了满足不同层次学生的需要，充分体现因材施教原则，我校自1999年以来，对高等数学、线性代数和概率论与数理统计等课程实行了分级教学改革试点。经过四年实践，效果突出。因此，于2003年，经专家评审，省教育厅批准，该试点已成为省级教学改革立项课题。为了总结经验，推动教学改革向纵深层次发展，也为了配合同类高校本科各专业数学课程的教学，我们精心策划，按专题组织了多年参与教学改革并取得丰富经验的教师，编写了《高等学校数学讲练教程系列》，本书是其中之一。本书是根据1995年国家教委颁布的《高等学校工科本科概率论与数理统计课程教学基本要求》并配合多套现行全国优秀教材《概率论与数理统计》的内容而编写的。

概率论与数理统计是工科院校各专业重要的基础课之一，它不仅是学习后续课程及在各个学科领域中进行科学研究和工程实践的必要基础，而且对学生综合能力的培养起着重要作用。如何更好地指导学生学好这门课程，加深学生对所学内容的理解和掌握，提高其综合运用知识解决实际问题的能力，是我们编写本书的目的。全书分为八个专题，内容包括：概率论的基础知识、随机变量及其分布、多维随机变量及其分布、随机变量的数字特征、大数定律及中心极限定理、抽样及抽样分布、参数估计、假设检验等。每个专题均分为如下六个模块：一、内容提要；二、基本要求；三、释疑解难；四、方法指导；五、同步训练（分A，B两级）；六、学习札记。书末附有同步训练的答案或提示。

“内容提要”和“基本要求”概括出本专题的内容要点和要求掌握的程度，利于学生总结梳理重点。“释疑解难”部分对于本专题易于混淆的概念和解题过程中容易出现的错误作了简要清晰的说明，以帮助学生克服难点。“方法指导”目的是使学生通过本部分练习，加强对基本概念、基本方法的理解和掌握；强调解题方法，特别是通过提供一题多解，启发学生掌握通用方法，学会运用技巧和养成灵活多样、举一反三的科学素质。“同步训练”分为A，B两级，A级是对基本要求进行强化训练部分，B级是综合提高部分。这两部分的习题都经过精心选择，既基本又典型，既相互照应又互不重复；重点突出，难易有度、循序渐进。在附录二中对“同步训练”中的A级题目提供了参考答案，并对B级题目给出解题要点，供读者参考。“学习札记”是为读者特设的记录学习经验和采集经典的空间。本书还特意在书末精制了三套期末模拟试题，以供读者了解过级考试的难易程度。本书既是大学本科生学习概率论与数理统计有益的辅导材料，又是有志考研的同学进级的良师益友。

本书由仉志余教授任主编，责任执笔是：宋智民副教授（专题一～四）和赵治荣副教授（专题五～八）。仉志余教授负责制订编写方案、全书统稿，并对各专题内容进行了修订。王建军副教授对本书的成稿做了大量工作。此外，还有王晓霞、樊孝仁、阎乙伟、张晋珠、阮豫红、王波、高玉洁、寇静、王颖、于彩娴、尹礼寿、郭尊光、李灿、连高社等老师也做了相应的工作。

由于编者水平和时间原因，书中不当之处在所难免，敬请各位同仁与读者不吝指正。

编　者

2006年5月于太原

目　录

专题一　概率论的基础知识

【一】内容提要

1. 随机现象

现实世界中有各种各样的现象. 在一定条件下,可能发生也可能不发生的现象叫**随机现象**(也称**偶然现象**,**非确定性现象**). 它具有两个特点:

(1) 在一次观察中,现象可能发生,也可能不发生,即结果呈现不确定性;

(2) 在大量重复观察中,其结果具有统计规律性.

概率论与数理统计就是研究和揭示随机现象统计规律性的一门数学学科.

2. 随机试验

观察随机现象,具有以下几个特点的试验叫**随机试验**:

(1) 在相同条件下可以重复进行;

(2) 每次试验结果不止一个,能事先明确试验的所有可能结果;

(3) 每次试验之前不能确定会出现那个结果.

随机试验通常用字母 E 表示.

3. 样本空间

随机试验 E 的所有可能结果组成的集合称为 E 的**样本空间**,记为 S. 样本空间的元素,即 E 的每个可能结果,称为**样本点**,记为 x 或 e.

样本空间的元素是由试验的目的所确定的,试验的目的不一样,其样本空间也不一样. 样本空间有三种类型:

(1) 有限集合: 样本空间中的样本点的个数是有限的;

(2) 无限可列集合: 样本空间中样本点的个数是无限的,但可以一一列出来；

(3) 无限不可列集合：样本空间中样本点的个数是无限的，又不能一一列出来.

4. 随机事件

样本空间 S 的任一个子集称为**随机事件**(简称事件)，用大写字母 $A,B,C,\cdots$表示. 随机事件 A 发生当且仅当该子集中的某一样本点 e 发生. 随机事件有以下几类：

(1) **基本事件**：由单个样本点构成的集合，也即最简单的不能再分的事件叫做基本事件，一般用 e_i 或 ω_i 表示；(注：显然，试验的"一个可能结果"、"一个样本点"、"一个基本事件"这三者含义是相同的)

(2) **复合事件**：由至少两个样本点构成的集合叫做复合事件，即复合事件是由若干个基本事件构成的事件；

(3) **必然事件**：每次试验中都出现的事件叫做必然事件，记为 S；

(4) **不可能事件**：每次试验中都不出现的事件叫做不可能事件，记为$\varnothing$.

必然事件与不可能事件是确定性的事件，并不是随机事件，为了研究问题的方便，把它们归入随机事件，作为随机事件的两个特殊情况.

5. 事件之间的关系及运算

事件的包含　如果事件 A 发生必然导致事件 B 发生，则称事件 B 包含事件 A，记为 $A\subset B$.

事件相等　如果事件 $A\subset B$ 且事件 $B\subset A$，则称事件 A 与 B 相等，记为 $A=B$.

事件的并(和)　设 A,B 是两个事件，事件"A,B 两事件至少有一个发生"称为 A 与 B 的并(和)，记为 $A\cup B$ 或 $A+B$.

事件的交(积)　设 A,B 是两个事件，事件"A,B 两事件同时发生"称为 A 与 B 的交(积)，记为 $A\cap B$ 或 AB.

事件的差　设 A,B 是两个事件，事件"A 发生而 B 不发生"称

为 A 与 B 的差,记为 $A-B$.

事件互不相容(互斥)　若事件 A 与 B 不能同时发生,即 $A\cap B=\varnothing$,则称 A,B 互不相容或互斥.

事件的对立　设 A,B 是两个事件,如果 $A\cap B=\varnothing$,且 $A\cup B=S$,则称 A,B 互为对立事件,记为 $B=\overline{A}$, $A=\overline{B}$.

注　在一次试验中,基本事件都是两两互斥的;对立事件一定是互斥事件,但互斥事件不一定是对立事件.

由差事件及对立事件的意义,容易验证:$A-B=A\overline{B}$.

6. 事件的运算律

交换律　$A\cup B=B\cup A$, $AB=BA$;

结合律　$A\cup(B\cup C)=(A\cup B)\cup C$, $A(BC)=(AB)C$;

分配律　$A\cup(BC)=(A\cup B)(A\cup C)$, $A(B\cup C)=AB\cup AC$;

德·摩根律　$\overline{A\cup B}=\overline{A}\ \overline{B}$, $\overline{AB}=\overline{A}\cup\overline{B}$.

7. 概率的定义

7.1　统计概率定义

在相同条件下进行 n 次试验,若在 n 次试验中事件 A 发生了 n_A 次,则称 $\dfrac{n_A}{n}$ 为事件 A 发生的频率, 记为 $f_n(A)$. 若当 n 不断增大时, A 的频率 $f_n(A)$ 总是在区间$[0,1]$上的一个确定的常数 p 附近摆动,并且稳定于 p,则称 p 为事件 A 发生的**概率**,记做 $P(A)=p$.

性质 1　统计概率满足:

(1) 对任意事件 A, $0\leqslant P(A)\leqslant 1$;

(2) $P(S)=1$;

(3) $P\left(\bigcup\limits_{i=1}^{n}A_i\right)=\sum\limits_{i=1}^{n}P(A_i)$,其中 $A_1,A_2,\cdots,A_n$ 是两两互斥事件.

7.2　古典概率定义

若随机试验满足:

(1) 有限性,即样本空间中基本事件的个数有限;

(2) 等可能性,即每个基本事件发生的可能性相等,

则称之为**古典概型的随机试验**.

在古典概型随机试验中，随机事件 A 发生的概率为

$$P(A)=\frac{A\text{ 中包含的基本事件数}}{S\text{ 中包含的基本事件总数}}.$$

性质 2 古典概率满足：

(1) 对任意事件 A，$0\leqslant P(A)\leqslant 1$；

(2) $P(S)=1$；

(3) $P\left(\bigcup_{i=1}^{n}A_i\right)=\sum_{i=1}^{n}P(A_i)$，其中 $A_1,A_2,\cdots,A_n$ 是两两互斥事件.

7.3 几何概率定义

若随机试验满足：

(1) 样本空间 S 是一个有限几何区域(直线上的区间，平面或空间上的区域)；

(2) 落入相同度量区域的结果出现的可能性是相等的，即试验结果落在 S 中任一区域的可能性与该区域的几何度量成正比，而与该区域的位置与形状无关，

则称之为**几何概型的随机试验**.

在几何概型随机试验中，随机事件 A 发生的概率为

$$P(A)=\frac{A\text{ 的几何度量}}{S\text{ 的几何度量}},$$

其中，几何度量可以是长度、面积或体积.

性质 3 几何概率满足：

(1) 对任意事件 A，$0\leqslant P(A)\leqslant 1$；

(2) $P(S)=1$；

(3) $P\left(\bigcup_{i=1}^{\infty}A_i\right)=\sum_{i=1}^{\infty}P(A_i)$，其中 $A_1,A_2,\cdots,A_n,\cdots$ 是两两互斥事件.

7.4 公理化定义

设试验的样本空间为 S，对于每一事件 $A\subset S$，赋予实数 $P(A)$，且集合函数 $P(\cdot)$ 满足条件：

(1) **非负性** $P(A)\geqslant 0$；

(2) **规范性** $P(S)=1$；

(3) **可列可加性** $P(A_1\cup A_2\cup\cdots)=P(A_1)+P(A_2)+\cdots$,其中 $A_1,A_2,\cdots$是两两互斥事件, 即 $A_iA_j=\varnothing(i\neq j;i,j=1,2,\cdots)$,则称 $P(A)$为事件 A 的**概率**.

7.5 性质与公式

(1) $P(\varnothing)=0$, $P(S)=1$.

(2) 对任意事件 A, 有 $0\leqslant P(A)\leqslant 1$, $P(A)+P(\overline{A})=1$.

(3) 设 A,B 为随机事件,若 $A\subset B$,则

$$P(B-A)=P(B)-P(A),\quad 且\quad P(A)\leqslant P(B).$$

(4) 对于任意两个事件 A,B 有

$$P(A-B)=P(A)-P(AB),$$
$$P(A\cup B)=P(A)+P(B)-P(AB).$$

若 A 与 B 互斥,则

$$P(A\cup B)=P(A)+P(B).$$

推广 设 $A_1,A_2,\cdots,A_n$ 是任意 n 个事件,则

$$\begin{aligned}P(A_1\cup A_2\cup\cdots\cup A_n)=&\sum_{i=1}^{n}P(A_i)-\sum_{1\leqslant i<j\leqslant n}P(A_iA_j)\\&+\sum_{1\leqslant i<j<k\leqslant n}P(A_iA_jA_k)\\&+\cdots+(-1)^{n-1}P(A_1A_2\cdots A_n).\end{aligned}$$

若 $A_1,A_2,\cdots,A_n$ 两两互斥,则

$$P(A_1\cup A_2\cup\cdots\cup A_n)=P(A_1)+P(A_2)+\cdots+P(A_n).$$

8. 条件概率、事件的独立性

8.1 条件概率

设 A, B 为两事件,且 $P(A)>0$, 称 $P(B|A)=\dfrac{P(AB)}{P(A)}$为事件 B 在事件 A 发生的条件下的**条件概率**. 若 $P(B)>0$,则

$$P(A|B)=\frac{P(AB)}{P(B)}.$$

注 设 $P(A)>0$,对任意的事件 B,B_1,B_2 有

$$P(B|A)=1-P(\overline{B}|A),$$
$$P(B_1\cup B_2|A)=P(B_1|A)+P(B_2|A)-P(B_1B_2|A).$$

8.2　乘法公式

(1) 设 A,B 为两事件,且 $P(A)>0,P(B)>0$,则

$$P(AB)=P(A)P(B|A)=P(B)P(A|B);$$

(2) 设 $A_1,A_2,\cdots,A_n$ 为 n 个事件,且 $P(A_1)>0,P(A_1A_2)>0,\cdots,P(A_1A_2\cdots A_{n-1})>0$,则

$$P(A_1A_2\cdots A_n)=P(A_1)P(A_2|A_1)P(A_3|A_1A_2)\cdots P(A_n|A_1A_2\cdots A_{n-1}).$$

8.3　全概率公式与贝叶斯公式

若 $B_1,B_2,\cdots,B_n$ 为样本空间 S 的一个划分, A 是 E 的事件,则

(1) **全概率公式**

$$P(A)=\sum_{i=1}^{n}P(B_i)P(A|B_i);$$

(2) **贝叶斯公式**

$$P(B_i|A)=\frac{P(B_i)P(A|B_i)}{\sum_{j=1}^{n}P(B_j)P(A|B_j)}\quad(i=1,2,\cdots,n).$$

8.4　事件的独立性

如果随机事件 A,B 满足 $P(AB)=P(A)P(B)$,则称事件 A 和 B **相互独立**.

如果事件组 $A_1,A_2,\cdots,A_n$ 满足对任意两个事件 A_i,A_j 有

$$P(A_iA_j)=P(A_i)P(A_j)\quad(i\neq j;\ i,j=1,2,\cdots,n),$$

则称事件组 $A_1,A_2,\cdots,A_n$ **两两相互独立**.

如果事件组 $A_1,A_2,\cdots,A_n$ 对任意 $k(1<k\leqslant n)$,有

$$P(A_{i_1}A_{i_2}\cdots A_{i_k})=P(A_{i_1})P(A_{i_2})\cdots P(A_{i_k})$$

$$(1\leqslant i_1<i_2<\cdots<i_k\leqslant n)$$

成立, 则称事件组 $A_1,A_2,\cdots,A_n$ **相互独立**.

注　(1) 事件 A 与 B 相互独立,则 A 与 $\overline{B}$,$\overline{A}$ 与 B,$\overline{A}$ 与 $\overline{B}$ 亦相互独立;

(2) $A_1,A_2,\cdots,A_n$ 相互独立与 $A_1,A_2,\cdots,A_n$ 两两相互独立是不同概念,前者蕴涵后者,但反之不真;

(3) 事件 A 与 B 相互独立$\Longleftrightarrow P(B|A)=P(B)(P(A)>0)$;

【二】基本要求

1. 理解随机事件和样本空间的概念;熟练掌握随机事件之间的关系与基本运算.

2. 理解随机事件频率的概念;了解随机现象的统计规律性.

3. 理解古典概率的定义;了解几何概率的定义和统计概率的定义;知道概率的公理化定义.

4. 掌握概率的基本性质,会应用这些性质进行概率的基本计算.

5. 理解条件概率的概念;掌握乘法公式、全概率公式和贝叶斯公式,并会应用这些公式进行概率计算.

6. 理解事件独立性的概念;会应用事件的独立性进行概率计算.

【三】释疑解难

1. 什么是确定性现象,什么是随机现象?

答 客观世界中所发生的现象是多种多样的,从其结果能否准确预言的角度去考虑,可分为两大类. 一类是在一定条件下必然出现或必然不出现的现象,称为**必然现象**. 例如,在标准大气压下,100℃ 的纯水必然沸腾;带异性电荷的小球必然相互吸引;在恒力作用下的物体必然作匀加速运动;等等. 这类现象的结果是能准确预言的. 研究这类现象的数学工具是微积分、微分方程及线性代数等经典数学理论与方法. 另一类是在一定条件下可能出现也可能不出现的现象,称做**随机现象**. 随机现象也是广泛存在的. 例如,从含有不合格品的一批产品中,任意抽取一件检验,其检验结果可能是合格品,也可能是不合格品,就是说"合格品"这个结果可能出现也可能不出现;某段时间内某公共汽车站候车的人数可能较多也可能较少;下一个交易日股市的指数可能上升也可能下跌，而且升跌幅度的大小也不能事先确定；等等.人们经过长期实践并深入研究后发现，虽然随机现象中出现什么样的结果不能完全预言，但在大量重复试验或观察下，它的结果却呈现出某种规律性，称之为**统计规律性**.概率论与数理统计就是研究和揭示随机现象统计规律性的一门数学学科.

2. 如何理解“随机事件是样本空间的子集”？

答 在随机试验中，一次试验某结果可能出现也可能不出现的事件，称为这试验的随机事件.

在一随机试验中，称每一个样本点组成的单点集为一个基本事件，全体基本事件的集合为样本空间.随机事件是由某些基本事件组成的，也就是由样本空间中的某些样本点组成的集合，它是样本空间的子集.

例如，在连续掷两次骰子的随机试验中，用 $i,j(i,j=1,2,3,4,5,6)$ 分别表示第一次和第二次掷出的点数，每一 (i,j) 表示一个基本事件，因而样本空间包含 36 个元素.{点数之和为 2}是一事件，它是由一个基本事件(1,1)组成的，可用集合{(1,1)}来表示；{点数之和为 4}也是事件，它是由(1,3)，(3,1)，(2,2)三个基本事件组成，可用集合{(1,3)，(3,1)，(2,2)}来表示.如果把{点数之和为 1}也看成事件，则它是一个不含任何基本事件的事件，为不可能事件，用空集符号 $\varnothing$ 表示；把{点数之和小于等于 12}也看成事件，则它含所有基本事件，为必然事件，用全集 S 表示.若 A 是一个事件，则{事件 A 不发生}也是一个事件，它是由 S 中 A 以外的诸样本点组成，记做 $\overline{A}$，它为 A 的逆事件.

又如在从一大批电子元件中任意抽取一件测试其寿命的随机试验中，样本空间为 $S=\{t|t\geqslant 0\}$. 事件{寿命超过 1000 h}可用 S 中样本点构成的集合 $\{t|t>1000\}$ 表示；事件{寿命大于 800 h，小于 950 h}可用样本点构成的集合 $\{t|800<t<950\}$ 表示.

实际中要考查的各种各样的事件及其相互关系，正与样本空间 S 中元素组成的各种子集及其相互关系相对应，因而概率论与集合论的术语及含义可如表 1-1 所述.

表 1-1

事件及其相互关系	集合及其相互关系	符号
样本空间	空间	S
基本事件	元素	e
事件	子集	$A,B,C,\cdots$
不可能事件	空集	$\varnothing$
必然事件	全集	S
A 是 B 的子事件(A 发生导致 B 发生)	A 是 B 的子集	$A\subset B$
A 与 B 的积事件(A 与 B 同时发生)	A 与 B 之交	$A\cap B$ 或 AB
A 与 B 的和事件(A 与 B 至少有一发生)	A 与 B 之并	$A\cup B$
A 与 B 的差事件(A 发生但 B 不发生)	A 与 B 之差	$A-B$
A 的逆事件(A 不发生)	A 的补集	$\overline{A}$
A 与 B 互斥(A 与 B 不同时发生)	A 与 B 不交	$AB=\varnothing$

3. 如何理解"概率的公理化定义"的意义?

答 在概率论的发展史上,概率的"公理化定义"的提出是一个里程碑的事件. 自从人们开始研究随机现象以来,关于如何对随机事件的概率进行明确的定义进行了长时期的讨论. 历史上概率论起源于赌博. 三百多年以前,现代化生产与技术尚处于萌芽状态,对自然界中随机现象规律性的研讨还没有开展起来,但此时具有悠久历史的游戏与赌博却发达得很. 人们借助于骰子、纸牌以及形形色色的工具进行赌博,遇到了许多无法解释的问题. 由于输赢是无法预言的,而且涉及金钱的得失,因而人们越来越迫切地想了解其中的数量规律. 17 世纪中叶,赌徒中一些有身份的人开始向数学家请教. 当时欧洲颇具声望的法国数学家费马、B. 帕斯卡及荷兰数学家惠更斯等人都参加了有关的讨论,于是产生了概率论的基本概念. 法国数学家拉普拉斯在系统总结前人工作的基础上,在其 1812 年出版的著作《概率的分析理论》中首次明确规定了概率的古典定义.

在建立古典概率的同时,人们就注意到只考虑取有限个元素构成的样本空间是不够的. 实际问题中,若试验的样本空间有无限多个样本点时,就不能按古典概型计算概率. 把等可能思想发展到含有无穷多个样本点的样本空间就产生了几何概率,其基本思想可以表达为: 设 S 是平面上一个可求积的区域,A 为 S 的小区域,$\mu(A)$表示

A 的面积. 随意扔一个点到 S 中,按照等可能性的思想,可认为点落入 S 内任何一部分的概率与这一部分的面积成正比,而与这一部分的形状及其在 S 内的位置都无关. 因此,落入 A 的概率为

$$P(A)=\frac{\mu(A)}{\mu(S)}.$$

几何概率的计算是一个难点,现举两例以示一般方法.

例 1 设在一个均匀陀螺的圆周上均匀地刻上区间 $[0,3)$ 上的诸数字. 在平整光滑的支撑面上旋转陀螺,当它停下时与支撑面接触点的刻度将在 $[a,b]$($[a,b]\subset[0,3)$)上的概率有多大?

解 首先, 旋转陀螺停下时与支撑面接触点的刻度是 $[0,3)$ 上的任一值,其是一基本事件,则样本空间应为 $S=[0,3)$;其次由于陀螺是均匀的, 圆周上的刻度也是均匀的,因此接触点在圆周上哪一点是等可能的,即所有基本事件发生的概率是等可能的. 显然"接触点刻度在 $[a,b]$ 上"是一随机事件,记为 A. 随机事件 A 概率的大小与 $[a,b]$ 的长度 $b-a$ 成正比,而与 $[a,b]$ 在 $[0,3)$ 内的位置无关. 因此陀螺停下时,它与支撑面接触点的刻度在 $[a,b]$ 上的概率为

$$P(A)=\frac{[a,b]\text{ 的长度}}{[0,3)\text{ 的长度}}=\frac{b-a}{3}.$$

例 2 设有一根长 l 的木棒,任意折成三段,问恰好能构成一个三角形的概率.

解 设折得的三段分别为 x,y 和 $l-x-y$, 那么样本空间为

$$S=\{(x,y)\mid 0<x<l,0<y<l,0<x+y<l\}.$$

与随机事件 $\{$三段构成三角形$\}\xlongequal{\text{记为}}A$ 相应的子区域应满足"两边之和大于第三边"的原则,从而得到联立方程组

$$\begin{cases}l-x-y<x+y,\\ x<(l-x-y)+y,\\ y<(l-x-y)+x,\end{cases}$$

即

$$A=\left\{(x,y)\;\middle|\;0<x<\frac{l}{2},0<y<\frac{l}{2},\frac{l}{2}<x+y\right\}$$

(见图 1-1). 由几何概率得所求概率为

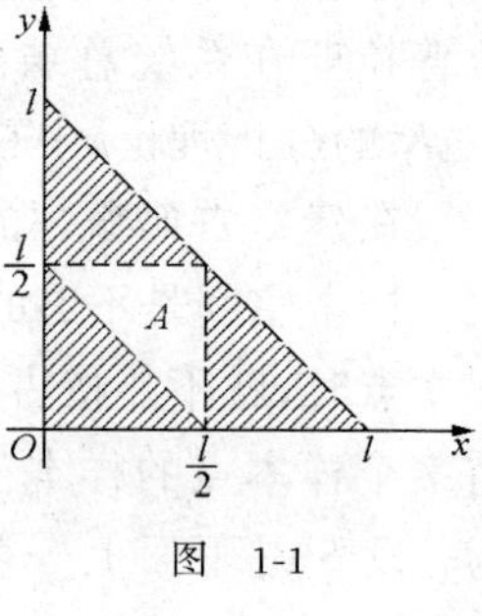

图 1-1

$$P(A)=\frac{A\text{ 的面积}}{S\text{ 的面积}}=\frac{1}{4}.$$

随着人们遇到问题的复杂程度的增加，等可能性逐渐暴露出它的弱点. 许多随机试验样本点的出现不是等可能的，应如何度量随机事件发生可能性的大小？另外，随着经验的积累，人们逐渐认识到，在做大量重复试验时，随着试验次数的增加，一个事件出现的频率总在一个固定的数附近摆动，显示出一定的稳定性. 奥地利数学家 R. von 米泽斯把这个固定的数定义为该事件的概率，得到概率的统计定义.

古典概率、几何概率、统计概率的定义在解决各自相适应的实际问题中，都起着很重要的作用，但它们各自有一定的局限性. 古典概率要求试验的样本空间是有限集且每个样本点在一次试验中以相等的可能性出现；几何概率虽然把样本空间扩展到无限集，但仍保留样本点的等可能性要求，许多问题常常不满足这种要求. 所以这两种定义在应用上有它的局限性. 统计概率虽然没有上述那种局限性，但它的定义建立在试验次数很大时，频率呈现的稳定性这一事实上. 然而究竟次数大到怎样的程度，以及所谓摆动应如何理解都没有确切的说明，从理论上讲这种定义方法是不够严谨的. 三个定义中任何一个作为概率的数学定义来建立起概率理论都是不可能的. 这些不足不仅妨碍概率论自身的发展，也使概率论作为数学分支的科学性受到怀疑. 1933 年苏联数学家 A. H. 柯尔莫哥洛夫在综合前人成果的基础上，抓住概率是事件（即 S 的子集）的函数这一本质及其满足的重要性质，提出了概率的公理化定义. 柯尔莫哥洛夫从古典概率、几何概率、统计概率的有关性质中概括出三条基本准则，即非负性、规范性和互斥事件的可列可加性，指出凡是满足这三条公理的集合函数都可作为概率. 概率的公理化定义既把以前各种有实际意义的定义作为特例包含在内，又能满足现代科学对它所提出的更高要求，使以后的有关推理有所依据. 由三条公理推出的概率性质为利用简单事件的概率计算复杂事件的概率提供了运算规则，极大地推动了概率论的发展.

4. 事件 A 的频率 $f_n(A)$ 与概率 $P(A)$ 的区别与联系是什么？

答 (1) 频率具有两个特点. 一是频率具有**随机波动性**：试验次数 n 不同时，事件 A 出现的频率 $f_n(A)$之值可能不同；当 n 保持某个值不变时，重复进行试验的结果表明 $f_n(A)$也可能不同. 这反映了随机事件偶然性的一面. 二是频率具有**稳定性**：当 n 较小时，频率随机波动的幅度较大；但当 n 逐渐增大时，频率波动的幅度稳定地变小，就是 $f_n(A)$总是稳定在一个确定的常数 p 附近. 这个数 p 是一客观存在的理论值，与所做的若干次具体试验无关. 对每一个事件 A 都有这样一个常数与之对应，称其为 A 的概率. 这反映了随机事件必然性的一面.

(2) 频率的稳定性与数列的极限不同. 由于频率波动具有随机性，所以，对任给的 $\varepsilon>0$，并不存在正整数 N，使得 $n>N$ 时，$f_n(A)$的波动幅度 $|f_n(A)-p|<\varepsilon$ 总成立. 如掷硬币试验[①]，事件 $A=\{$正面向上$\}$的频率 $f_n(A)$的稳定值为$\frac{1}{2}$. 如取 $N=500$，有一个

$$f_{500}(A)=\frac{251}{500},\quad \left|\frac{251}{500}-\frac{1}{2}\right|=0.002,$$

但有 $n_1=4040>N$，使

$$\left|f_{n_1}(A)-\frac{1}{2}\right|=\left|\frac{2048}{4040}-\frac{1}{2}\right|=0.0069>0.002,$$

还有$\left|f_{1000}(A)-\frac{1}{2}\right|=0.0021>0.002$，等等.

事实上，用大数定律就可清楚地描述这个关系：$P\{|f_n(A)-p|<\varepsilon\}\to 1\ (n\to\infty)$. 这就是说，当 $n\to\infty$时，事件 A 发生的频率与概率有较大的偏差的可能性趋于零.

(3) 频率 $f_n(A)$是试验值，依赖于试验，具有随机性，能近似地反映事件 A 发生可能性的大小，而概率 $P(A)$是客观存在的理论值，不随试验而变，它精确地反映出事件 A 发生的可能性的大小. 在实际问题中，$P(A)$往往是未知的，可用频率估算概率，即只要试验次数 n 足够大，就可以用事件 A 发生的频率 $f_n(A)$近似代替概率 $P(A)$. 比如产品的合格率，种子的发芽率，等等，都可用频率来近似

---

① 见《概率论与数理统计》(第三版)，盛骤等编，高等教育出版社，2002 年 8 月，第 8 页表 1，表 2.

概率.

5. 互斥与独立的关系与区别是什么?

答 对于事件 A 与事件 B,若 A 与 B 互斥,则 A 发生时,B 一定不发生,即 A 的发生依赖于 B 的不发生,也决定了 B 的不发生.也就是说 A 发生影响到 B 不发生.同样,B 发生也影响到 A 不发生.所以,若事件 A 与事件 B 互斥,且 $P(A)P(B)>0$,则 A 与 B 不相互独立.例如,设一枚硬币掷一次,事件 $A=\{$正面向上$\}$,事件 $B=\{$反面向上$\}$,则 A 与 B 互斥,但 A 与 B 不相互独立.

若 A 与 B 相互独立,则 A 的发生不受 B 发生的影响,同时 B 的发生也不受 A 发生的影响,自然也不会有 A 发生时 B 就一定不发生的情况,A 与 B 有可能同时发生.所以,若事件 A 与事件 B 相互独立,且 $P(A)P(B)>0$,则 A 与 B 不互斥.例如,设两枚硬币各掷一次,事件 $A=\{$甲币正面向上$\}$,事件 $B=\{$乙币正面向上$\}$,则 A 与 B 相互独立,而 A 与 B 不互斥.

结论 设 A,B 为两随机事件,当 $P(A)P(B)>0$ 时,"A 与 B 相互独立"与"A 与 B 互斥"不能同时成立.

事实上,若 A 与 B 互斥,则 $P(AB)=P(\varnothing)=0$,而 $P(A)P(B)>0$,故 $P(AB)\neq P(A)P(B)$,即 A 与 B 不相互独立.反之,若 A 与 B 相互独立,则 $P(AB)=P(A)P(B)>0$,即 $AB\neq\varnothing$,亦即 A 与 B 不互斥.

独立与互斥是两个不同的概念,它们分别从两个不同的角度考查事件间的某种关系.前者考查一事件发生对另一事件发生是否有影响,用事件的概率 $P(AB)=P(A)P(B)$ 来刻画;后者考查在一次试验中两事件是否同时发生,用事件的运算 $AB=\varnothing$ 来描述.在计算 $P(A\cup B)$ 时应注意 A 与 B 是否互斥,而计算 $P(AB)$ 时要区别 A 与 B 是否独立.

上结论的逆命题不真,即两事件,由不独立得不出互斥,由不互斥也得不出独立.概括起来讲,在前提条件 $P(A)P(B)>0$ 下,"A 与 B 互斥"与"A 与 B 相互独立"这两种事件间的关系是互斥的,但不是对立的.

6. "不放回一件一件地任抽 k 件"与"一次任抽 k 件"有什么

关系？

答 从一批产品中，“不放回一件一件地任抽 k 件”与“一次任抽 k 件”都属古典概型，是一回事.

例如，设一批产品共 20 件，其中 5 件次品.（1）一次任取 5 件；（2）每次任取一件，不放回地抽 5 次. 分别求 5 件中恰有 3 件次品的概率.

设事件 A 表示“5 件中恰有 3 件次品”.

（1）若一次任取 5 件，则用组合计算，有

$$P(A)=\frac{C_5^3C_{15}^2}{C_{20}^5}=0.0677.$$

（2）若不放回一件一件地任抽 5 件，则用排列计算，仍有

$$P(A)=\frac{A_5^3A_{15}^2(A_4^1+A_3^1+A_2^1+A_1^1)}{A_{20}^5}=0.0677.$$

排列方法示意如下：

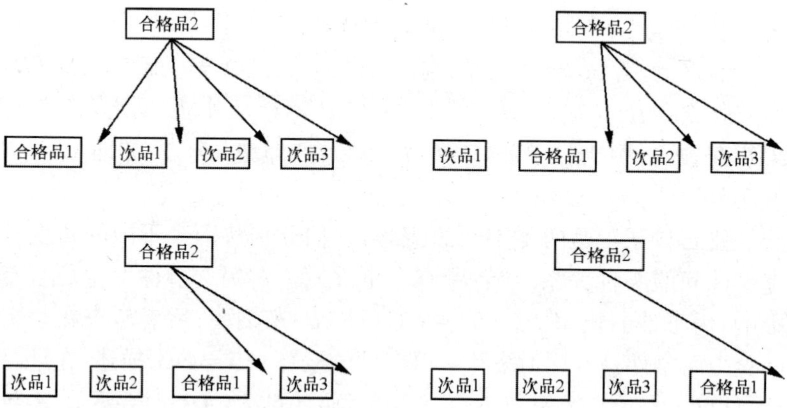

7. 如何理解小概率事件的意义？

答 设在一试验中，事件 A 的概率 $P(A)=p$ 很小（一般地取 $p<10^{-4}$），称 A 为**小概率事件**，则小概率事件在一次试验中几乎不可能发生. 这个论断称为**小概率原理**.

但是，不论 p 多么小，只要在相同条件下不断重复这一试验，则事件 A 迟早要发生的概率为 1. 这是由于在 n 次重复独立试验中，

A 一次也不发生的概率为 $P(\overline{A}_1\overline{A}_2\cdots\overline{A}_n)=(1-p)^n$($A_i=\{$第 i 次试验 A 发生$\}$)，A 至少发生一次的概率为 $1-(1-p)^n\to 1(n\to\infty$时).这表明,小概率事件又是不可忽视的.

小概率事件的这两重意义,分别在不同的实际问题中有着重要的应用.

【四】方法指导

例 1 记录一个小班一次数学考试的平均分数(设以百分制记分且每人得分为整数),写出此随机试验的样本空间.

分析 认为样本空间 $S=\{x\mid 0\leqslant x\leqslant 100\}$是错误的,因为 $0\leqslant x\leqslant 100$ 中的 x 可取到无理数,而百分制记分的平均分数不可能是无理数.

认为样本空间 $S=\{x\mid 0\leqslant x\leqslant 100, x\in\mathbf{Q}\}$(其中 $\mathbf{Q}$ 表示有理数全体组成的集合)也是错误的.事实上,可设小班人数为 n,可能全班考试的总分数为 $i=0$,也就是小班每个人都得 0 分,此时平均分数最小为 $\dfrac{0}{n}=0$;比 0 这个总分数大的最小总分数为 $i=1$,即小班中 1 个人考 1 分,其余 $n-1$ 个人考 0 分, 此时平均分数为 $\dfrac{1}{n}$.显然,平均分数在 0 与 $\dfrac{1}{n}$ 之间是没有的.

所以,此试验的样本空间为 $S=\left\{\dfrac{i}{n}\,\middle|\, i=0,1,2,\cdots,100n\right\}$,其中 n 为小班人数.

例 2 设 A,B,C 是三个事件,用 A,B,C 表示下列事件:

(1) A,B,C 至少有一个发生;

(2) A,B,C 中不多于两个发生;

(3) A,B,C 中不多于一个发生.

解 (1) $A\cup B\cup C$ 或 $\overline{\overline{A}\,\overline{B}\,\overline{C}}$ 或 $A\overline{B}\,\overline{C}\cup\overline{A}B\overline{C}\cup\overline{A}\,\overline{B}C\cup AB\overline{C}\cup A\overline{B}C\cup\overline{A}BC\cup ABC$.

(2) $\overline{A}\cup\overline{B}\cup\overline{C}$ 或 $\overline{ABC}$ 或 $\overline{A}BC\cup A\overline{B}C\cup AB\overline{C}\cup\overline{A}\,\overline{B}C\cup\overline{A}B\overline{C}\cup A\overline{B}\,\overline{C}\cup\overline{A}\,\overline{B}\,\overline{C}$.

(3) $\overline{A}\,\overline{B}\cup\overline{A}\,\overline{C}\cup\overline{B}\,\overline{C}$ 或 $\overline{A}\,\overline{B}\,\overline{C}\cup A\overline{B}\,\overline{C}\cup\overline{A}B\overline{C}\cup\overline{A}\,\overline{B}C$.

注 在(1)中，因为对于任意事件 H，有 $H\cup\overline{H}=S, H\cup H=H, H\cap S=H$ 成立，所以由事件运算的交换律及结合律有

$$
\begin{aligned}
&A\overline{B}\,\overline{C}\cup\overline{A}B\overline{C}\cup\overline{A}\,\overline{B}C\cup AB\overline{C}\cup A\overline{B}C\cup\overline{A}BC\cup ABC \\
&\quad= A\overline{B}\,\overline{C}\cup\overline{A}B\overline{C}\cup\overline{A}\,\overline{B}C\cup AB\overline{C}\cup AB\overline{C}\cup A\overline{B}C \\
&\qquad\cup A\overline{B}C\cup\overline{A}BC\cup\overline{A}BC\cup ABC\cup ABC\cup ABC \\
&\quad= (A\overline{B}\,\overline{C}\cup AB\overline{C})\cup(\overline{A}B\overline{C}\cup\overline{A}BC)\cup(\overline{A}\,\overline{B}C\cup A\overline{B}C) \\
&\qquad\cup(AB\overline{C}\cup ABC)\cup(A\overline{B}C\cup ABC)\cup(\overline{A}BC\cup ABC) \\
&\quad= A\overline{C}\cup\overline{A}B\cup\overline{B}C\cup AB\cup AC\cup BC \\
&\quad= (A\overline{C}\cup AC)\cup(\overline{A}B\cup AB)\cup(\overline{B}C\cup BC) \\
&\quad= A\cup B\cup C.
\end{aligned}
$$

由德·摩根律及 $\overline{\overline{A}}=A$，有 $A\cup B\cup C=\overline{\overline{A}\,\overline{B}\,\overline{C}}$.

(2),(3)中情况与(1)类似.

例 3 考查居民对三种报纸 A,B,C 的订购情况. 设事件 A,B,C 分别表示订购报纸 A,B,C，试表示下列事件：

(1) 只订购报纸 A； (2) 只订购报纸 A 及 B；

(3) 只订购报纸 A 或 B； (4) 只订购一种报纸；

(5) 正好订购两种报纸； (6) 至少订购一种报纸；

(7) 不订任何报纸.

分析 首先要正确理解各个事件的含义，在这个基础上，不难写出各个事件.

解 (1) $A\overline{B}\,\overline{C}$； (2) $AB\overline{C}$；

(3) $A\overline{B}\,\overline{C}\cup\overline{A}B\overline{C}$； (4) $A\overline{B}\,\overline{C}\cup\overline{A}B\overline{C}\cup\overline{A}\,\overline{B}C$；

(5) $\overline{A}BC\cup A\overline{B}C\cup AB\overline{C}$； (6) $A\cup B\cup C$；

(7) $\overline{A}\,\overline{B}\,\overline{C}$ 或 $\overline{A\cup B\cup C}$.

例 4 在图书馆中按书号任选一本书，设 A 表示"选的是数学书"，B 表示"选的是中文版的书"，C 表示"选的是 1990 年以后出版的书". 问：

(1) $\overline{C}\subset B$ 表示什么意思？ (2) $\overline{A}=B$ 表示什么意思？

分析 $\overline{C}$ 是 C 的对立事件，故 $\overline{C}$ 表示"选的是 1990 年以前出版的书". 同样，$\overline{A}$ 是 A 的对立事件，故 $\overline{A}$ 表示"选的不是数学书". $\overline{C}\subset$

B 表示 $\overline{C}$ 发生必推出 B 发生. 而 $\overline{A}=B$ 即 $\overline{A}\subset B$ 且 $B\subset\overline{A}$.

解 (1) $\overline{C}\subset B$ 表示馆中1990年以前出版的书都是中文版的.

(2) $\overline{A}=B$ 表示馆中的非数学书都是中文版的,且中文版的书都不是数学书,即馆中所有也只有数学书不是中文版的.

例 5 设同时投掷两颗骰子,用 A_k 表示事件"出现点数之和为 k"($2\leqslant k\leqslant 12$);用 B_n 表示事件"出现点数之差为 n". 试用 A_k,B_n 表示事件 $A=\{$两颗骰子出现的点数最小者为 3$\}$.

分析 设投掷两颗骰子出现的点数分别为 $x,3$,则以 A_k,B_n 表示事件 A,按题意要满足 $x+3=k, x-3=n(3\leqslant x\leqslant 6)$. 故当 x 分别取 3,4,5,6 时,k,n 对应的分别取 6,0;7,1;8,2;9,3.

解 据上述分析易得 $A=A_6B_0\cup A_7B_1\cup A_8B_2\cup A_9B_3$.

例 6 设 A,B 是两个事件,证明:

$$1-P(\overline{A})-P(\overline{B})\leqslant P(AB)\leqslant P(A\cup B)\leqslant P(A)+P(B). \tag{1}$$

分析 利用关系式:

$$P(A\cup B)=P(A)+P(B)-P(AB),$$

$$\overline{AB}=\overline{A}\cup\overline{B},\quad P(A)+P(\overline{A})=1.$$

证 因为

$$P(A\cup B)=P(A)+P(B)-P(AB),$$

而 $P(AB)\geqslant 0$, 所以

$$P(A\cup B)\leqslant P(A)+P(B).$$

又因为 $AB\subset A\subset A\cup B$,所以

$$P(AB)\leqslant P(A\cup B).$$

由于

$$P(\overline{A})+P(\overline{B})\geqslant P(\overline{A}\cup\overline{B})=P(\overline{AB})=1-P(AB),$$

所以

$$1-P(\overline{A})-P(\overline{B})\leqslant P(AB).$$

综合可得(1)式成立.

例 7 设 A,B,C 是三个事件,且已知

$$P(A)=0.3,\quad P(B)=0.8,\quad P(C)=0.6,$$

$$P(AB)=0.2,\quad P(AC)=0,\quad P(BC)=0.6.$$

求：(1) $P(A\cup B)$；(2) $P(A\overline{B})$；(3) $P(A\cup B\cup C)$.

解 (1) 由并的公式 $P(A\cup B)=P(A)+P(B)-P(AB)$得

$$P(A\cup B)=0.3+0.8-0.2=0.9.$$

(2) 由差的公式 $P(A\overline{B})=P(A-B)=P(A)-P(AB)$得

$$P(A\overline{B})=0.3-0.2=0.1.$$

(3) 因为$\varnothing\subset ABC\subset AC$,所以由概率的性质有

$$0=P(\varnothing)\leqslant P(ABC)\leqslant P(AC).$$

据题设 $P(AC)=0$,故有 $P(ABC)=0$. 于是

$$\begin{aligned}P(A\cup B\cup C)&=P(A)+P(B)+P(C)-P(AB)\\&\quad-P(AC)-P(BC)+P(ABC)\\&=0.3+0.8+0.6-0.2-0-0.6+0=0.9.\end{aligned}$$

注 对于(3)，认为 $P(AC)=0\Rightarrow AC=\varnothing$是错误的. 概率的性质 $P(\varnothing)=0$,意味着如果 $A=\varnothing$,则 $P(A)=0$. 此性质的逆命题不成立,即若 $P(A)=0$,则 $A=\varnothing$是错误的.

例 8 设两个相互独立的事件 A 和 B 都不发生的概率为 $\frac{1}{9}$，A 发生 B 不发生的概率与 B 发生 A 不发生的概率相等. 求 $P(A)$.

分析 由题设 A 和 B 相互独立，即 $P(AB)=P(A)P(B)$,且

$$P(\overline{A}\,\overline{B})=1/9,\quad P(A\overline{B})=P(\overline{A}B).$$

解 由题设有

$$\begin{cases}P(\overline{A}\,\overline{B})=P(\overline{A\cup B})=1-P(A\cup B)=1/9,\\P(A)-P(AB)=P(A\overline{B})=P(\overline{A}B)=P(B)-P(AB),\end{cases}$$

也即

$$\begin{cases}1-P(A)-P(B)+P(A)P(B)=1/9,\\P(A)=P(B),\end{cases}$$

故

$$P^2(A)-2P(A)+1=1/9.$$

解得

$$P(A)-1=\pm 1/3,\quad 即\quad P(A)=4/3 或 2/3.$$

由于 $P(A)\leqslant 1$，故 $P(A)=2/3$.

例 9 设将一颗骰子掷两次,求两次出现的点数和为 4 的概率.

分析 若将试验目的看做观察两次出现点数的情况,则试验的

样本空间

$$S = \{(i,j) | i,j = 1,2,3,4,5,6\}.$$

解 设事件 A 表示"两次出现的点数和为 4"，则 $A=\{(1,3),(2,2),(3,1)\}$. 所以所求概率为

$$P(A) = \frac{C_3^1}{C_6^1 C_6^1} = \frac{1}{12}.$$

注 若将试验目的看做观察两次出现的点数之和，则样本空间 $S_1=\{2,3,4,\cdots,12\}$. 但它不是等可能概型，不能用古典概率公式计算，即 $P(A)\neq\frac{1}{11}$.

例 10 设袋中有 9 个球，其中 4 个白球，5 个黑球. 现从中任取两个，求：

(1) 两个球均为白球的概率；

(2) 两个球中一个是白球，另一个是黑球的概率；

(3) 至少有一个是黑球的概率.

解 (1) *解法 1* 假设取球与先后次序有关(即看做不放回一个一个地抽两次)，则基本事件总数为 A_9^2，且每个事件的出现具有等可能性. 取得两个白球的事件 A 包含的基本事件个数为 A_4^2，故所求概率为

$$P(A) = \frac{A_4^2}{A_9^2} = \frac{1}{6}.$$

解法 2 假设取球与先后次序无关(即看做一次任意地取两个)，则基本事件总数为 C_9^2，且每个事件的出现具有等可能性. 取得两个白球的事件 A 包含的基本事件个数为 C_4^2，故所求概率为

$$P(A) = \frac{C_4^2}{C_9^2} = \frac{1}{6}.$$

(2) *解法 1* 取球与先后次序有关，则基本事件总数为 A_9^2. 两个球中一白一黑相当于：先白后黑，先黑后白两种情况. 取一白一黑的事件 B 所包含的基本事件个数为 $2A_4^1A_5^1$，故所求概率为

$$P(B) = \frac{2A_4^1A_5^1}{A_9^2} = \frac{5}{9}.$$

解法 2　取球与先后次序无关，则基本事件总数为 C_9^2. 取一白一黑的事件 B 所包含的基本事件个数为 $C_4^1C_5^1$，故所求概率为

$$P(B)=\frac{C_4^1C_5^1}{C_9^2}=\frac{5}{9}.$$

(3) 设至少有一个黑球为事件 C，则所求概率为

$$P(C)=1-P(A)=1-\frac{1}{6}=\frac{5}{6}.$$

注　用古典概率公式计算事件概率时，可在不同的样本空间中考虑分析问题，但计算分子、分母所含的基本事件个数时，必须是在确定的同一样本空间内.

例 11　从 5 双不同的鞋子中任取 4 只，问：这 4 只鞋子中至少有 2 只配成双的概率是多少？

分析　设事件

$A=\{$取出的 4 只鞋子中至少有 2 只能配成双$\}$，

$A_1=\{$取出的 4 只鞋子中恰有 2 只能配成双$\}$，

$A_2=\{$取出的 4 只鞋子恰配成 2 双$\}$，

则 $A=A_1\cup A_2$，且 A_1,A_2 互斥，$\overline{A}=\{$4 只鞋子中没有 2 只能配成双$\}$.

解法 1　基本事件总数为 C_{10}^4. 据上述分析，事件 A_1 的基本事件数可考虑先取同型号的一双，共有 5 种取法，取定后，在其余 5−1 双中任取出 2 双，然后在这 2 双的每双中任取一只，共有 $C_4^2 2^2$ 种取法，所以 A_1 含基本事件数为 $C_5^1C_4^2 2^2$ 个. A_2 的基本事件数可考虑从 5 双中取 2 双，共有 C_5^2 种取法. 故所求概率为

$$P(A)=P(A_1)+P(A_2)=\frac{C_5^1C_4^2 2^2}{C_{10}^4}+\frac{C_5^2}{C_{10}^4}=\frac{13}{21}.$$

解法 2　据上述分析，事件 $\overline{A}$ 的基本事件数可考虑先从 5 双中任取 4 双，然后在各双中任取一只，共有 $C_5^4 2^4$ 种取法，故所求概率为

$$P(A)=1-P(\overline{A})=1-\frac{C_5^4 2^4}{C_{10}^4}=\frac{13}{21}.$$

解法 3　从 5 双不同的鞋子中任取 4 只，一只一只地取，共有 $10\times9\times8\times7$ 种取法，即基本事件总数为 $10\times9\times8\times7$ 个. 而据上述分

析，事件 $\overline{A}$ 表示 4 只中没有 2 只可配对，4 只是一只一只地取出的，第一只可以任意取，有 10 种取法；第二只只能取剩下的且除去和已取的第一只配对的另一只后的 8 只鞋子中的任一只，有 8 种取法；同理第三只，第四只鞋子各有 6,4 种取法. 即 $\overline{A}$ 的基本事件数有 $10\times8\times6\times4$ 个，故

$$P(\overline{A})=\frac{10\times8\times6\times4}{10\times9\times8\times7}=\frac{8}{21}.$$

于是所求概率为

$$P(A)=1-P(\overline{A})=1-\frac{8}{21}=\frac{13}{21}.$$

例 12 已知袋中有 a 个白球，b 个红球. 现任意不放回地一一摸出，求第 k 次摸出白球的概率($1\leqslant k\leqslant a+b$).

解 设事件 $B=\{$第 k 次摸出的是白球$\}$($1\leqslant k\leqslant a+b$).

解法 1 视同色球是可辨的，可理解为球不仅着了色，还编上不同的号码，于是基本事件总数是这 $a+b$ 个球的全排列，有 $(a+b)!$ 种. 摸球的任意性保证各基本事件等可能出现，故是古典概型. 为数清 B 的基本事件个数，可看做先从 a 个白球中选一个放在第 k 个位置上，共有 a 种选法，再将其余 $a+b-1$ 个球在其余 $a+b-1$ 个位置上任意排列，由乘法原理，B 包含基本事件数为 $a(a+b-1)!$. 故所求概率为

$$P(B)=\frac{a(a+b-1)!}{(a+b)!}=\frac{a}{a+b}.$$

解法 2 视同色球是可辨的. 只考虑前 k 个位置，此时基本事件总数为 A_{a+b}^{k}，事件 B 相当于在第 k 个位置上放一个白球，有 a 种放法，在其余 $k-1$ 个位置上放从余下的 $a+b-1$ 个球中任取的 $k-1$ 个球，有 A_{a+b-1}^{k-1} 种，从而 B 包含基本事件数为 $a\mathrm{A}_{a+b-1}^{k-1}$，故所求概率为

$$P(B)=\frac{a\mathrm{A}_{a+b-1}^{k-1}}{\mathrm{A}_{a+b}^{k}}=\frac{a}{a+b}.$$

解法 3 视同色球不可辨. 此时基本事件取决于这 $a+b$ 个位置中哪 a 个放白球，共有 C_{a+b}^{a} 个基本事件，而 B 要求第 k 个位置必须是白球，于是只需从 $a+b-1$ 个位置中选 $a-1$ 个放其余的白球，即

B 中基本事件数为 C_{a+b-1}^{a-1}，故所求概率为

$$P(B)=\frac{C_{a+b-1}^{a-1}}{C_{a+b}^{a}}=\frac{a}{a+b}.$$

注 (1) 如果每次抽完再放回，则第 $k(1\leqslant k\leqslant a+b)$ 次摸出的球是白球的概率仍然是 $\frac{a}{a+b}$. 也就是说，不管是放回抽样还是不放回抽样，第 $k(1\leqslant k\leqslant a+b)$ 次摸出的球是白球的概率都是 $\frac{a}{a+b}$.

(2) 上述结果表明，事件 $B=\{$第 k 次摸出的是白球$\}$的概率 $P(B)$ 与 $k(1\leqslant k\leqslant a+b)$ 无关，即 B 发生的概率与取球的先后次序无关，而且不管是放回抽样还是不放回抽样. 这就是所谓的"抽签原理". "抽签原理"说明了摸彩的公平性：$a+b$ 个人摸 $a+b$ 张彩票，其中有 a 张彩票有奖，则任何人摸到奖的概率都是 $\frac{a}{a+b}$. 在体育比赛或其他一些机会均等活动场合人们常利用这一原理.

例 13 设将 3 个球随机地放入 4 个杯子中，求杯子中球的最多个数分别为 1,2,3 的概率.

分析 属古典概型. 3 个球放入 4 个杯子，是有重复的排列，基本事件总数为 4^3 个.

(1) 设事件 $A=\{$杯子中球的最多个数为 1$\}$，即 3 个球分别放入 4 个杯子中的 3 个杯子中，放法有 A_4^3 种，故

$$P(A)=\frac{A_4^3}{4^3}=\frac{3}{8}.$$

(2) 设事件 $B=\{$杯子中球的最多个数为 2$\}$，即 3 个球放入 4 个杯子中的 2 个杯子中. 因为 4 个杯子任拿 2 个放球，放法为 A_4^2 种，又其中一个杯子中有 2 个球，另一个杯子中有 1 个球，这 1 个球从 3 个球中取，取法为 C_3^1 种(或 2 个球从 3 个球中取，取法为 C_3^2 种)，所以 B 含基本事件数为 $A_4^2C_3^1$. 故

$$P(B)=\frac{A_4^2C_3^1}{4^3}=\frac{9}{16}.$$

(3) 设事件 $C=\{$杯子中球的最多个数为 3$\}$，即 3 个球全放入 4 个杯子中的 1 个杯子里，放法为 A_4^1 种，故

$$P(C)=\frac{\mathrm{A}_4^1}{4^3}=\frac{1}{16}.$$

注 这里 $P(A)+P(B)+P(C)=1$.

例 14 在开区间(0,1)内任取三个数 x_1,x_2,x_3,求以 x_1,x_2,x_3 为长度的三条线段围成一个三角形的概率.

分析 三条线段的长度分别为 x_1,x_2,x_3,则 $0<x_1<1,0<x_2<1,0<x_3<1$. 此题相当于空间直角坐标系中点(x_1,x_2,x_3)落在边长为 1 的正方体中. 若三线段围成三角形,则两段长之和大于第三段的长.

解 样本空间 $S=\{(x_1,x_2,x_3)\,|\,0<x_1,x_2,x_3<1\}$(如图 1-2).

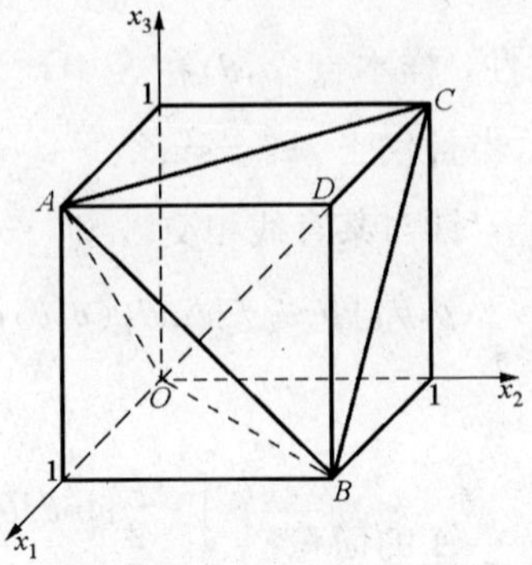

图 1-2

设以 x_1,x_2,x_3 为长度的三条线段围成一个三角形为事件 A,则

$$A=\{(x_1,x_2,x_3)\,|\,x_1+x_2>x_3,x_1+x_3>x_2,x_2+x_3>x_1\}.$$

所以,所求概率为

$$P(A)=\frac{A\text{ 的体积}}{S\text{ 的体积}}=\frac{\text{六面体 }OABCD\text{ 的体积}}{\text{以 1 为棱的正方体体积}}$$

$$=\frac{1-3\times\frac{1}{3}\times\frac{1}{2}\times 1^2\times 1}{1^3}=\frac{1}{2}.$$

例 15(蒲丰投针问题) 已知平面上画着一些平行线,它们之间的距离为 a. 向此平面任投一长为 $l(l<a)$的针,求此针与任一平行线相交的概率.

分析 如图 1-3 所示,设针的中点到最近直线的距离为 ρ,针与直线所夹锐角为 θ,则针的位置由 ρ 与 θ 所决定. 于是样本空间

$$S=\left\{(\rho,\theta)\,\middle|\,0\leqslant\rho\leqslant\frac{a}{2},0\leqslant\theta\leqslant\frac{\pi}{2}\right\}.$$

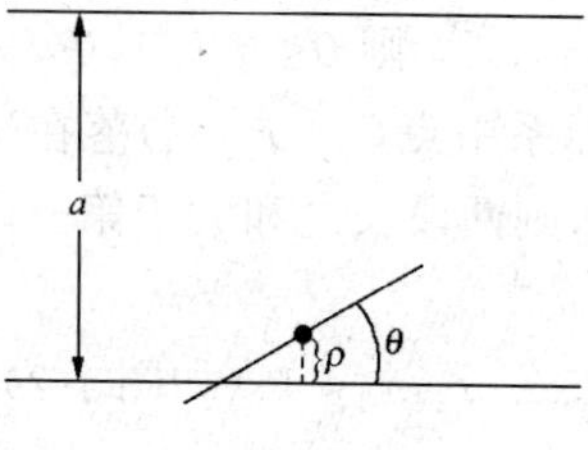

图 1-3

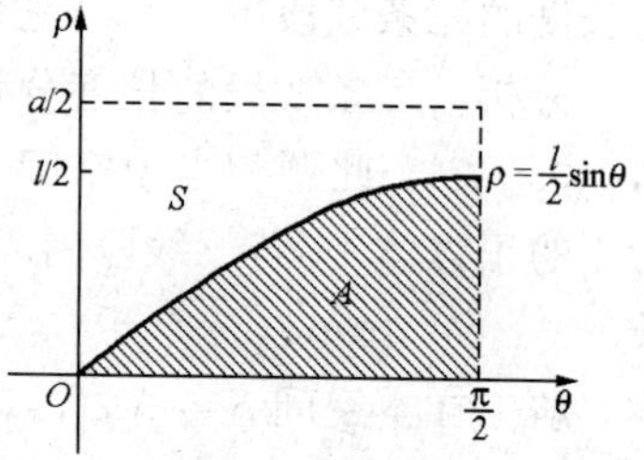

图 1-4

由投针的任意性,样本点(ρ,θ)在 S 中均匀分布,是几何概型. 而针与某直线相交,当且仅当 $\rho\leqslant\frac{l}{2}\sin\theta$.

解 设事件 $A=\{$针与某直线相交$\}$,则

$$A=\left\{(\rho,\theta)\,\middle|\,\rho\leqslant\frac{l}{2}\sin\theta,(\rho,\theta)\in S\right\}.$$

故所求概率为

$$P(A)=\frac{A\text{ 的面积}}{S\text{ 的面积}}=\frac{\int_0^{\frac{\pi}{2}}\frac{l}{2}\sin\theta\mathrm{d}\theta}{\frac{a}{2}\cdot\frac{\pi}{2}}=\frac{2l}{\pi a},$$

其中 A 所占区域见图 1-4.

例 16 设一批零件共 100 个,其中 5 个次品. 从中取两次,每次任取一个,取后不再放回. 求:

(1) 在第一次取得次品的情况下,第二次取得正品的概率;

(2) 第二次才取得正品的概率.

分析 可看做取两次为一个试验. 设

$$A=\{\text{第一次取得次品}\},\quad B=\{\text{第二次取得正品}\},$$

即事件 A 表示第一次取得次品,而第二次取得可能是次品也可能是正品;事件 B 表示第二次取得正品,而第一次取得可能是次品也可能是正品. 故 A 含基本事件数为 $C_5^1C_4^1+C_5^1C_{95}^1$;B 含基本事件数为

$C_5^1C_{95}^1+C_{95}^1C_{94}^1$；$AB$ 含基本事件数为 $C_5^1C_{95}^1$.

解 (1) 据上述分析易知，所求概率为

$$P(B|A)=\frac{P(AB)}{P(A)}=\frac{C_5^1C_{95}^1}{C_5^1C_4^1+C_5^1C_{95}^1}=\frac{95}{99}.$$

(2) 据上述分析易知，所求概率为

$$P(AB)=P(A)P(B|A)=\frac{C_5^1C_4^1+C_5^1C_{95}^1}{100\times 99}\cdot\frac{95}{99}$$

$$=\frac{5}{100}\cdot\frac{95}{99}=\frac{19}{396}.$$

注 "第二次取得正品"与"第二次才取得正品"不同，前者表第一次取得可能是次品也可能是正品；后者表第一次取得必定是次品.

例 17 某人忘记了电话号码的最后一个数字，因而他就随意地拨号，求他拨号不超过三次而接通所需电话的概率.

解 设事件 $A_i=\{$拨号第 i 次接通所需电话$\}(i=1,2,3)$，$A=\{$拨号不超过三次接通所需电话$\}$，则

$$A=A_1\cup\overline{A}_1A_2\cup\overline{A}_1\overline{A}_2A_3.$$

而 $A_1,\overline{A}_1A_2,\overline{A}_1\overline{A}_2A_3$ 三事件互斥，故所求概率为

$$\begin{aligned}P(A)&=P(A_1)+P(\overline{A}_1A_2)+P(\overline{A}_1\overline{A}_2A_3)\\&=P(A_1)+P(\overline{A}_1)P(A_2|\overline{A}_1)\\&\quad+P(\overline{A}_1)P(\overline{A}_2|\overline{A}_1)P(A_3|\overline{A}_1\overline{A}_2)\\&=\frac{1}{10}+\frac{9}{10}\cdot\frac{1}{9}+\frac{9}{10}\cdot\frac{8}{9}\cdot\frac{1}{8}=\frac{3}{10}.\end{aligned}$$

例 18（匹配问题） 设有 n 张信纸，将其分别标号为 $1,2,\cdots,n$；另有 n 个信封也分别标上 $1,2,\cdots,n$ 号. 现将 n 张信纸任意地装入这 n 个信封内，且一个信封内只能装一张信纸. 求：

(1) 没有一张信纸装入同一号码信封内的概率；

(2) 恰有 r 个信封与所装入的信纸号码相同的概率$(r\leqslant n)$.

分析 可把"一张信纸装入同一号码信封内"称为"一个配对". 记事件 $A_k=\{$恰有 k 个配对$\}(k=0,1,2,\cdots,n)$，则(1)为求 $P(A_0)$，(2)为求 $P(A_r)$.

解 (1) 设事件 $B_i=\{$第 i 号信纸装入第 i 号信封$\}(i=1,2,\cdots,$

n)，则据上述分析有

$$\overline{A}_0 = \bigcup_{i=1}^{n} B_i.$$

显然，诸 B_i 不互斥，故可运用多个事件和的加法公式计算 $P(\overline{A}_0)$. 依题意对任意 $1 \leqslant i < j < k \leqslant n$ 有

$$P(B_iB_j) = P(B_i)P(B_j|B_i) = \frac{1}{n} \cdot \frac{1}{n-1} = \frac{(n-2)!}{n!},$$

$$\begin{aligned} P(B_iB_jB_k) &= P(B_i)P(B_j|B_i)P(B_k|B_iB_j) \\ &= \frac{1}{n} \cdot \frac{1}{n-1} \cdot \frac{1}{n-2} = \frac{(n-3)!}{n!}, \end{aligned}$$

$$\vdots$$

$$P(B_1B_2\cdots B_n) = \frac{1}{n!}.$$

注意到 $\sum\limits_{i=1}^{n} P(B_i)$ 中有 C_n^1 项，$\sum\limits_{1 \leqslant i < j \leqslant n} P(B_iB_j)$ 中有 C_n^2 项，……最后一项 $P(B_1B_2\cdots B_n)$ 有 C_n^n 项，由多个事件的加法公式所求的概率为

$$\begin{aligned} P(A_0) &= 1 - P(\overline{A}_0) = 1 - P\Big(\bigcup_{i=1}^{n} B_i\Big) \\ &= 1 - \Big[C_n^1 \cdot \frac{1}{n} - C_n^2 \frac{(n-2)!}{n!} + C_n^3 \cdot \frac{(n-3)!}{n!} \\ &\quad + \cdots + (-1)^{n-1} C_n^n \cdot \frac{1}{n!}\Big] \\ &= \sum_{k=0}^{n} \frac{(-1)^k}{k!}. \end{aligned}$$

注意，当 n 趋于无穷时，“无配对”概率的极限为 $e^{-1} \approx 0.37$. 因此当 n 很大时，$P(A_0) \approx 0.37$.

(2) 事件“指定的某 r 个信封与所装入的信纸号码相同”的概率为

$$\frac{1}{n} \cdot \frac{1}{n-1} \cdot \cdots \cdot \frac{1}{n-r+1} = \frac{(n-r)!}{n!},$$

事件“其余的 $n-r$ 个信封与所装入的信纸号码均不相同”的概率为 $\sum\limits_{k=0}^{n-r} \frac{(-1)^k}{k!}$，又由于 r 个信封共有 C_n^r 种选法，故所求概率为

$$P(A_r)=C_n^r\frac{(n-r)!}{n!}\sum_{k=0}^{n-r}\frac{(-1)^k}{k!}=\frac{1}{r!}\sum_{k=0}^{n-r}\frac{(-1)^k}{k!}.$$

当 $n\to\infty$ 时，$P(A_r)\to\frac{1}{r!}e^{-1}$.

例 19 设盒中有 12 个乒乓球，其中有 3 个旧球和 9 个新球. 第一次比赛时从中任取 3 个来用，赛后仍放回盒中；第二次比赛时再从盒中任取 3 个. 求第二次取出的球都是新球的概率.

分析 第一次取球的结果对第二次取球的结果有影响. 如第一次取出 i 个新球来用，用过后则变为旧球，那么第二次取用时，新球就只有 $9-i(i=1,2,3)$个. 第二次取出的球都是新球的发生伴随着第一次取球的各种结果之一的发生而发生，故可用全概率公式来解决问题.

解 设事件 $A=\{$第二次取出的 3 个球都是新球$\}$，$B_i=\{$第一次任取的 3 个球中有 i 个新球$\}(i=0,1,2,3)$. 显然，B_0,B_1,B_2,B_3 为样本空间 S 的一划分，故所求概率为

$$\begin{aligned}P(A)&=\sum_{i=0}^{3}P(B_i)P(A|B_i)\\&=\frac{C_3^3}{C_{12}^3}\cdot\frac{C_9^3}{C_{12}^3}+\frac{C_9^1C_3^2}{C_{12}^3}\cdot\frac{C_8^3}{C_{12}^3}+\frac{C_9^2C_3^1}{C_{12}^3}\cdot\frac{C_7^3}{C_{12}^3}+\frac{C_9^3}{C_{12}^3}\cdot\frac{C_6^3}{C_{12}^3}\\&=0.146.\end{aligned}$$

例 20 设某机器由甲、乙、丙三类元件组成，其所占的比例甲类为 0.1，乙类为 0.4，丙类为 0.5；它们发生故障的概率甲类为 0.7，乙类为 0.1，丙类为 0.3. 现一元件发生故障使机器出了故障，问：此元件是甲类或乙类或丙类的概率各是多少？

解 设事件

$A=\{$一元件故障使机器故障$\}$，　$B_1=\{$故障元件属于甲类$\}$，

$B_2=\{$故障元件属于乙类$\}$，　$B_3=\{$故障元件属于丙类$\}$.

显然，B_1,B_2,B_3 为样本空间 S 的一划分，且

$$P(B_1)=0.1,\quad P(B_2)=0.4,\quad P(B_3)=0.5,$$

$$P(A|B_1)=0.7,\quad P(A|B_2)=0.1,\quad P(A|B_3)=0.3.$$

由全概率公式有

$$P(A)=\sum_{i=1}^{3}P(B_i)P(A|B_i)$$
$$=0.1\times0.7+0.4\times0.1+0.5\times0.3=0.26.$$

再由贝叶斯公式有

$$P(B_1|A)=\frac{P(B_1)P(A|B_1)}{P(A)}=\frac{0.1\times0.7}{0.26}=\frac{7}{26},$$
$$P(B_2|A)=\frac{P(B_2)P(A|B_2)}{P(A)}=\frac{0.4\times0.1}{0.26}=\frac{4}{26},$$
$$P(B_3|A)=\frac{P(B_3)P(A|B_3)}{P(A)}=\frac{0.5\times0.3}{0.26}=\frac{15}{26},$$

即发生故障的元件是甲类、乙类、丙类的概率分别为 $\frac{7}{26},\frac{4}{26},\frac{15}{26}$.

注 $P(B_3|A)$最大，$P(B_1|A)=0.7$ 次之，$P(B_2|A)$最小.若从检修机器的角度考虑，按上述计算结果，当然应从丙类元件开始检查，再查甲类，最后查乙类.有可能某次故障是由乙类元件引起，按丙、甲、乙的次序，从该次检查看，检修量大，但是从长期的大量的检修工作来看，按丙、甲、乙次序是最合适的.类似这样的问题称之为可靠性问题.

例 21 设一学生连续参加同一课程的两次考试.第一次及格的概率为 p.若第一次及格，则第二次及格的概率也为 p；若第一次不及格，则第二次及格的概率为$\frac{p}{2}$.

(1) 若至少有一次及格，则他能取得某种资格.求他取得该资格的概率.

(2) 若已知他第二次已经及格，求他第一次及格的概率.

分析 设事件 $A=\{$第一次及格$\}$，$B=\{$第二次及格$\}$，则(1)为求 $P(A\cup B)$，(2)为求 $P(A|B)$.

解 (1) 据上述分析，由于 $P(A)=p$，而事件 B 的发生总是伴随着 $A,\overline{A}$ 之一的发生而发生，故

$$P(B)=P(AB\cup\overline{A}B)=P(AB)+P(\overline{A}B)$$
$$=P(A)P(B|A)+P(\overline{A})P(B|\overline{A})$$
$$=p\cdot p+(1-p)\frac{p}{2}=\frac{p}{2}+\frac{p^2}{2},$$

从而所求概率为

$$P(A\cup B)=P(A)+P(B)-P(AB)$$
$$=p+\frac{p}{2}+\frac{p^2}{2}-p^2=\frac{3p}{2}-\frac{p^2}{2}.$$

(2) 据上述分析，所求概率为

$$P(A|B)=\frac{P(AB)}{P(B)}=\frac{p^2}{\frac{p}{2}(1+p)}=\frac{2p}{1+p}.$$

例 22 设有两箱同种类的零件，第一箱装 50 个，其中 10 个一等品；第二箱装 30 个，其中 18 个一等品. 今从两箱中任挑出一箱，然后从该箱中取零件两次，每次任取一个，做不放回抽样. 求：

(1) 第一次取到的零件是一等品的概率；

(2) 在第一次取到的零件是一等品的条件下，第二次取到的也是一等品的概率.

分析 设事件 $B_1=\{$任挑出一箱是第一箱$\}$，$B_2=\{$任挑出一箱是第二箱$\}$，则 B_1,B_2 是样本空间 S 的一划分，且

$$P(B_1)=P(B_2)=1/2.$$

又设事件 $A_1=\{$从箱中第一次取到一等品$\}$，$A_2=\{$从箱中第二次取到一等品$\}$，则(1)所求的是 $P(A_1)$，(2)所求的是 $P(A_2|A_1)$.

解 (1) 由上述分析及全概率公式得所求概率为

$$P(A_1)=P(B_1)P(A_1|B_1)+P(B_2)P(A_1|B_2)$$
$$=\frac{1}{2}\times\frac{10}{50}+\frac{1}{2}\times\frac{18}{30}=0.4.$$

(2) 据上述分析，由于

$$P(A_1A_2)=P(B_1)P(A_1A_2|B_1)+P(B_2)P(A_1A_2|B_2)$$
$$=\frac{1}{2}\times\frac{10}{50}\times\frac{9}{49}+\frac{1}{2}\times\frac{18}{30}\times\frac{17}{29}=0.1942,$$

因此，所求概率为

$$P(A_2|A_1)=\frac{P(A_1A_2)}{P(A_1)}=\frac{0.1942}{0.4}=0.4856.$$

例 23 设每个人血清中含有肝炎病毒的概率为 0.004. 随机混

合 100 个人的血清，求此血清中含有肝炎病毒的概率.

解 设事件

$A_i=\{$第 i 个人血清中含有肝炎病毒$\}\quad(i=1,2,\cdots,100)$,

$B=\{$随机混合 100 个人的血清，此血清中含有肝炎病毒$\}$,

则 $B=\bigcup\limits_{i=1}^{n}A_i$. 故所求的概率为

$$\begin{aligned}P(B)&=P(A_1\cup A_2\cup\cdots\cup A_{100})=1-P(\overline{A}_1\overline{A}_2\cdots\overline{A}_{100})\\&=1-P(\overline{A}_1)P(\overline{A}_2)\cdots P(\overline{A}_{100})\\&=1-(1-0.004)^{100}\approx 0.33.\end{aligned}$$

注 将检验一个人血清中是否有肝炎病毒看做一次试验，事件"这个人有病毒"是小概率事件. 检查 100 个人相当于重复进行了 100 次试验. 此例说明，一次试验中，小概率事件尽管不大可能发生，但在大量重复试验中发生的可能性就会很大.

例 24 如果一危险情况 C 发生时，一电路闭合并发生警报，我们可以借用两个或多个开关并联以改善可靠性，在 C 发生时这些开关每一个都应闭合，且若至少一个开关闭合了警报就发生.

(1) 如果两个这样的开关并联连接，它们每个具有 0.96 的可靠性(即在情况 C 发生时闭合的概率)，问：这时系统的可靠性(即电路闭合的概率)是多少？

(2) 如果需要有一个可靠性至少为 0.9999 的系统，则至少需要用多少个开关并联？设各开关闭合与否是相互独立的.

解 (1) 设事件 $A=\{$第一个开关闭合$\}$，$B=\{$第二个开关闭合$\}$. 由题意 A,B 相互独立，则这时系统的可靠性为

$$\begin{aligned}P(A\cup B)&=P(A)+P(B)-P(AB)\\&=0.96+0.96-0.96\times 0.96=0.9984.\end{aligned}$$

(2) 设至少需要 n 个开关并联，且设事件

$A_k=\{n$ 个开关中有 k 个闭合$\}\quad(k=0,1,2,\cdots,n)$,

则 $\quad P(A_k)=\mathrm{C}_n^k\times 0.96^k\times 0.04^{n-k}\quad(k=0,1,2,\cdots,n)$.

依题意，n 满足

$$P(A_1\cup A_2\cup\cdots\cup A_n)=1-P(A_0)\geqslant 0.9999,$$

即 $$P(A_0)=\mathrm{C}_n^0\times 0.96^0\times 0.04^n\leqslant 0.0001.$$

求解取 $n=3$,即至少需要 3 个开关并联,才能使系统的可靠性至少为 0.9999.

例 25 对飞机进行三次独立的射击,第一次射击的命中率为 0.4,第二次为 0.5,第三次为 0.7. 飞机被一弹击落的概率为 0.2;被两弹击落的概率为 0.6;若被三弹击中,则飞机必被击落. 求射击三次击落飞机的概率.

解 设事件 $A=\{$射击三次击落飞机$\}$. 而 A 的发生伴随着击中一弹、两弹、三弹,故设事件

$$B_i=\{\text{恰有 } i \text{ 弹击中飞机}\}\quad (i=0,1,2,3),$$

显然,B_0,B_1,B_2,B_3 为样本空间 S 的一个划分.

设事件 $C_k=\{$第 k 次射击击中飞机$\}(k=1,2,3)$,则 C_1,C_2,C_3 相互独立. 由加法公式和乘法公式得

$$P(B_0)=P(\overline{C}_1\overline{C}_2\overline{C}_3)=0.6\times 0.5\times 0.3=0.09,$$

$$\begin{aligned}P(B_1)&=P(C_1\overline{C}_2\overline{C}_3\cup\overline{C}_1C_2\overline{C}_3\cup\overline{C}_1\overline{C}_2C_3)\\&=0.4\times 0.5\times 0.3+0.6\times 0.5\times 0.3\\&\quad+0.6\times 0.5\times 0.7=0.36,\end{aligned}$$

$$\begin{aligned}P(B_2)&=P(C_1C_2\overline{C}_3\cup C_1\overline{C}_2C_3\cup\overline{C}_1C_2C_3)\\&=0.4\times 0.5\times 0.3+0.4\times 0.5\times 0.7\\&\quad+0.6\times 0.5\times 0.7=0.41,\end{aligned}$$

$$P(B_3)=P(C_1C_2C_3)=0.4\times 0.5\times 0.7=0.14,$$

再由题意知

$$P(A|B_0)=0,\quad P(A|B_1)=0.2,$$

$$P(A|B_2)=0.6,\quad P(A|B_3)=1,$$

故由全概率公式得所求概率为

$$\begin{aligned}P(A)&=\sum_{i=0}^{3}P(B_i)P(A|B_i)\\&=0.09\times 0+0.36\times 0.2+0.41\times 0.6+0.14\times 1\\&=0.458.\end{aligned}$$

【五】同步训练

A　级

1. 设甲、乙两人共同做一个随机试验：甲掷一枚硬币；乙从装有红、黄、蓝三种颜色的球的盒子里任取一球. 求此试验的样本空间.

2. 设任取一自然数 m，并记事件 $A=\{m$ 为偶数$\}$，$B=\{m$ 为 5 的倍数$\}$，$C=\{m\leqslant 20\}$. 具体写出下列各式表示的集合：

(1) $A\cap B$；　　　　(2) $B\cap C$.

3. 某人掷两颗骰子，观察出现的点数.

(1) E_1：记录两颗骰子的点数之和；

(2) E_2：记录两颗骰子点数之差的绝对值；

(3) E_3：记录两颗骰子点数之乘积.

求试验 E_1,E_2,E_3 的样本空间.

4. 试确定下列随机试验的样本空间：

(1) E_1：在区间[0,1]上任取一点，记下它的坐标；

(2) E_2：在顶点为原点和(1,1)的正方形内任取一点，记录它的坐标；

(3) E_3：在中心为原点，半径为 R 的圆周上任取一点，记录它的坐标；

(4) E_4：在中心为原点，半径为 R 的圆内任取一点，记录它的坐标；

(5) E_5：将长为 a 的杆截成三段，记录三段的长度.

5. 写出下列随机试验的样本空间及事件的样本点：

(1) 掷一颗骰子，观察出现的点数. 设事件 A 表示“出现奇数点”.

(2) 将一枚硬币掷两次，观察正面 H、反面 T 出现的情况. 设事件 A 表示“第一次出现正面”，B 表示“两次出现同一面”，C 表示“至少有一次出现正面”.

(3) 一袋中有 5 个形状完全相同的球，编号分别为 1,2,3,4,5,

从中同时取 3 个球，观察出现的号码. 设事件 A 表示“球的最小号码为 1”.

(4) 考虑将 a,b 两个球随机地放入 3 个盒子中去的放法. 设事件 A 表示“第一个盒子中至少有一球”.

(5) 设 10 件产品中有 3 件次品，每次从中任取一件(不放回)，考虑直到将 3 件次品都取出的抽取次数. 设事件 A 表示“抽取次数小于 5”.

6. 设一个工人生产了 4 个零件，又 A_j 表示事件“他生产的第 j 个零件是正品”($j=1,2,3,4$). 试用诸 A_j 表示下列事件：

(1) 没有一个产品是次品；　(2) 至少有一个产品是次品；

(3) 只有一个产品是次品；　(4) 至少有 3 个产品不是次品.

7. 设有两电路分别如图 1-5 所示，A_i 表示事件“第 i 接点开关闭合”($i=1,2,3,4,5,6$). 试用 A_i 表示下列事件：

(1) B_1：“L_1R_1 是通路”；　(2) B_2：“L_2R_2 是通路”.

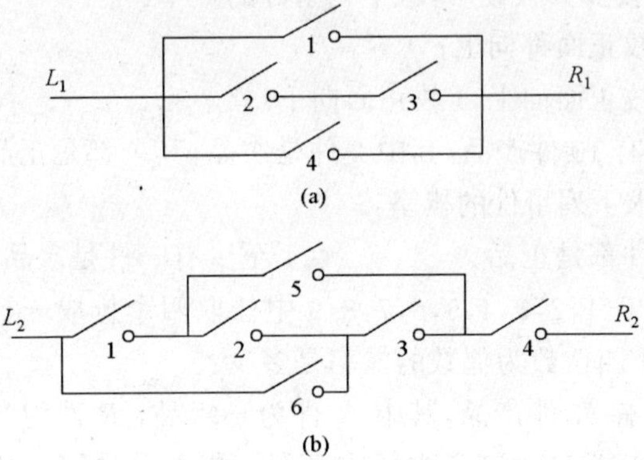

图　1-5

8. 设 A,B 为事件，指出下列各事件所表示的意义：

(1) $\overline{A}\cup\overline{B}$；　(2) $\overline{A}B$；　(3) $\overline{A}\,\overline{B}$；　(4) $\overline{A}A$.

9. 判断下列命题的正确性：

(1) 对任意事件 A,B，有 $A\cup B=A\overline{B}\cup B$；

(2) 若事件 A,B,C 满足 $AB=\varnothing$ 且 $C\subset A$，则 $BC=\varnothing$；

(3) 对任意事件 A,B,C，有 $\overline{A\cup BC}=\overline{A}\,\overline{B}\,\overline{C}$；

(4) 若事件 $A\subset B$，则 $\overline{B}\subset A$.

10. 设 A,B 为两事件，且 $P(A)>0,P(B)>0$. 将下列四个数

$$P(A),\quad P(AB),\quad P(A\cup B),\quad P(A)+P(B)$$

按由小到大的顺序排列.

11. 设 A,B 是两个随机事件，且已知 $P(A)=0.3,P(B)=0.4$，$P(A\cup B)=0.5$. 求 $P(AB)$，$P(\overline{A}B)$ 及 $P(A-B)$.

12. 设随机地向半圆 $0<y<\sqrt{2Rx-x^2}\,(R>0)$ 内掷一点，点落在半圆内任何区域的概率与区域的面积成正比. 求原点和落点的连线与 x 轴的夹角小于 $\frac{\pi}{4}$ 的概率.

13. 在区间(0,1)内随机地取两个数 u,v，求关于 x 的一元二次方程 $x^2-2vx+u=0$ 有实根的概率.

14. 现有一部 5 卷文集任意排列到书架上，问：卷号自左向右或自右向左恰好为 1,2,3,4,5 的顺序的概率为多少？

15. 设投掷 3 枚硬币，求下列事件的概率：

(1) 3 枚正面都向上；

(2) 2 枚正面向上，1 枚正面向下.

16. 设有 10 件产品，其中 2 件是次品，其余都是正品. 从中任意抽取 4 件，求下列事件的概率：

(1) 4 件都是正品；　　(2) 至少有一件是次品.

17. 在 0,1,2,3,4,5,6,7,8,9 中任取四个排成一行，构成四位数，问：这个四位数为偶数的概率是多少？

18. 设有 M 件产品，其中 N 件为一级品，R 件为二级品，其余为废品. 现从这 M 件产品中任取 m 件，试问：恰好有 n 件一级品，r 件二级品，其余为废品的概率是多少($m\leqslant M,n\leqslant N,r\leqslant R$)？

19. 把 10 本书任意放在书架上，求其中指定的 3 本书放在一起的概率.

20. 利用公式 $P(A\cup B)=P(A)+P(B)-P(AB)$，导出三个事件的概率加法公式.

21. 设一电路上装有甲、乙两根保险丝，当电流超过一定值时，甲烧断的概率为 0.82；乙烧断的概率为 0.74；两根同时烧断的概率

为 0.63. 问：至少烧断一根保险丝的概率是多少？

22. 从一副扑克牌的 13 张黑桃中，连续有放回地抽取三次，求下列事件的概率：

(1) 没有同号；　　(2) 全同号；

(3) 至少有 2 张同号；　　(4) 最多有 2 张同号.

23. 求下列事件的概率：

(1) A：同房间的 4 个学生，至少有 2 人生日在同一个月；

(2) B：同一班的 30 个学生中，至少有 1 人生日在 10 月 1 日；

(3) C：参加聚会的 k 个人中至少有 2 人生日相同；

(4) D：k 个人中至少有 2 人生日在 10 月 1 日.

24. 设抛掷 4 颗骰子，求出现的 4 个数全不相同的概率 p.

25. 从 0,1,2,…,9 等 10 个数字中任意选出 3 个不同的数字，试求下列事件的概率：

$A_1 = \{3$ 个数字中不含 0 和 $5\}$，　$A_2 = \{3$ 个数字中不含 0 或 $5\}$.

26. 在 1,2,…,100 中任取一数，试求下列事件的概率：

(1) 既能被 2 整除，又能被 5 整除；

(2) 能被 2 整除或能被 5 整除.

27. 设有某产品 40 件，其中有 10 件次品，其余为正品. 现从中任取 5 件，求取出的 5 件产品中至少有 4 件次品的概率.

28. 已知盒中有 4 根次品灯管，6 根正品灯管. 随机地任取一根测试，取后不放回，直到 4 根次品灯管都找到为止. 求第 4 根次品灯管在下列情况发现的概率：

(1) 在第 5 次测试发现；　　(2) 在第 10 次测试发现.

29. 考察甲、乙两城市 6 月份下雨的情况，以 A,B 分别表示甲、乙两城市出现雨天这一事件，根据以往气象记录知 $P(A)=P(B)=0.4$，$P(AB)=0.28$. 求 $P(A|B)$，$P(B|A)$ 和 $P(A\cup B)$.

30. 设 A,B 为两随机事件，且已知 $P(\overline{A})=0.3$，$P(B)=0.4$，$P(A\overline{B})=0.5$. 求 $P(B|(A\cup\overline{B}))$.

31. 已知某种机器按设计要求使用寿命超过 30 年的概率为 0.8，超过 40 年的概率为 0.5. 试求该机器在使用 30 年之后，将在 10 年内损坏的概率.

32. 某人有 5 把钥匙,但忘了开房门的是哪一把,逐把试开. 求下列事件的概率:

(1) 恰好第三次打开房门; (2) 三次内打开房门;

(3) 若 5 把内有 2 把房门钥匙, 三次内打开房门.

33. 设一批产品共 100 件,对其进行抽样检查,整批产品不合格的条件是: 在被检查的 5 件产品中至少有一件是废品. 如果其中有 5%是废品,求该批产品被拒绝接收的概率.

34. 已知某射击小组共有 20 名射手,其中一、二、三、四级射手各为 4,8,7,1 人,此四级射手能通过选拔赛进入比赛的概率分别为 0.9,0.7,0.5,0.2. 求任选一名射手能通过选拔进入比赛的概率.

35. 设一批螺钉由甲、乙、丙三台机床生产,各占总量的 25%,35%,40%,各机床产品的废品率分别为 6%,3%,1%. 从这批螺钉中任取一根,求下列事件的概率:

(1) 任取的一根螺钉是合格品;

(2) 若取到的螺钉是废品,它是甲或乙或丙生产的.

36. 设加工某一零件需三道工序,已知第一、二、三道工序的次品率分别为 2%,3%,5%. 假定各道工序是互不影响的,求加工出来的零件是次品的概率.

37. 设事件 A 与 B 相互独立, $P(A)=P(\overline{B})=\alpha-1$, $P(A\cup B)=\frac{7}{9}$,求 α.

38. 设一工人看管三台机床,在一小时内三台机床不需要工人照管的概率分别为 0.9,0.8,0.8. 求下列事件的概率:

(1) 最多有一台需要工人照管;

(2) 至少有一台需要工人照管.

39. 设有电路如图 1-6,其中电池 A,B,C 损坏的概率为分别 0.3,0.2,0.2. 求电路发生断电的概率.

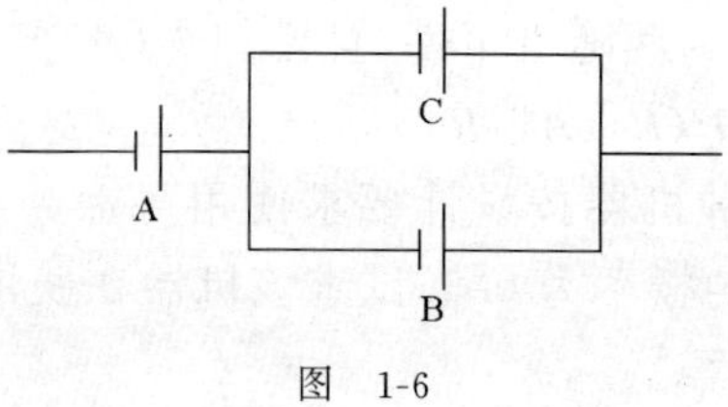

图 1-6

B　级

1. 设同时抛掷两颗骰子，以(x,y)表示两颗骰子出现的点数，以A表示事件"两颗骰子出现的点数之和为奇数"，B表示"两颗骰子出现的点数之差为零"，C表示"两颗骰子出现的点数之积不超过20". 问：$B-A, BC, B\cup\overline{C}$各表示什么事件？

2. 现有10卷书要放到书架上去，其中有成套的书两种，一套3卷，一套4卷. 考虑如下三种放法：

(1) 3卷一套的放在一起；

(2) 两套各自放在一起；

(3) 两套至少有一套放在一起.

求各种放法的概率.

3. 某单位有20套新房(在同一楼层顺序排开)，某人先分到一套(不在两端)，不久又有9套分下去. 求此人所分新房的相邻两套尚未分配出去的概率p.

4. 将表面涂满红漆的正方体锯成棱长为1单位长的小正方体，从这些小正方体中任取一个，求它至少一面有漆的概率，其中

(1) 正方体棱长为$2,4,6,\cdots,2k$单位长，$k=1,2,\cdots$；

(2) 讨论$k\to+\infty$的情况.

5. (分房问题)设有m个人，每个人都以相同的概率$\dfrac{1}{N}$被分入N个室($N\geqslant m$)中任意一个，且每室中人数不限，并允许有空室. 求：

(1) 某指定的m个室中每室各分入1人的概率；

(2) 恰有m个室，其中每室各分入1人的概率；

(3) 当$N=10, m=6$时，恰有2人分入同一室(即恰有一室，其中恰分入了2个人)的概率.

6. 设有n对夫妇任意在一排$2n$个椅子上就座，求事件$A=\{$有夫妇不相邻$\}$的概率.

7. 设一个均匀陀螺，其圆周的一半上均匀地刻上区间$(0,1]$上的诸数字，另一半上均匀地刻上区间$[1,3]$上的诸数字. 旋转该陀螺，求它停下时，其圆周上触及桌面的点的刻度位于$\left[\dfrac{1}{2},\dfrac{3}{2}\right]$上的概率.

8. 设 A,B 为两随机事件，且 $P(A)=0.4, P(A\cup B)=0.7$. 分别就下列四种情况求 $P(B)$：

(1) A 与 B 互斥；　　(2) A 与 B 相互独立；

(3) $P(AB)=0.25$；　　(4) $P(B|A)=0.45$.

9. 考虑一元二次方程 $x^2+Bx+C=0$，其中 B,C 分别是将一颗骰子连续掷两次先后出现的点数. 求该方程有实根的概率 p 和有重根的概率 q.

10. 设 3 本不同的数学书和 4 本不同的物理书任意放在书架上，求任意两本数学书不放在一起的概率.

11. 设有 6 项任务，分配给 3 个组来完成，每组承担任务数不限. 求每组至少承担一项任务的概率.

12. 某种商品的商标为"MAXAM"，其中有 2 个字母脱落. 若有人捡起随意放回，求放回后仍为"MAXAM" 的概率.

13. 设一人群中有 37.5%的人血型为 A 型，20.9%为 B 型，7.9%为 AB 型，33.7%为 O 型. 已知能允许输血的血型配对如下表. 现在人群中任选一人为输血者，再任选一人为需要输血者. 问：输血能成功的概率是多少？

受血者 \ 输血者	A	B	AB	O
A	✓	×	×	✓
B	×	✓	×	✓
AB	✓	✓	✓	✓
O	×	×	×	✓

14. 设有来自三个地区的各 10,15,25 名考生的报名表，其中女考生的报名表分别为 3,7,5 份. 随机地取一个地区的报名表，从中先后抽两份.

(1) 求先抽到的一份是女生表的概率 p；

(2) 已知后抽到的一份是男生表，求先抽到的一份是女生表的概率 q.

15. 设一枚深水炸弹击沉一艘潜水艇的概率为 $\dfrac{1}{3}$，击伤的概率

为 $\frac{1}{2}$,击不中的概率为 $\frac{1}{6}$. 若击伤两次也会导致潜水艇下沉,求施放 4 枚深水炸弹能击沉潜水艇的概率.(提示:先求出击不沉的概率)

16. 设第一个盒子装有 3 个蓝球,2 个绿球,2 个白球;第二个盒子中装有 2 个蓝球,3 个绿球,4 个白球. 现独立地分别在两个盒子中各取一个球.

(1) 求至少有一个蓝球的概率;

(2) 求有一个蓝球一个白球的概率;

(3) 已知至少有一个蓝球,求有一个蓝球一个白球的概率.

17. 设进行 4 次独立试验,在每一次试验中 A 出现的概率为 0.3. 如果 A 不出现,则 B 也不出现;如果 A 出现一次,则 B 出现的概率为 0.6;如果 A 出现不少于两次,则 B 出现的概率为 1. 试求 B 出现的概率.

18. 设袋中装有 m 枚正品硬币,n 枚次品硬币(次品硬币的两面均印有国徽). 在袋中任取一枚,将它投掷 r 次,已知每次都得到国徽. 求这枚硬币是正品的概率.

19. 设根据以往记录的数据分析,某船只运输的某种物品损坏的情况共有三种,损坏 2%(记为事件 A_1),损坏 10%(事件 A_2),损坏 90%(事件 A_3),且已知

$$P(A_1) = 0.8, \quad P(A_2) = 0.15, \quad P(A_3) = 0.05.$$

现在从已被运输的物品中随机地取 3 件,发现这 3 件都是好的(这一事件记为 B). 试求 $P(A_1|B)$,$P(A_2|B)$,$P(A_3|B)$.(这里设物品件数很多,取出一件后不影响取后一件是否为好品的概率)

20. 设将 A,B,C 三个字母之一输入信道,输出为原字母的概率为 α,而输出为其他一字母的概率都是 $(1-\alpha)/2$. 今将字母串 AAAA,BBBB,CCCC 之一输入信道,输入 AAAA,BBBB,CCCC 的概率分别为 p_1,p_2,p_3 $(p_1+p_2+p_3=1)$. 已知输出为 ABCA,问:输入的是 AAAA 的概率是多少?(设信道传输各个字母的工作是相互独立的)

21. 设有 4 张卡片分别标有数字 1,2,3,4. 今任取一张,设事件

A 为取到 1 或 2，事件 B 为取到 1 或 3，事件 C 为取 1 或 4. 试验证：

$$P(AB)=P(A)P(B),\quad P(BC)=P(B)P(C),$$
$$P(CA)=P(C)P(A),\quad P(ABC)\neq P(A)P(B)P(C).$$

22. 元件能正常工作的概率称为该元件的可靠性；由多个元件构成的系统能正常工作的概率称为该系统的可靠性. 设各元件可靠性均为 $p(0<p<1)$，且各元件能否正常工作是相互独立的. 试求图 1-7 所示系统的可靠性.

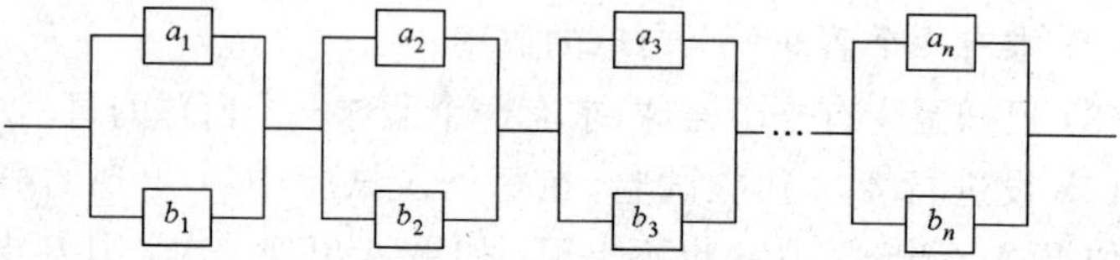

图 1-7

学习札记

学习札记

专题二　随机变量及其分布

【一】内容提要

1. 随机变量

定义 1　设随机试验的样本空间为 $S=\{e\}$. 若对于每一个 $e\in S$, 有一个实数 $X(e)$与之对应, 则称定义在 S 上的单值实函数 $X(e)$ 是一个**随机变量**, 记做 X,Y,Z 或 ξ,η,ζ 等.

随机变量是按照一定的概率规律取值的, 这种概率规律叫做随机变量的分布.

2. 离散型随机变量

定义 2　若随机变量 X 的全部可能取到的不相同的值是有限个或可列无限多个, 则称 X 为**离散型随机变量**.

离散型随机变量的概率分布可用分布律描述.

分布律: $P\{X=x_k\}=p_k$(x_k 为 X 的各可取值, $k=1,2,\cdots$).

分布律满足两个**性质**:

(1) $p_k\geqslant 0\ (k=1,2,\cdots)$;　　(2) $\sum\limits_k p_k=1$.

注　可以认定, 满足条件(1), (2)的数列$\{p_k\}$都可以作为某离散型随机变量的分布律.

3. 分布函数

定义 3　设 X 是一个随机变量, x 是任意实数, 函数

$$F(x)=P\{X\leqslant x\}$$

称为 X 的**分布函数**.

分布函数的**性质**:

(1) $F(x)$是 x 的单调非降函数, 即对任何 $x_1<x_2$, 恒有

$$F(x_1)\leqslant F(x_2);$$

(2) **有界性**：$0 \leqslant F(x) \leqslant 1$，且

$$F(-\infty)=\lim_{x \to -\infty} F(x)=0, \quad F(+\infty)=\lim_{x \to +\infty} F(x)=1;$$

(3) $F(x)$是 x 的右连续函数，即对任何点 x_0，恒有

$$\lim_{x \to x_0^+} F(x)=F(x_0).$$

4. 连续型随机变量

定义 4 如果对于随机变量 X 的分布函数 $F(x)$，存在非负函数 $f(x)$，使对于任意实数 x 有 $F(x)=\int_{-\infty}^{x} f(t)\mathrm{d}t$，则称 X 为**连续型随机变量**，其中函数 $f(x)$称为 X 的**概率密度函数**，简称**概率密度**.

连续型随机变量的概率分布是用概率密度及其积分来描述的.

由定义 4 知道概率密度 $f(x)$具有下列**性质**：

(1) $f(x) \geqslant 0$； (2) **归一性**：$\int_{-\infty}^{+\infty} f(x)\mathrm{d}x=1$；

(3) 对任意实数 $x_1, x_2 (x_1<x_2)$，有

$$P\{x_1<X \leqslant x_2\}=F(x_2)-F(x_1)=\int_{x_1}^{x_2} f(x)\mathrm{d}x;$$

(4) 在 $f(x)$的连续点处，分布函数 $F(x)$可导，且

$$F'(x)=f(x);$$

(5) 连续型随机变量的分布函数 $F(x)$在$(-\infty,+\infty)$上是 x 的连续函数，而 $f(x)$不一定是连续函数.

注 可以认定，在$(-\infty,+\infty)$上可积的实函数 $f(x)$如果满足条件(1)，(2)，则 $f(x)$一定是某连续型随机变量的概率密度.

5. 几个重要分布

重要分布主要有：两点分布、二项分布、泊松分布、均匀分布、正态分布、指数分布. 详见释疑解难部分.

6. 随机变量函数的分布

问题 已知 X 的分布，Y 是 X 的连续函数 $Y=g(X)$，求 Y 的分布.

(1) 设 X 为离散型随机变量，其分布律为

$$P\{X=x_k\}=p_k \quad (k=1,2,\cdots),$$

则 $Y=g(X)$ 的可取值为 $g(x_1),g(x_2),\cdots,g(x_k),\cdots$.

① 若对不同的 x_k, $y_k=g(x_k)$ 也不同，则

$$P\{Y=y_k\}=P\{X=x_k\}=p_k;$$

② 若存在不同的 x_k,使 $g(x_k)$ 相同，则

$$P\{Y=y_k\}=\sum_{y_k=g(x_k)} P\{X=x_k\}.$$

(2) 设 X 为连续型随机变量,可分两种情况考虑：

① **定义法** 已知 X 的分布函数 $F_X(x)$,且 $Y=g(X)$,求 Y 的分布函数 $F_Y(y)$. 可用定义做：

$$\begin{aligned} F_Y(y) &= P\{Y\leqslant y\}=P\{g(X)\leqslant y\} \\ &= \begin{cases} P\{X\leqslant g^{-1}(y)\}, & g(X) \text{ 单调增时}, \\ P\{X\geqslant g^{-1}(y)\}, & g(X) \text{ 单调减时} \end{cases} \\ &= \begin{cases} F_X[g^{-1}(y)], & g(X) \text{ 单调增时}, \\ 1-F_X[g^{-1}(y)], & g(X) \text{ 单调减时}. \end{cases} \end{aligned}$$

若求 $f_Y(y)$,则 $f_Y(y)=F_Y'(y)$.

② **公式法** 已知 X 的概率密度 $f_X(x)$,且 $Y=g(X)$,求 Y 的概率密度 $f_Y(y)$. 可用下面定理的结论：

定理 已知 X 的概率密度 $f_X(x)(-\infty<x<+\infty)$，函数 $g(x)$ 处处可导且恒有 $g'(x)>0$ (或 $g'(x)<0$)，则 $Y=g(X)$ 是连续型随机变量,且

$$f_Y(y)=\begin{cases} f_X[h(y)]|h'(y)|, & \alpha<y<\beta, \\ 0, & \text{其他}, \end{cases}$$

其中 $\alpha=\min\{g(-\infty),g(+\infty)\}$, $\beta=\max\{g(-\infty),g(+\infty)\}$, $h(y)$ 是 $g(x)$ 的反函数.

注 若 $f(x)$ 在有限区间 $[a,b]$ 以外等于零,则只需假设在 $[a,b]$ 上恒有 $g'(x)>0$(或恒有 $g'(x)<0$)，此时

$$\alpha=\min\{g(a),g(b)\}, \quad \beta=\max\{g(a),g(b)\}.$$

【二】基本要求

1. 了解随机变量的概念.

2. 掌握离散型随机变量的描述方法;理解分布律的概念及性质;熟练掌握二项分布和泊松分布.

3. 掌握连续型随机变量的描述方法;理解概率密度的概念及性质;掌握均匀分布和指数分布;熟练掌握正态分布.

4. 理解分布函数的概念及性质;了解离散型随机变量的分布律与分布函数的关系和掌握连续型随机变量的概率密度与分布函数的关系.

5. 会求简单的随机变量函数的概率分布.

【三】释疑解难

1. 什么是随机变量?为什么引进随机变量?

答 在概率论发展中,随机变量的引入是概率的公理化定义引入后的又一个里程碑. 概率论与数理统计是从数量上来研究随机现象的统计规律性的,为了更深入地研究随机现象,需要将随机试验的结果数量化,把随机事件转化成较一致的数学模型,从而使用统一的数学方式来研究它们的统计规律性.

随机试验的结果经常是数量,这些结果可与实数建立直接的对应关系.例如,掷一颗骰子出现的点数可与实数 1,2,3,4,5,6 对应;某市 120 急救电话一段时间内接到的呼唤次数可与实数 1,2,…对应.

有的随机试验的结果虽然不是数,但我们关心的是随机现象的统计规律性,而不是随机现象的发生用一个什么样的代号来表示它,仍可将试验结果与实数对应起来. 例如,抛一枚硬币,可能结果 e_1:"正面向上"与 e_2:"反面向上"不是数,但如果约定以"1"代表正面向上,以"0"代表反面向上,则结果便与实数建立了对应关系. 又如,设想在一直线上随机投放一质点,观察质点所处的位置,其结果为该直线上的一个点，它也并不直接表现为数量，但若在直线上建立一个数轴，则质点所处的位置就对应于一个数，即该点的坐标，从而该试验结果也就数量化了，可与实数建立起对应关系.

总之，无论随机试验的结果是否直接表现为数量，我们都可以将其数量化，使结果与实数建立起对应关系，从而引入了随机变量.

随机变量的定义在形式上与普通的一元实函数类似，但有着本质的差异. 随机变量随着试验的结果而取不同的值，其特点为：

(1) 随机变量是定义在样本空间上的单值实值函数，其定义域是样本空间 S，S 不一定是实数集. 而普通的一元实函数是定义在实数集上的实函数，其定义域里的元素均是实数.

(2) 由于随机试验结果的出现有随机性，故随机变量的取值也有随机性. 在试验之前，不能预言它取什么值，而只知它可能取值的范围. 只有在试验之后，根据试验结果，才知道它的确切取值. 又由于样本点的出现有一定的概率，所以随机变量的取值也有一定的概率.

(3) 给出随机变量后，样本空间 S 的每一元素(样本点)与数对应起来了，而随机事件是 S 的子集，故随机事件也可用随机变量在某范围取值表示. 一般，若 L 是一个实数集合，则 $\{e \mid X(e) \in L\}$ 表示随机事件，为方便起见，简记 $\{X \in L\}$.

例如，测试灯泡寿命，样本空间 $S=\{t \mid t \geqslant 0\}$，随机变量 X 表示所测灯泡寿命，则事件“灯泡寿命至多 500 小时”可用 $\{X \leqslant 500\}$ 来表示；事件“灯泡寿命为 500 小时”可用 $\{X=500\}$ 来表示；事件“灯泡寿命在 900 至 1000 小时之间”可用 $\{900 \leqslant X \leqslant 1000\}$ 来表示.

引入随机变量后，可以把对事件的研究转化为对随机变量的研究，而研究数量化的随机变量，就可更充分地利用数学方法，全面地去研究随机现象及其之间的联系.

随机变量分离散型与非离散型两大类，而非离散型又可分为连续型与混合型. 离散型与连续型只不过是随机变量的两种特殊类型，也是两种最重要的类型. 对于其他类型的随机变量，因不在基本要求范围之内，这里就不例举了.

2. 随机变量分布函数的意义是什么？学习分布函数的概念应注意什么？

答 对于离散型随机变量,可用列举其全部可能取值及其相应概率的方法,即可用分布律来描述其概率分布规律.但对于那些取值充满一个区间$[a,b]$,甚至充满整个实数轴$\mathbf{R}=(-\infty,+\infty)$的随机变量来说,这种方法就失效了. 例如,测量某零件长度的误差、某种电子元件的寿命等,其全部可取值是充满某个区间的.由于其可取值不能一一列举,因而不能像离散型随机变量那样用分布律来描述相应随机变量的概率分布规律,需要引入其他方法来描述它.

研究随机变量X的概率分布规律就是对任意的实数$x_1,x_2(x_1<x_2)$,分析事件$\{x_1<X\leqslant x_2\}$的概率$P\{x_1<X\leqslant x_2\}$情况. 由于

$$P\{x_1<X\leqslant x_2\}=P\{X\leqslant x_2\}-P\{X\leqslant x_1\},$$

因此,要研究X的概率分布规律,只需研究事件$\{X\leqslant x\}$的概率(x是任意实数). 为了理论研究方便,便引入了分布函数$F(x)$的概念.

学习分布函数的概念,应注意以下几个问题:

(1) $F(x)$是一个普通的一元实函数,其定义域是$(-\infty,+\infty)$,这对任何随机变量X都是如此,这个函数的对应法则是$P\{X\leqslant x\}$. 也就是说,对于确定的x_0,算出随机事件$\{X\leqslant x_0\}$的概率$P\{X\leqslant x_0\}$,便得到函数值$F(x_0)$.由随机变量的定义知,对于任意实数x,$P\{X\leqslant x\}$是确定的.因此分布函数可描述随机变量在任一范围内取值的概率,即随机变量的概率分布规律.一旦我们知道了一个随机变量的分布函数后,与这个随机变量有关的许多概率计算问题将转化为计算分布函数值的问题. 通过$F(x)$,我们能将数学分析的方法用来研究随机变量.

(2) 若把X看做数轴上随机点的坐标,那么分布函数$F(x)$在x处的函数值则表示随机点X落在区间$(-\infty,x]$上的概率,即

$$F(x)=P\{X\leqslant x\}=P\{X\in(-\infty,x]\}.$$

而X落在实轴上任一区间$(x_1,x_2]$上的概率为

$$\begin{aligned}P\{x_1<X\leqslant x_2\}&=P\{X\leqslant x_2\}-P\{X\leqslant x_1\}\\&=F(x_2)-F(x_1).\end{aligned}$$

(3) 分布函数$F(x)$具有三条基本性质(见内容提要),需要指出的是: 任一满足这三条性质的函数都可作为某个随机变量的分布函数.若三条性质中只要有一条不满足,便不能作为某随机变量的分布

函数.

(4) 有的教科书中定义随机变量 X 的分布函数为 $F(x)=P\{X<x\}$ $(x\in\mathbf{R})$. 这时分布函数的性质(1),(2)仍具备，所不同的是第三条性质,$F(x)$成了左连续函数(读者可以自证). 要注意两种情况的区别.

3. 如何由离散型随机变量的分布律求它的分布函数?

答 如果 X 是离散型随机变量,它的分布律为

$$P\{X=x_k\}=p_k \quad (k=1,2,\cdots),$$

那么由概率的可列可加性知道, X 的分布函数可以表示为

$$F(x)=P\{X\leqslant x\}=\sum_{x_k\leqslant x}P\{X=x_k\} \quad (x\in\mathbf{R}).$$

这里的求和式表示对满足 $x_k\leqslant x$ 的一切下标 k 求和，即 $F(x)$等于 X 取小于等于 x 的诸 x_k 的概率的和. 如果这样的 x_k 不存在,则 $\{X\leqslant x\}$为不可能事件,$F(x)=0$. 分布函数 $F(x)$的图形为阶梯形(见图 2-1). X 的每一可能值 x_k 都是 $F(x)$的第一类间断点,在这些点处, $F(x)$都有一个跃度,其跳跃值为 p_k,即

$$F(x_k)-F(x_k-0)=P\{X=x_k\}=p_k \quad (k=1,2,\cdots),$$

这里 $F(x_k-0)$为 $F(x)$在点 x_k 处的左极限.

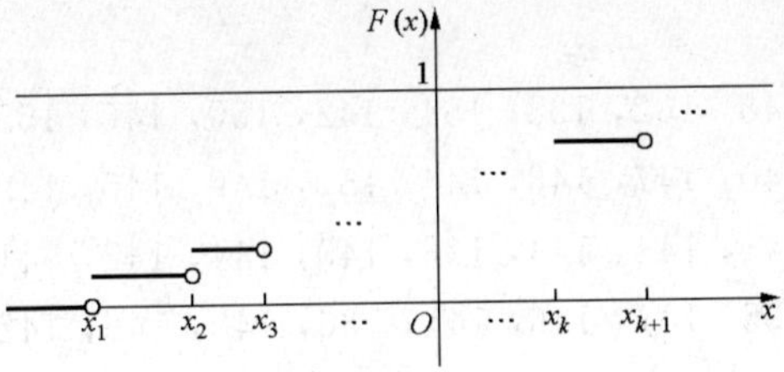

图 2-1

需要指出的是,对于离散型随机变量 X,若计算 X 落在一个区间内的概率时,对开区间、闭区间或半开半闭区间要严格区分开. 如

$$\begin{aligned}P\{x_1<X<x_2\}&=P\{x_1<X\leqslant x_2\}-P\{X=x_2\}\\&=F(x_2)-F(x_1)-[F(x_2)-F(x_2-0)]\\&=F(x_2-0)-F(x_1),\end{aligned}$$

$$
\begin{aligned}
P\{x_1 \leqslant X \leqslant x_2\} &= P\{X = x_1\} + P\{x_1 < X \leqslant x_2\} \\
&= [F(x_1) - F(x_1 - 0)] + F(x_2) - F(x_1) \\
&= F(x_2) - F(x_1 - 0),
\end{aligned}
$$

$$P\{x_1 \leqslant X < x_2\} = F(x_2 - 0) - F(x_1 - 0),$$

$$P\{X = a\} = F(a) - F(a - 0),$$

$$P\{X > a\} = 1 - P\{X \leqslant a\} = 1 - F(a),$$

$$
\begin{aligned}
P\{X \geqslant a\} &= P\{X > a\} + P\{X = a\} \\
&= 1 - F(a) + [F(a) - F(a - 0)] \\
&= 1 - F(a - 0).
\end{aligned}
$$

4. 概率密度的实际背景是什么?

答 对这个问题可以先看以下实例.

例 1 研究伊特拉斯坎(Etruscan)人男子的头颅,其中一指标为头颅的最大宽度,其为随机变量 X. 写出 X 的概率分布.

显然 X 的可取值是不能一一列举的,它可以取某一区间内的任意实数,因此不能用给出分布律的办法表示它的概率分布规律,只有确知取值于任一区间$(x_1,x_2]$($(x_1,x_2]$应含在 X 的取值区间内)的概率 $P\{x_1<X\leqslant x_2\}$,才能掌握 X 取值的概率分布规律. 下面从作频率直方图的方法入手来研究 $P\{x_1<X\leqslant x_2\}$.

这里列出了 84 个伊特拉斯坎人男子的头颅的最大宽度(单位: mm):

141, 148, 132, 138, 154, 142, 150, 146, 155, 158,
150, 140, 147, 148, 144, 150, 149, 145, 149, 158,
143, 141, 144, 144, 126, 140, 144, 142, 141, 140,
145, 135, 147, 146, 141, 136, 140, 146, 142, 137,
148, 154, 137, 139, 143, 140, 131, 143, 141, 149,
148, 135, 148, 152, 143, 144, 141, 143, 147, 146,
150, 132, 142, 142, 143, 153, 149, 146, 149, 138,
142, 149, 142, 137, 134, 144, 146, 147, 140, 142,
140, 137, 152, 145.

(1) 上述 84 个数据中,最小值: 126, 最大值: 158. 取区间[124.5,159.5],将其等分为 7 个小区间, 每个小区间长度均为 $\Delta=$

$(159.5-124.5)/7=5$. 称 Δ 为**组距**.

(2) 数出落在每个小区间内数据的频数 m_i，计算频率 $f_i=\frac{m_i}{n}(n=84, i=1,2,3,4,5,6,7)$，列表如表 2-1 所示.

表 2-1

组限	频数 m_i	频率 f_i	频率密度 f_i/Δ
124.5～129.5	1	0.0119	0.00238
129.5～134.5	4	0.0467	0.00952
134.5～139.5	10	0.1191	0.02382
139.5～144.5	33	0.3929	0.07858
144.5～149.5	24	0.2857	0.05714
149.5～154.5	9	0.1071	0.02142
154.5～159.5	3	0.0357	0.00714

(3) 画频率直方图：取一直角坐标系，用随机变量的可能取值作横坐标，以频率密度作纵坐标，画一系列矩形，每个矩形的底长是组距，高是该组的频率密度，得频率直方图(见图 2-2).

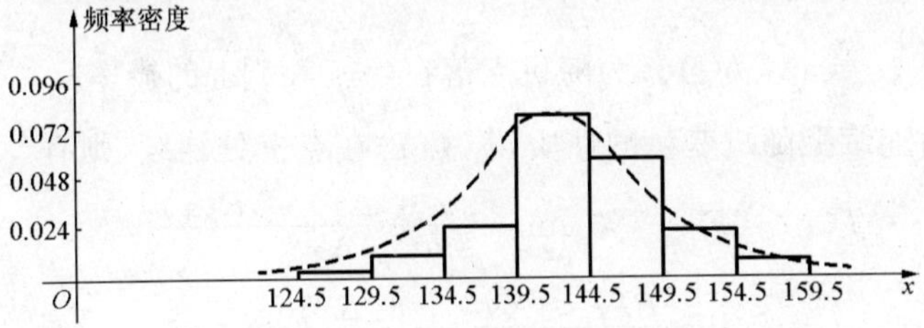

图 2-2

若要估计概率 $P\{134.5<X<149.5\}$，由于

$$\text{每个小矩形面积} = \text{频率} \approx \text{概率},$$

则

$$P\{134.5 < X < 149.5\} \approx 0.1191 + 0.3929 + 0.2857 = 0.7977.$$

可见利用表 2-1 和直方图 2-2 可以形象地描绘出随机变量 X 取值的统计规律的一个大致轮廓，然而直方图还有两个不足之处：首先，利用直方图只能估计随机变量落在各个组内，以及由各个组合并

起来的范围内的概率，还不能对取值于任一区间$(x_1,x_2]$内的概率$P\{x_1<X\leqslant x_2\}$做出估计；其次，直方图只表出了随机变量在各个组内取值的频率，而频率本身带有偶然性，用它来估计相应的概率有时误差较大. 为了克服这两个局限性，让试验次数不断增加，并且分组越来越细，这时直方图顶部的折线就转化为一条确定的曲线 $y=f(x)$，$f(x)$表示了随机变量 X 在各个取值范围内的概率的分布情况，即

$$P\{x_1 < X \leqslant x_2\} = \int_{x_1}^{x_2} f(x)\mathrm{d}x,$$

$$P\{X \leqslant x\} = \int_{-\infty}^{x} f(t)\mathrm{d}t.$$

由此便引入连续型随机变量定义. 这也就是概率密度的实际背景.

5. 学习连续型随机变量应注意哪些要点?

答 应该注意以下六点：

(1) 连续型随机变量 X 的概率密度本身不是概率，而以 $y=f(x)$ 为曲边的曲边梯形面积 $\int_{x_1}^{x_2} f(x)\mathrm{d}x$ 为 X 落在$(x_1,x_2]$上的概率，$F(x)=\int_{-\infty}^{x} f(t)\mathrm{d}t$ 为随机点落在$(-\infty,x]$上的概率.

由连续型随机变量的性质，若 $f(x)$在点 x 处连续，则有

$$\begin{aligned} f(x) = F'(x) &= \lim_{\Delta x \to 0} \frac{F(x+\Delta x) - F(x)}{\Delta x} \\ &= \lim_{\Delta x \to 0} \frac{P\{x < X \leqslant x + \Delta x\}}{\Delta x} \quad (\Delta x > 0), \end{aligned}$$

从而 $$P\{x < X \leqslant x + \Delta x\} = f(x)\Delta x + \Delta x \alpha(\Delta x),$$

其中 $\lim\limits_{\Delta x \to 0} \alpha(\Delta x)=0$，故

$$P\{x < X \leqslant x + \Delta x\} \approx f(x)\Delta x,$$

即 X 落在小区间$(x,x+\Delta x]$上的概率近似地等于 $f(x)\Delta x$，或者用微积分的术语称为“概率微元”.

比较离散型随机变量的分布律的性质 $\sum\limits_k p_k = 1$ 与连续型随机变量的概率密度的性质$\int_{-\infty}^{+\infty} f(x)\mathrm{d}x = 1$，可以看出“$f(x)\mathrm{d}x$”在连续

型随机变量的理论中所起的作用与“$P\{X=x_k\}=p_k$”在离散型随机变量的理论中所起的作用类同.

(2) 连续型随机变量的分布函数是连续函数.

(3) 由(2)及概率的性质可推出 $P\{X=a\}=0$,即连续型随机变量 X 取任一实数值 a 的概率为 0. 由此,设集合 $L=\mathbf{R}-\{a\}$,可推出

$$P\{X\in L\}=P\{X\in\mathbf{R}\}-P\{X=a\}=P\{X\in\mathbf{R}\}=1,$$

即 X 落在仅挖去一点后的数轴上这一事件$\{X\in L\}$的概率为 1. 这里$\{X=a\}$并非不可能事件,却有 $P\{X=a\}=0$;事件$\{X\in L\}$并非必然事件,却有 $P\{X\in L\}=1$.

可得**结论**:不可能事件的概率为 0,而概率为 0 的事件不一定是不可能事件;必然事件的概率为 1,而概率为 1 的事件不一定是必然事件.

(4) 对于连续型随机变量 X,有

$$\begin{aligned}P\{a<X\leqslant b\}&=P\{a\leqslant X<b\}=P\{a<X<b\}\\&=P\{a\leqslant X\leqslant b\}.\end{aligned}$$

(5) 随机变量分离散型与非离散型两大类,而非离散型又可分为连续型与混合型. 连续型随机变量的可取值可充满一个区间(甚至充满整个实数轴),但可取值充满一个区间的随机变量不一定是连续型随机变量. 例如,有一均匀陀螺,在其圆周的半圈上均匀地标明刻度为区间$[0,1)$上的诸数字,另一半圈上都标明刻度为 1,在桌面上将其旋转. 设随机变量 X 表示陀螺停下时圆周与桌面接触点的刻度,则 X 的可取值充满了区间$[0,1]$,从而 X 不是离散型随机变量. 但由条件有 $P\{0\leqslant X<1\}=0.5$,$P\{X=1\}=0.5$,即 X 取可取值 1 的概率不等于 0, 从而 X 也不是连续型随机变量.

(6) 由性质知在概率密度 $f(x)$的连续点处有 $\dfrac{\mathrm{d}F(x)}{\mathrm{d}x}=F'(x)=f(x)$,即概率密度是分布函数的导数,而分布函数是概率密度的一个特定的原函数.

当已知一个随机变量 X 的分布函数 $F(x)$处处连续,并且除去个别点外,导函数 $F'(x)$存在且连续,则 $F'(x)$就可认为是一个连续型随机变量 X 的概率密度函数. 至于在那些个别点处,可任意规定

$F'(x)$的值，通常可规定为零. 这是因为根据微积分的知识，改变一个定积分的被积函数在个别点处的值，并不影响其积分值，这时仍有

$$F(x)=\int_{-\infty}^{x}F'(t)\mathrm{d}t.$$

按上述规定的 $F'(x)$都是连续型随机变量 X 的概率密度. 由此可见，一般来说，一个连续型随机变量的概率密度函数不唯一，也不一定连续，它允许在个别点上取不同的值，但是它们的分布函数都相同，因而不影响我们研究它的概率分布.

6. 你知道的重要分布有哪几种？其背景是什么？

答 (1) **两点分布** 若随机变量 X 的可取值为 0,1，分布律为

$$P\{X=k\}=p^k(1-p)^{1-k}\quad(0<p<1,\ k=0,1),$$

则称 X 服从参数为 p 的**两点分布**或 **0-1 分布**.

产生两点分布的背景是伯努利试验. 若一次随机试验 E 只有两个可能结果，就可用两点分布来描述. 如抽验一件产品，若我们只关心产品是否合格，抽到合格品时令 $X=1$，抽到不合格品时令 $X=0$，则 X 服从两点分布.

(2) **二项分布** 若随机变量 X 的分布律为

$$P\{X=k\}=\mathrm{C}_n^k p^k(1-p)^{n-k}\quad(0<p<1,\ k=0,1,2,\cdots,n),$$

则称 X 服从参数为 n,p 的**二项分布**，记为 $X\sim B(n,p)$.

产生二项分布的背景是 n 重伯努利试验. 若一次试验 E 只有两个可能结果：A 与 $\overline{A}$，将 E 重复独立地进行 n 次，这一串重复的独立试验为 n 重伯努利试验. 在 n 重伯努利试验中，如果每次试验中事件 A 发生的概率为 $p(0<p<1)$，则描述 n 次试验中事件 A 发生的次数的随机变量 X 服从二项分布 $B(n,p)$.

例 2 设袋中有红、白两种颜色的球，红的占 80%，白的占 20%. 有放回地抽取 3 次，每次任取一球，求事件 $B=\{$恰有两次抽到红球$\}$的概率.

解 可看做是 3 重伯努利试验. 设事件 $A_i=\{$第 i 次抽到红球$\}$，$\overline{A}_i=\{$第 i 次抽到白球$\}(i=1,2,3)$，则

$$P(A_i)=0.8,\quad P(\overline{A}_i)=0.2\quad(i=1,2,3).$$

在 3 重伯努利试验中，基本事件为

$$A_1A_2A_3,\ A_1A_2\overline{A}_3,\ A_1\overline{A}_2A_3,\ \overline{A}_1A_2A_3,\ A_1\overline{A}_3\overline{A}_3,$$
$$\overline{A}_1A_2\overline{A}_3,\ \overline{A}_1\overline{A}_2A_3,\ \overline{A}_1\overline{A}_2\overline{A}_3.$$

事件 B 包含 3 个基本事件：$B=A_1A_2\overline{A}_3\cup A_1\overline{A}_2A_3\cup\overline{A}_1A_2A_3$，所以

$$\begin{aligned}P(B)&=P(A_1A_2\overline{A}_3)+P(A_1\overline{A}_2A_3)+P(\overline{A}_1A_2A_3)\\&=P(A_1)P(A_2)P(\overline{A}_3)+P(A_1)P(\overline{A}_2)P(A_3)\\&\quad+P(\overline{A}_1)P(A_2)P(A_3)\\&=0.8\times0.8\times0.2+0.8\times0.2\times0.8\\&\quad+0.2\times0.8\times0.8\\&=\mathrm{C}_3^2\times0.8^2\times0.2^{3-2}.\end{aligned}$$

注 ① 此例中，虽然基本事件总数为 8 个，事件 B 包含 3 个基本事件，但是由于这 8 个基本事件发生的概率不同，所以它不是古典概型问题，故 $P(B)\neq\frac{3}{8}$；

② 若 X 表示 3 重伯努利试验中 A 发生的次数，则

$$B=\{X=2\}=\{3\text{ 次试验中事件 }A\text{ 发生两次}\}.$$

一般地，在试验 E 中，若 $P(A)=p$，则 $P(\overline{A})=1-p(0<p<1)$. 设 X 表示 n 重伯努利试验中事件 A 发生的次数，A_i 表示“第 i 次试验中事件 A 发生”$(i=1,2,\cdots,n)$，则

$$P(A_i)=p,\quad P(\overline{A}_i)=1-p\quad(i=1,2,\cdots,n).$$

$$\begin{aligned}\{X=k\}&=\{n\text{ 次重复独立试验中事件 }A\text{ 发生 }k\text{ 次}\}\\&=A_1A_2\cdots A_k\overline{A}_{k+1}\cdots\overline{A}_n\cup\cdots\cup\overline{A}_1\overline{A}_2\cdots\overline{A}_{n-k}A_{n-k+1}\cdots A_n.\end{aligned}$$

于是

$$P\{X=k\}=\mathrm{C}_n^kp^k(1-p)^{n-k}\quad(k=0,1,2,\cdots,n),$$

即 $X\sim B(n,p)$.

应用二项概率公式时应注意：

① 一般地，“同时考查 n 个概率都是 p 的相互独立事件 $A_1,A_2,\cdots,A_n$ 是否发生”与“一个概率为 p 的事件 A 重复独立地考查 n 次”可看成相同的伯努利概型，因此“事件 $A_1,A_2,\cdots,A_n$ 中恰有 k 个发生”与“n 次重复独立试验中事件 A 恰好发生 k 次”相等.

② 有放回抽取与不放回抽取是两种重要的产品抽取方式. 有放回抽取是伯努利概型，可按二项分布概率公式计算概率；无放回抽

取是古典概型(具体称超几何概型)，可按古典概率计算公式计算概率.

(3) **泊松分布** 若随机变量 X 的分布律为

$$P\{X=k\}=\frac{\lambda^k e^{-\lambda}}{k!}\quad(k=0,1,2,\cdots),$$

其中 $\lambda>0$ 为常数，则称 X 服从参数为 λ 的**泊松分布**，记为 $X\sim\pi(\lambda)$ 或 $X\sim P(\lambda)$.

具有泊松分布的随机变量在实际应用中很多，如服务系统中单位时间内对服务的呼唤数；公路交叉路口处在单位时间内过往的汽车辆数；纺织厂生产的一定数量的布匹上的疵点数；某医院在一天内的急诊病人数；放射性物质发射出的粒子数；一定时期内出现的稀有事件数(如灾害，意外事故)；等等.

二项分布与泊松分布有着密切关系. 泊松定理给出了泊松分布是二项分布当 $n\to\infty$ 时的极限分布.

泊松定理 设有一列服从二项分布的随机变量 $X_n\sim B(n,p_n)$ $(n=1,2,\cdots)$. 若 $np_n=\lambda(\lambda>0,n=1,2,\cdots)$，则对于任一固定的非负整数 k，有

$$\lim_{n\to\infty}C_n^k p_n^k(1-p_n)^{n-k}=\frac{\lambda^k}{k!}e^{-\lambda}.$$

证 因为 $p_n=\dfrac{\lambda}{n}$，所以

$$C_n^k p_n^k(1-p_n)^{n-k}=\frac{n(n-1)\cdots(n-k+1)}{k!}\left(\frac{\lambda}{n}\right)^k\left(1-\frac{\lambda}{n}\right)^{n-k}$$

$$=\frac{\lambda^k}{k!}\left(1-\frac{1}{n}\right)\left(1-\frac{2}{n}\right)\cdots\left(1-\frac{k-1}{n}\right)\left(1-\frac{\lambda}{n}\right)^n\left(1-\frac{\lambda}{n}\right)^{-k}.$$

k 固定，令 $n\to\infty$，有

$$\left(1-\frac{1}{n}\right)\to 1,\quad\cdots,\quad\left(1-\frac{k-1}{n}\right)\to 1,$$

$$\left(1-\frac{\lambda}{n}\right)^n\to e^{-\lambda},\quad\left(1-\frac{\lambda}{n}\right)^{-k}\to 1,$$

故

$$\lim_{n\to\infty}C_n^k p_n^k(1-p_n)^{n-k}=\frac{\lambda^k}{k!}e^{-\lambda}.$$

注 条件 $np_n=\lambda$ 只是特例，一般应是 $\lim\limits_{n\to\infty}np_n=\lambda$. 记 $\lambda_n=np_n$，则

有 $\lim\limits_{n\to\infty}\lambda_n=\lambda$.

用泊松定理可证在一单位时间内电话交换台收到的呼唤次数的随机变量 $X\sim\pi(\lambda)$.

设想把单位时间 n 等分,记每一等份为 Δt, 即有 $\Delta t=\dfrac{1}{n}$, 对所考虑的问题作如下假定:

① 在$[t_0,t_0+\Delta t]$时间间隔内,电话交换台接到 k 次呼唤的概率与起点无关;

② 当 Δt 很小时, 电话交换台接到两次或两次以上呼唤的概率很小,故可以认为在 Δt 内至多接到一次呼唤,而接到一次呼唤的概率与 Δt 成正比,即 $p_n=\lambda\Delta t$(λ 为比例系数. 由期望概念可知 λ 的实际意义是交换台在某段时间内接到的平均呼唤次数);

③ 在各个时间间隔 Δt 中,接到呼唤与否相互独立.

在此假设下,可把考虑的单位时间内接到 k 次呼唤这件事,近似看做在 n 个时间间隔 Δt 中,恰有 k 个接到一次呼唤,而其余 $n-k$ 个未接到呼唤. 若把对每个时间间隔 Δt 内是否接到呼唤的观察看做一次试验,那么在单位时间内接到 k 次呼唤的概率,就可以近似地看做 n 重伯努利试验中,事件"接到一次呼唤"恰好发生 k 次的概率. 于是有

$$P\{X=k\}\approx C_n^k p_n^k(1-p_n)^{n-k},$$

其中 $p_n=\lambda\Delta t=\dfrac{\lambda}{n}$.

按照上述想法,若把所考虑的单位时间无限细分,即令 $n\to\infty$, 就可以得到 $P\{X=k\}$的精确值. 因 $np_n=\lambda$,于是由泊松定理有

$$P\{X=k\}=\frac{\lambda^k}{k!}e^{-\lambda},$$

即 $X\sim\pi(\lambda)$.

上述问题的讨论过程具有一般性,可用于讨论实际应用中的类似问题.

泊松定理更重要的意义在于: 由 $np_n=\lambda$ 可知 n 很大时,p_n 很小,故由定理可得 n 很大 p 很小时,$C_n^k p^k(1-p)^{n-k}\approx\dfrac{\lambda^k}{k!}e^{-\lambda}$,其中 $\lambda=np$(一般 $n\geqslant 10,p\leqslant 0.1$ 就可用此式).

例 3 设有 8×10^6 个质点散布在容积为 2000 m^3 的一个水池中,每个质点在这水池的各个点处是等可能的,且每个质点所处的位置与其余质点所处的位置相互独立. 求从这水池中任取 1 L 水中含有的质点个数 X 的分布律的近似表达式,且求这 1 L 水中至少有 2 个质点的概率.

解 对于一个质点的位置的观察,它只有"在所取的 1 L 水内"和"不在所取的 1 L 水内"两个结果,则对 8×10^6 个质点的观察属 8×10^6 重伯努利试验,故 1 L 水中含有的质点个数 $X\sim B(n,p)$. 又因在容积为 V 的媒质中,每个质点落入其中容积为 v 的区域内的概率 $p=\dfrac{v}{V}$,因此在本题中,$p=\dfrac{1}{2000000}$,即

$$X\sim B\left(8000000,\frac{1}{2000000}\right).$$

因为 $n=8000000>10$, $p=\dfrac{1}{2000000}<0.1$, 所以 X 近似服从泊松分布 $\pi(\lambda)$,其中 $\lambda=np=4$. 故

$$P\{X=k\}\approx\frac{4^k}{k!}e^{-4}\quad(k=0,1,2,\cdots).$$

于是,水中至少有 2 个质点的概率为

$$\begin{aligned}P\{X\geqslant2\}&=1-P\{X=0\}-P\{X=1\}\\&\approx1-\frac{4^0}{0!}e^{-4}-\frac{4^1}{1!}e^{-4}=1-e^{-4}-4e^{-4}.\end{aligned}$$

(4) **超几何分布** 产生超几何分布的背景之一是产品的不放回抽样问题. 设在 N 件产品中有 M 件次品,则这批产品的次品率 $p=\dfrac{M}{N}$. 从这批产品中抽取 n 次,每次抽 1 件, 抽后不放回(或者说从这批产品中任取 n 件). 设随机变量 X 表示抽出的 n 件中的次品数,则 X 服从**超几何分布**, 其分布律为

$$P\{X=k\}=\frac{C_M^kC_{N-M}^{n-k}}{C_N^n},$$

其中 k,n,M,N 为正整数,且 $n\leqslant N,M\leqslant N,\max\{0,n-N+M\}\leqslant k\leqslant\min\{n,M\}$.

如果产品的总数很大,而抽查的产品数相对很小,可不妨把不放

回抽样近似当做有放回抽样处理，即近似当做伯努利概型，不会产生多大误差. 一般，若从 N 件产品中随机抽取 n 件，只要 $\frac{N}{n}\geqslant 10$，不放回抽样就可近似按有放回抽样处理，超几何分布就可用二项分布来近似，即

$$\frac{C_M^k C_{N-M}^{n-k}}{C_N^n}\approx C_n^k p^k(1-p)^{n-k},\quad 其中\quad p=\frac{M}{N}.$$

事实上，可以证明：若当 $N\to\infty$ 时，$\frac{M}{N}\to p$ (n,k 不变)，则

$$\frac{C_M^k C_{N-M}^{n-k}}{C_N^n}\to C_n^k p^k(1-p)^{n-k}\quad (N\to\infty).$$

(5) **几何分布** 产生几何分布的背景是这样的，对于 n 重独立试验，直到事件 A 首次发生为止(即前 $k-1$ 次试验，A 都未发生，而第 k 次试验 A 才发生)所需试验次数的随机变量 X 服从**几何分布**，其分布律为

$$P\{X=k\}=p(1-p)^{k-1}\quad (k=1,2,\cdots),$$

其中 $p(0<p<1)$ 为事件 A 发生的概率.

(6) **均匀分布** 若连续型随机变量 X 具有概率密度

$$f(x)=\begin{cases}\frac{1}{b-a}, & a<x<b,\\ 0, & 其他,\end{cases}$$

则称 X 在区间 (a,b) 上服从**均匀分布**，记为 $X\sim U(a,b)$.

在 (a,b) 上服从均匀分布的随机变量 X 具有特性：X 落在区间 (a,b) 中任意等长的子区间内的可能性是相同的，即 X 落在区间 (a,b) 的任一子区间内的概率与子区间的长度成正比而与子区间的位置无关.

均匀分布在实际中有着重要的应用. 如定点计算的舍入误差是服从均匀分布的随机变量. 假定运算中的数据只保留小数点后 5 位，第 6 位四舍五入，则每次运算的舍入误差 X 在 $(-0.5\times 10^{-5}, 0.5\times 10^{-5})$ 上服从均匀分布. 再如，在研究等待时间的分布时，也用到均匀分布. 若每隔一定的时间 a，有一辆公交车通过某车站，一乘客由于不了解时刻表，他到达车站的时刻是任意的(具有等可能性)，可以认

为其候车时间 T 服从区间 $(0,a)$ 上的均匀分布.

(7) **指数分布** 若连续型随机变量 X 的概率密度为

$$f(x)=\begin{cases}\lambda e^{-\lambda x}, & x>0,\\ 0, & x\leqslant 0,\end{cases}$$

其中 $\lambda>0$ 为常数,则称 X 服从参数为 λ 的**指数分布**.(注:也有的教材中称 X 服从参数为 $\theta(\theta=1/\lambda)$ 的指数分布)

指数分布常被用来作为"寿命"分布的近似,如电子元件的寿命,排队模型中的服务时间等,都可以用指数分布作为概率模型.

例 4 设使用了时间 t(单位:h)的电子管在以后的时间 Δt(单位:h)内损坏的概率为 $\lambda\Delta t+o(\Delta t)$,其中 λ $\left(\lambda>0\text{,由期望概念可知}\frac{1}{\lambda}=\theta\text{ 的实际意义是电子管的平均寿命}\right)$ 是不依赖于 t 的常数,$o(\Delta t)$ 为当 $\Delta t\to 0$ 时较 Δt 高阶的无穷小. 求电子管寿命(即电子管损坏前已使用时间)X(单位:h)的概率分布.

解 设 X 的分布函数为 $F(t)$,则 $F(t)=P\{X\leqslant t\}$.

当 $t<0$ 时,$\{X\leqslant t\}$ 为不可能事件,故 $F(t)=0$.

当 $t\geqslant 0$,由题设知

$$P\{X\leqslant t+\Delta t\,|\,X>t\}=\lambda\Delta t+o(\Delta t)\quad(\Delta t>0),$$

于是

$$\begin{aligned}F(t+\Delta t)-F(t)&=P\{t<X\leqslant t+\Delta t\}\\&=P\{\{X\leqslant t+\Delta t\}\cap\{X>t\}\}\\&=P\{X>t\}P\{X\leqslant t+\Delta t\,|\,X>t\}\\&=[1-F(t)][\lambda\Delta t+o(\Delta t)]\quad(\Delta t>0),\end{aligned}$$

即 $$\frac{F(t+\Delta t)-F(t)}{\Delta t}=[1-F(t)]\left[\lambda+\frac{o(\Delta t)}{\Delta t}\right]\quad(\Delta t>0).$$

取极限,令 $\Delta t\to 0$,得

$$\frac{dF(t)}{dt}=\lambda[1-F(t)].$$

求解上微分方程:

$$\frac{d[1-F(t)]}{1-F(t)}=-\lambda dt,$$

$$\ln|1-F(t)|=-\lambda t+C_1,\quad\text{即}\quad 1-F(t)=Ce^{-\lambda t}.$$

注意到有初始条件 $F(0)=0$，得特解 $F(t)=1-e^{-\lambda t}$.

综上，有

$$F(t)=\begin{cases}1-e^{-\lambda t}, & t>0,\\ 0, & t\leqslant 0,\end{cases}$$

于是 X 的概率密度为

$$f(t)=\begin{cases}\lambda e^{-\lambda t}, & t>0,\\ 0, & t\leqslant 0,\end{cases}$$

即 X 服从指数分布.

指数分布的一个重要性质是“无记忆性”，即

$$P\{X>t+s|X>s\}=P\{X>t\}.$$

若 X 表示某一电子元件的寿命，上式表明一个已经使用了时间 s（单位：h）未损坏的电子元件，能够再继续使用时间 t（单位：h）以上的概率，与一个新的电子元件能够使用时间 t（单位：h）以上的概率相同. 这表明，该电子元件的损坏是由随机因素造成的，元件的衰老作用并不显著. 我们通常戏称指数分布是“永远年轻”的分布.

例 5 设自动取款机对每位顾客的服务时间（单位：min）服从参数为 $\lambda=\frac{1}{3}$ 的指数分布. 若有一顾客恰好在你前头走到空闲的取款机，求：

① 你至少等候 3 min 的概率；

② 你等候时间在 3 至 6 min 的概率.

如果你到达取款机时，正好有一名顾客使用着取款机，上述概率又是多少？

解 以 X 表示你前面这位顾客所用服务时间，X 的分布函数为 $F(x)$，则 $F(x)=\begin{cases}1-e^{-\frac{1}{3}x}, & x>0,\\ 0, & x\leqslant 0.\end{cases}$

① 你至少等候 3 min 的概率为

$$\begin{aligned}P\{X>3\}&=1-P\{X\leqslant 3\}=1-F(3)\\&=1-(1-e^{-1})=e^{-1}=0.368.\end{aligned}$$

② 你等候时间在 3 至 6 min 的概率为

$$P\{3<X<6\}=F(6)-F(3)=e^{-1}-e^{-2}=0.233.$$

如果你到达时取款机正在为一名顾客服务，同时没有其他人已在排队等候，那么由指数分布的无记忆性，取款机还需花在你前面顾客身上的服务时间与他刚到取款机相同，从而问题的答案不变.

(8) **正态分布** 若连续型随机变量 X 的概率密度为

$$f(x)=\frac{1}{\sqrt{2\pi}\sigma}\mathrm{e}^{-\frac{(x-\mu)^2}{2\sigma^2}}\quad(x\in\mathbf{R}),$$

其中 $\mu,\sigma(\sigma>0)$ 为常数，则称 X 服从参数为 μ,σ 的**正态分布**，记做 $X\sim N(\mu,\sigma^2)$.

正态分布无论在理论上还是在实际应用中都是概率论与数理统计中最重要的分布. 许多实际问题中的随机变量都服从或近似服从正态分布. 如产品的质量指标，诸如尺寸、含量、强度、寿命等都可以认为服从正态分布. 这是因为(除了主导因素之外)影响产品质量指标的偶然因素很多，原材料质地的不均匀，加工时电力的波动，生产者心理上的细微变化，储存方式的差异等，这些偶然因素共同作用的结果，使得产品的质量指标呈现为中间大两头小的正态曲线的形状. 一般凡是一随机现象是许许多多偶然因素共同作用的总和，各偶然因素所起的作用都不太大，则这个随机现象的概率模型就是正态分布. 这一说法的确切含义及严格的数学证明在中心极限定理中得到体现.

随机变量 X 服从正态分布时，概率计算如下：

① 设 $X\sim N(0,1)$，则 X 的分布函数为

$$\Phi(x)=P\{X\leqslant x\}=\frac{1}{\sqrt{2\pi}}\int_{-\infty}^{x}\mathrm{e}^{-\frac{t^2}{2}}\mathrm{d}t\quad(x\in\mathbf{R}).$$

若 $x\in[0,3.9]$，则查表直接得 $\Phi(x)$.

若 $x>3.9$，则可近似取 $\Phi(x)=1$.

若 $x<0$，则由 $\Phi(x)=1-\Phi(-x)$ 求得. 这是因为

$$\begin{aligned}\Phi(-x)&=\frac{1}{\sqrt{2\pi}}\int_{-\infty}^{-x}\mathrm{e}^{-\frac{t^2}{2}}\mathrm{d}t\overset{\text{令 }t=-u}{=\!=\!=\!=}-\frac{1}{\sqrt{2\pi}}\int_{+\infty}^{x}\mathrm{e}^{-\frac{u^2}{2}}\mathrm{d}u\\&=\frac{1}{\sqrt{2\pi}}\int_{x}^{+\infty}\mathrm{e}^{-\frac{u^2}{2}}\mathrm{d}u=1-\frac{1}{\sqrt{2\pi}}\int_{-\infty}^{x}\mathrm{e}^{-\frac{u^2}{2}}\mathrm{d}u\end{aligned}$$

$$= 1 - \Phi(x).$$

例如，$X \sim N(0,1)$，则

$$\begin{aligned} P\{|X| < 1\} &= P\{-1 < X < 1\} = \Phi(1) - \Phi(-1) \\ &= \Phi(1) - [1 - \Phi(1)] = 2\Phi(1) - 1 \\ &= 2 \times 0.8413 - 1 = 0.6826. \end{aligned}$$

② 设 $X \sim N(\mu,\sigma^2)$，则 X 的分布函数为

$$F(x) = P\{X \leqslant x\} = \frac{1}{\sqrt{2\pi}\sigma}\int_{-\infty}^{x} \mathrm{e}^{-\frac{(t-u)^2}{2\sigma^2}}\,\mathrm{d}t \quad (x \in \mathbf{R}).$$

因为 $Z = \dfrac{X-\mu}{\sigma} \sim N(0,1)$，所以

$$F(x) = P\{X \leqslant x\} = P\left\{\frac{X-\mu}{\sigma} \leqslant \frac{x-\mu}{\sigma}\right\} = \Phi\left(\frac{x-\mu}{\sigma}\right),$$

$$\begin{aligned} P\{x_1 < X \leqslant x_2\} &= P\left\{\frac{x_1-\mu}{\sigma} < \frac{X-\mu}{\sigma} \leqslant \frac{x_2-\mu}{\sigma}\right\} \\ &= \Phi\left(\frac{x_2-\mu}{\sigma}\right) - \Phi\left(\frac{x_1-\mu}{\sigma}\right). \end{aligned}$$

例如，$X \sim N(1,2^2)$，则

$$\begin{aligned} P\{0 < X \leqslant 1.6\} &= \Phi\left(\frac{1.6-1}{2}\right) - \Phi\left(\frac{0-1}{2}\right) \\ &= \Phi(0.3) - \Phi(-0.5) \\ &= 0.6179 - 0.3085 = 0.3094, \end{aligned}$$

$$\begin{aligned} P\{X > 7\} &= 1 - P\{X \leqslant 7\} = 1 - \Phi\left(\frac{7-1}{2}\right) \\ &= 1 - \Phi(3) = 1 - 0.9987 = 0.0013. \end{aligned}$$

正态分布的"3σ 规则"：

设 $X \sim N(\mu,\sigma^2)$，则

$$\begin{aligned} P\{\mu - \sigma < X < \mu + \sigma\} &= P\left\{-1 < \frac{X-\mu}{\sigma} < 1\right\} \\ &= \Phi(1) - \Phi(-1) = 2\Phi(1) - 1 = 0.6826, \end{aligned}$$

$$P\{\mu - 2\sigma < X < \mu + 2\sigma\} = 2\Phi(2) - 1 = 0.9544,$$

$$\begin{aligned} P\{\mu - 3\sigma < X < \mu + 3\sigma\} &= 2\Phi(3) - 1 \\ &= 2 \times 0.9987 - 1 = 0.9974. \end{aligned}$$

理论上，正态随机变量 X 的可取值范围是$(-\infty,+\infty)$，但实

际上 X 取值于区间$(\mu-3\sigma,\mu+3\sigma)$之外的可能性非常小,一般可忽略不计,通常认为 X 只取$(\mu-3\sigma,\mu+3\sigma)$中的值,称为"$3\sigma$ 规则".使用这一原则所引起的偏差概率还不到千分之三. 在产品质量管理中,通常认为稳定生产条件下产品质量指标是服从正态分布的,因此根据"3σ 规则",当对某项质量指标做抽样检验时,可以把抽样值是否落在区间$(\mu-3\sigma,\mu+3\sigma)$内作为判断生产过程是否正常的一个主要指标.

(9) Γ **分布** 统计学中的三个重要分布为:χ^2 分布,t 分布,F 分布.Γ 分布是一种重要的分布,F 分布就是在 Γ 分布的基础上推导的.

若随机变量 X 的概率密度为

$$f(x)=\begin{cases}\dfrac{\lambda^\alpha}{\Gamma(\alpha)}x^{\alpha-1}\mathrm{e}^{-\lambda x}, & x>0,\\ 0, & x\leqslant 0,\end{cases}$$

其中 $\alpha>0,\lambda>0$ 均为常数,则称 X 服从参数为 α,λ 的 Γ **分布**,记为 $X\sim\Gamma(\alpha,\lambda)$. 式中 $\Gamma(\alpha)=\int_0^{+\infty}\mathrm{e}^{-x}x^{\alpha-1}\mathrm{d}x\,(\alpha>0)$ 称为 Γ 函数.

当 $\alpha=1$ 时,因 $\Gamma(1)=1$,有

$$f(x)=\begin{cases}\lambda\mathrm{e}^{-\lambda x}, & x>0,\\ 0, & x\leqslant 0,\end{cases}$$

其为指数分布的概率密度,故指数分布是 Γ 分布的特殊情况.

【四】方法指导

例 1 已知离散型随机变量 X 的概率分布如下,试求其中的未知参数 a.

(1) $P\{X=k\}=\dfrac{ak}{n(n+1)}\ (k=1,2,\cdots,n)$;

(2) $P\{X=k\}=a^{k+1}\ (k=0,1)$.

分析 由离散型随机变量分布律的性质知,随机变量取各个可能值的概率之和等于 1.

解 (1) 因为

$$1=\sum_{k=1}^{n}P\{X=k\}=\frac{a}{n(n+1)}\sum_{k=1}^{n}k=\frac{a}{n(n+1)}\cdot\frac{n(n+1)}{2}=\frac{a}{2},$$

故 $a=2$.

(2) 因为 $1=P\{X=0\}+P\{X=1\}=a+a^2$,故

$$a_1=-\frac{1}{2}(\sqrt{5}+1)=-1.6180,$$

$$a_2=\frac{1}{2}(\sqrt{5}-1)=0.6180.$$

因为应有 $P\{X=k\}=a^{k+1}\geqslant 0$, 从而 a_1 不合题意，所以 $a=0.6180$.

例 2 设连续型随机变量 X 的概率密度为:

(1) $f(x)=a\mathrm{e}^{-3|x|}, -\infty<x<+\infty$;

(2) $f(x)=\begin{cases} ax^2\mathrm{e}^{-\lambda x}, & x>0, \\ 0, & x\leqslant 0. \end{cases}$

试求其中的未知参数 a.

分析 由连续型随机变量概率密度的性质知,概率密度 $f(x)$在 $(-\infty,+\infty)$上的积分等于 1.

解 (1) 由于

$$1=\int_{-\infty}^{+\infty}f(x)\mathrm{d}x=a\int_{-\infty}^{+\infty}\mathrm{e}^{-3|x|}\mathrm{d}x=2a\int_{0}^{+\infty}\mathrm{e}^{-3x}\mathrm{d}x=\frac{2}{3}a,$$

因此 $a=\frac{3}{2}$.

(2) 由于 $1=\int_{-\infty}^{+\infty}f(x)\mathrm{d}x=\int_{0}^{+\infty}ax^2\mathrm{e}^{-\lambda x}\mathrm{d}x=\frac{2a}{\lambda^3}$,因此 $a=\frac{\lambda^3}{2}$.

例 3 设 $f(x)=k\mathrm{e}^{-x^2+2x-3}$ $(-\infty<x<+\infty)$是一连续型随机变量的概率密度,试求未知常数 k.

解 将 $f(x)=k\mathrm{e}^{-x^2+2x-3}$ 作变换,得

$$f(x)=k\mathrm{e}^{-x^2+2x-1-2}=k\mathrm{e}^{-2}\mathrm{e}^{-\frac{(x-1)^2}{2\times\frac{1}{2}}}.$$

将其与正态分布 $N\left(1,\frac{1}{2}\right)$的概率密度比较,可得

$$k=\frac{\mathrm{e}^2}{\sqrt{2\pi}\sqrt{1/2}}=\frac{\mathrm{e}^2}{\sqrt{\pi}}.$$

例 4 已知 X 是在区间(0,1)内取值的连续型随机变量,且

$P\{X \leqslant 0.29\}=0.75$，$P\{Y \leqslant a\}=0.25$，其中 $Y=1-X$. 求未知常数 a.

解 由于

$$\begin{aligned}P\{Y \leqslant a\} &= P\{1-X \leqslant a\} = P\{X \geqslant 1-a\} \\ &= 1-P\{X < 1-a\} = 0.25,\end{aligned}$$

因此 $$P\{X < 1-a\} = 1-0.25 = 0.75.$$

又由 $P\{X \leqslant 0.29\}=0.75$，得 $1-a=0.29$，即 $a=0.71$.

例 5 设一学徒工在同一台机床上连续加工了 3 个零件，且第 k 个零件不合格的概率为 $p_k=\frac{1}{k+1}$ $(k=1,2,3)$. 试求不合格品的件数 X 的分布律.

解 设事件 $A_k=\{$第 k 个零件是不合格品$\}$ $(k=1,2,3)$. 由条件知，事件 A_1,A_2,A_3 相互独立，且

$$P(A_k)=\frac{1}{k+1},\quad P(\overline{A}_k)=1-P(A_k)=\frac{k}{k+1}\quad (k=1,2,3).$$

显然 X 的可取值为 $0,1,2,3$，而

$$\begin{aligned}\{X=0\} &= \overline{A}_1\overline{A}_2\overline{A}_3, \\ \{X=1\} &= A_1\overline{A}_2\overline{A}_3 \cup \overline{A}_1A_2\overline{A}_3 \cup \overline{A}_1\overline{A}_2A_3, \\ \{X=2\} &= A_1A_2\overline{A}_3 \cup A_1\overline{A}_2A_3 \cup \overline{A}_1A_2A_3, \\ \{X=3\} &= A_1A_2A_3,\end{aligned}$$

因此，有

$$\begin{aligned}P\{X=0\} &= P(\overline{A}_1\overline{A}_2\overline{A}_3) = P(\overline{A}_1)P(\overline{A}_2)P(\overline{A}_3) \\ &= \frac{1}{2}\times\frac{2}{3}\times\frac{3}{4}=\frac{6}{24}, \\ P\{X=1\} &= P(A_1\overline{A}_2\overline{A}_3)+P(\overline{A}_1A_2\overline{A}_3)+P(\overline{A}_1\overline{A}_2A_3) \\ &= P(A_1)P(\overline{A}_2)P(\overline{A}_3)+P(\overline{A}_1)P(A_2)P(\overline{A}_3) \\ &\quad +P(\overline{A}_1)P(\overline{A}_2)P(A_3) \\ &= \frac{1}{2}\times\frac{2}{3}\times\frac{3}{4}+\frac{1}{2}\times\frac{1}{3}\times\frac{3}{4} \\ &\quad +\frac{1}{2}\times\frac{2}{3}\times\frac{1}{4}=\frac{11}{24};\end{aligned}$$

类似地有

$$P\{X=2\} = P(A_1\overline{A}_2\overline{A}_3)+P(\overline{A}_1A_2\overline{A}_3)+P(\overline{A}_1\overline{A}_2A_3)=\frac{6}{24},$$

$$P\{X=3\}=P(A_1A_2A_3)=P(A_1)P(A_2)P(A_3)=\frac{1}{24}.$$

所以 X 的分布律为

X	0	1	2	3
P	6/24	11/24	6/24	1/24

例 6 从 $M=\{1,2,\cdots,N\}$中随意取 4 个数，以 X 表示其中最小者. 试求 X 的分布律.

解 随机变量 X 的可取值为 $1,2,\cdots,N-3$. 从 $M=\{1,2,\cdots,N\}$中随意取 4 个数共有 C_N^4 种不同的取法，而有利于事件$\{X=k\}$的有 C_{N-k}^3种，于是 X 的分布律为

$$P\{X=k\}=\frac{\mathrm{C}_{N-k}^3}{\mathrm{C}_N^4}\quad(k=1,2,\cdots,N-3).$$

例 7 设盒中有 8 个晶体管，其中 6 个正品，2 个次品. 现逐个进行测试，直到把 2 个次品测出为止. 以 X 表示需要测试的次数，求 X 的分布律.

解 由题意知 X 的可取值为 $2,3,4,5,6,7,8$.

设 $A_i=\{$第 i 次测到的是正品$\}$，则 $\overline{A}_i=\{$第 i 次测到的是次品$\}$，且 $A_i(i=1,2,\cdots,8)$之间不独立. 于是

$$P\{X=2\}=P(\overline{A}_1\overline{A}_2)=P(\overline{A}_1)P(\overline{A}_2|\overline{A}_1)=\frac{2}{8}\times\frac{1}{7}=\frac{1}{28},$$

$$\begin{aligned}P\{X=3\}&=P(A_1\overline{A}_2\overline{A}_3\cup\overline{A}_1A_2\overline{A}_3)=P(A_1\overline{A}_2\overline{A}_3)+P(\overline{A}_1A_2\overline{A}_3)\\&=P(A_1)P(\overline{A}_2|A_1)P(\overline{A}_3|A_1\overline{A}_2)\\&\quad+P(\overline{A}_1)P(A_2|\overline{A}_1)P(\overline{A}_3|\overline{A}_1A_2)\\&=\frac{6}{8}\times\frac{2}{7}\times\frac{1}{6}+\frac{2}{8}\times\frac{6}{7}\times\frac{1}{6}\\&=2\times\frac{6}{8}\times\frac{2}{7}\times\frac{1}{6}=\frac{2}{28},\end{aligned}$$

$$\begin{aligned}P\{X=4\}&=P(A_1A_2\overline{A}_3\overline{A}_4\cup A_1\overline{A}_2A_3\overline{A}_4\cup\overline{A}_1A_2A_3\overline{A}_4)\\&=P(A_1A_2\overline{A}_3\overline{A}_4)+P(A_1\overline{A}_2A_3\overline{A}_4)+P(\overline{A}_1A_2A_3\overline{A}_4)\\&=3P(A_1A_2\overline{A}_3\overline{A}_4)=3\times\frac{6}{8}\times\frac{5}{7}\times\frac{2}{6}\times\frac{1}{5}=\frac{3}{28};\end{aligned}$$

类似地有

$$P\{X=5\}=\frac{4}{28},\quad P\{X=6\}=\frac{5}{28},$$

$$P\{X=7\}=\frac{6}{28},\quad P\{X=8\}=\frac{7}{28}.$$

$\left(验算\frac{1}{28}\times(1+2+3+4+5+6+7)=1\right)$所以 X 的分布律为

X	2	3	4	5	6	7	8
P	$\frac{1}{28}$	$\frac{2}{28}$	$\frac{3}{28}$	$\frac{4}{28}$	$\frac{5}{28}$	$\frac{6}{28}$	$\frac{7}{28}$

由上述解题过程得 X 的分布律的解析表达式为

$$P\{X=k\}=(k-1)\frac{\mathrm{A}_6^{k-2}\mathrm{A}_2^2}{\mathrm{A}_8^k}\quad(k=2,3,4,5,6,7,8).$$

例 8 设一篮球运动员的投篮命中率为 45%,且每次投篮互不影响.以 X 表示他首次投中时累计已投篮次数,写出 X 的分布律,并计算 X 取偶数的概率.

分析 由题意,随机变量 X 的可取值为 $1,2,\cdots$,而 $X=k$ 表明他前 $k-1$ 次未投中,第 k 次投中.

解 设事件 $A_i=\{第 i 次投篮命中\}$,则 $A_i(i=1,2,\cdots)$相互独立,且$\{X=k\}=\overline{A}_1\overline{A}_2\cdots\overline{A}_{k-1}A_k(k=1,2,\cdots)$.故

$$\begin{aligned}P\{X=k\}&=P(\overline{A}_1)P(\overline{A}_2)\cdots P(\overline{A}_{k-1})P(A_k)\\&=0.55^{k-1}\times 0.45\quad(k=1,2,\cdots).\end{aligned}$$

因此 X 的分布律为

$$P\{X=k\}=0.55^{k-1}\times 0.45\quad(k=1,2,3,\cdots).$$

又设事件 $A=\{X 取得偶数\}$,则

$$A=\{X=2\}\cup\{X=4\}\cup\cdots\cup\{k=2m\}\cup\cdots.$$

而事件$\{X=2\}$,$\{X=4\}$,…两两互斥,故

$$\begin{aligned}P(A)&=\sum_{m=1}^{\infty}P\{X=2m\}=\sum_{m=1}^{\infty}0.55^{2m-1}\times 0.45\\&=\frac{0.45}{0.55}\sum_{m=1}^{\infty}(0.55^2)^m=\frac{9}{11}\lim_{m\to\infty}0.55^2\frac{1-(0.55^2)^m}{1-0.55^2}\end{aligned}$$

$$= \frac{9}{11} \cdot \frac{0.55^2}{1 - 0.55^2} = \frac{11}{31}.$$

例 9 设某厂有 10 台 7.5 kW 的机床,独立使用,每台使用的概率为 0.2. 已知电力部门只供电 50 kW. 问: 该厂机床用电不超过 50 kW 的可能性有多大?

分析 设随机变量 X 表示 10 台机床中同时开动的台数,则由题意 $X \sim B(10, 0.2)$,即

$$P\{X = k\} = C_{10}^{k} 0.2^{k} 0.8^{10-k} \quad (k = 0, 1, 2, \cdots, 10).$$

因为 $\frac{50}{7.5} = 6.66\cdots$,故所求的是事件$\{X \leqslant 6\}$的概率.

解 设事件 $B = \{$该厂机床用电不超过 50 kW$\}$,则据上述分析,所求可能性大小为

$$\begin{aligned} P(B) &= P\{X \leqslant 6\} = 1 - P\{X \geqslant 7\} \\ &= 1 - P\{X = 7\} - P\{X = 8\} \\ &\quad - P\{X = 9\} - P\{X = 10\} \\ &= 0.9991356. \end{aligned}$$

注 n 次独立试验指试验重复进行 n 次. 这里重复并非指同一台机床重复使用,而是某台机床使用看做是对另一台机床使用的重复,故重复不能单从字面上理解,应用每次试验中产生某一结果的概率不变去阐明,只要概率不变就是重复.

例 10 设某一设备有三大部件构成,设备运转时,各部件需要调整的概率分别为 0.1, 0.2, 0.3. 若各部件的状态相互独立,求同时需调整的部件数 X 的分布函数.

分析 先求出 X 的分布律,再求 X 的分布函数.

解 X 的可取值为 0,1,2,3. 设 $A_i = \{$第 i 个部件需要调整$\}$($i = 1, 2, 3$),则 A_1, A_2, A_3 相互独立,且

$$P(A_1) = 0.1, \quad P(A_2) = 0.2, \quad P(A_3) = 0.3.$$

故

$$\begin{aligned} P\{X = 0\} &= P(\overline{A}_1 \overline{A}_2 \overline{A}_3) = P(\overline{A}_1) P(\overline{A}_2) P(\overline{A}_3) \\ &= 0.9 \times 0.8 \times 0.7 = 0.504, \end{aligned}$$

$$P\{X = 1\} = P\{A_1 \overline{A}_2 \overline{A}_3 \cup \overline{A}_1 A_2 \overline{A}_3 \cup \overline{A}_1 \overline{A}_2 A_3\}$$

$$
\begin{aligned}
&= P(A_1\overline{A}_2\overline{A}_3) + P(\overline{A}_1A_2\overline{A}_3) + P(\overline{A}_1\overline{A}_2A_3) \\
&= 0.1 \times 0.8 \times 0.7 + 0.9 \times 0.2 \times 0.7 \\
&\quad + 0.9 \times 0.8 \times 0.3 = 0.398,
\end{aligned}
$$

$$
\begin{aligned}
P\{X = 2\} &= P\{A_1A_2\overline{A}_3 \cup A_1\overline{A}_2A_3 \cup \overline{A}_1A_2A_3\} \\
&= P(A_1A_2\overline{A}_3) + P(A_1\overline{A}_2A_3) + P(\overline{A}_1A_2A_3) \\
&= 0.1 \times 0.2 \times 0.7 + 0.1 \times 0.8 \times 0.3 \\
&\quad + 0.9 \times 0.2 \times 0.3 = 0.092,
\end{aligned}
$$

$$
P\{X = 3\} = P(A_1A_2A_3) = 0.1 \times 0.2 \times 0.3 = 0.006.
$$

X 的可取值 0,1,2,3 将整个数轴分成了五部分.因 $F(x)$是定义在整个数轴上的函数,所以,分下列五种情况讨论 $F(x)$的取值.

(1) 当 $x<0$ 时,因 X 不取小于 0 的值,所以这时$\{X\leqslant x\}$是一个不可能事件,故 $F(x)=P\{X\leqslant x\}=0$;

(2) 当 $0\leqslant x<1$ 时,事件$\{X\leqslant x\}$等于事件$\{X=0\}$,所以

$$
F(x) = P\{X \leqslant x\} = P\{X = 0\} = 0.504;
$$

(3) 当 $1\leqslant x<2$ 时,事件$\{X\leqslant x\}$等于事件$\{X=0\}\cup\{X=1\}$,所以

$$
\begin{aligned}
F(x) &= P\{X \leqslant x\} = P\{X = 0\} + P\{X = 1\} \\
&= 0.504 + 0.398 = 0.902;
\end{aligned}
$$

(4) 当 $2\leqslant x<3$ 时, 事件$\{X\leqslant x\}$等于事件

$$
\{X=0\}\cup\{X=1\}\cup\{X=2\},
$$

所以

$$
\begin{aligned}
F(x) &= P\{X \leqslant x\} = P\{X = 0\} + P\{X = 1\} + P\{X = 2\} \\
&= 0.504 + 0.398 + 0.092 = 0.994;
\end{aligned}
$$

(5) 当 $x\geqslant 3$ 时,$\{X\leqslant x\}$等于事件

$$
\{X=0\}\cup\{X=1\}\cup\{X=2\}\cup\{X=3\},
$$

是必然事件,所以

$$
\begin{aligned}
F(x) &= P\{X \leqslant x\} \\
&= P\{X = 0\} + P\{X = 1\} + P\{X = 2\} + P\{X = 3\} \\
&= 0.504 + 0.398 + 0.092 + 0.006 = 1.
\end{aligned}
$$

综合上述,$F(x)$的表达式为

$$F(x)=\begin{cases}0, & x<0,\\ 0.504, & 0\leqslant x<1,\\ 0.902, & 1\leqslant x<2,\\ 0.994, & 2\leqslant x<3,\\ 1, & x\geqslant 3.\end{cases}$$

例 11 已知离散型随机变量 X 的分布律为

X	-1	0	1
P	$1/4$	a	b

分布函数为

$$F(x)=\begin{cases}c, & -\infty<x<-1,\\ d, & -1\leqslant x<0,\\ 3/4, & 0\leqslant x<1,\\ e, & 1\leqslant x<+\infty.\end{cases}$$

试求其中的常数 a, b, c, d, e.

分析 可利用分布律和分布函数的性质解决问题.

解 当 $x<-1$ 时,$F(x)=0$, 所以 $c=0$;

当 $x\geqslant 1$ 时, $F(x)=1$,所以 $e=1$.

因为

$$P\{X=-1\}=F(-1)-F(-1-0)=d-c,$$

且 $P\{X=-1\}=1/4,c=0$,所以 $d=1/4$. 于是

$$\begin{aligned}a&=P\{X=0\}=F(0)-F(0-0)\\&=\frac{3}{4}-d=\frac{3}{4}-\frac{1}{4}=\frac{1}{2};\\ b&=P\{X=1\}=F(1)-F(1-0)\\&=e-\frac{3}{4}=1-\frac{3}{4}=\frac{1}{4}.\end{aligned}$$

例 12 设连续型随机变量 X 的分布函数为

$$F(x)=\begin{cases}\mathrm{e}^x/2, & x<0,\\ 1/2+x/4, & 0\leqslant x<2,\\ 1, & x\geqslant 2.\end{cases}$$

试求 X 的概率密度.

解 已知 $F(x)$连续,且除去 $x=0$ 及 $x=2$ 点外,$F'(x)$存在并连续. 而 $F(x)$在 $x=0$ 及 $x=2$ 点均不可导.

当 $x<0$ 时, $F'(x)=e^x/2$;

当 $0<x<2$ 时, $F'(x)=1/4$;

当 $x>2$ 时, $F'(x)=0$.

可规定, 当 $x=0$ 或 $x=2$ 时, $F'(x)=0$,从而得 X 的概率密度

$$f_1(x)=\begin{cases}e^x/2, & x<0,\\ 0, & x=0,\\ 1/4, & 0<x<2,\\ 0, & x\geqslant 2.\end{cases}$$

若对 $F(x)$分段求导,得

$$f_2(x)=\begin{cases}e^x/2, & x<0,\\ 1/4, & 0\leqslant x<2,\\ 0, & x\geqslant 2.\end{cases}$$

$f_2(x)$仍是 X 的概率密度.

例 13 设连续型随机变量 X 具有概率密度

$$f(x)=\begin{cases}ax, & 0\leqslant x\leqslant 1,\\ a(2-x), & 1<x\leqslant 2,\\ 0, & \text{其他}.\end{cases}$$

(1) 确定常数 a; (2) 求 X 的分布函数 $F(x)$;

(3) 求 $P\left\{\frac{1}{2}\leqslant X\leqslant\frac{3}{2}\right\}$.

解 (1) 由 $\int_{-\infty}^{+\infty}f(x)dx=1$ 可得

$$\int_{-\infty}^{0}0dx+\int_{0}^{1}axdx+\int_{1}^{2}a(2-x)dx+\int_{2}^{+\infty}0dx=1,$$

即 $$\frac{1}{2}a+\frac{1}{2}a=1,\quad \text{亦即}\quad a=1.$$

因此

$$f(x)=\begin{cases}x, & 0\leqslant x\leqslant 1,\\ 2-x, & 1<x\leqslant 2,\\ 0, & \text{其他}.\end{cases}$$

(2) X 的分布函数 $F(x)=\int_{-\infty}^{x} f(t)\mathrm{d}t$，且 $f(t)$ 是分段函数，则

当 $x<0$ 时，$F(x)=\int_{-\infty}^{x} 0\mathrm{d}t=0$；

当 $0\leqslant x<1$ 时，$F(x)=\int_{-\infty}^{0} 0\mathrm{d}t+\int_{0}^{x} t\mathrm{d}t=\frac{x^2}{2}$；

当 $1\leqslant x<2$ 时，

$$F(x)=\int_{-\infty}^{0} 0\mathrm{d}t+\int_{0}^{1} t\mathrm{d}t+\int_{1}^{x}(2-t)\mathrm{d}t=2x-\frac{x^2}{2}-1;$$

当 $x\geqslant 2$ 时，

$$F(x)=\int_{-\infty}^{0} 0\mathrm{d}t+\int_{0}^{1} t\mathrm{d}t+\int_{1}^{2}(2-t)\mathrm{d}t+\int_{2}^{x} 0\mathrm{d}t=1.$$

所以

$$F(x)=\begin{cases}0, & x<0,\\ \frac{x^2}{2}, & 0\leqslant x<1,\\ 2x-\frac{x^2}{2}-1, & 1\leqslant x<2,\\ 1, & x\geqslant 2.\end{cases}$$

(3) $P\left\{\frac{1}{2}\leqslant X\leqslant\frac{3}{2}\right\}=\int_{\frac{1}{2}}^{\frac{3}{2}} f(x)\mathrm{d}x=\int_{\frac{1}{2}}^{1} x\mathrm{d}x+\int_{1}^{\frac{3}{2}}(2-x)\mathrm{d}x=\frac{3}{4}$，或者 $P\left\{\frac{1}{2}\leqslant X\leqslant\frac{3}{2}\right\}=F\left(\frac{3}{2}\right)-F\left(\frac{1}{2}\right)=\frac{3}{4}$.

例 14 设连续型随机变量 X 的分布函数为

$$F(x)=\begin{cases}0, & x\leqslant -a,\\ A+B\arcsin\frac{x}{a}, & -a<x\leqslant a,\\ 1, & x>a\end{cases}\quad (a>0).$$

求：(1) 常数 A 与 B；(2) X 的概率密度函数；

(3) 方程 $t^2+Xt+\frac{a^2}{16}=0$ 有实根的概率.

分析 利用连续型随机变量分布函数的性质可确定 A 与 B.

解 (1) 因为 X 的分布函数 $F(x)$ 在 $(-\infty,+\infty)$ 内连续，故在 $x=\pm a$ 处 $F(x)$ 也连续. 于是有

$$\begin{cases} A + B\arcsin\dfrac{-a}{a} = 0, \\ A + B\arcsin\dfrac{a}{a} = 1, \end{cases} \quad \text{解得} \quad \begin{cases} A = \dfrac{1}{2}, \\ B = \dfrac{1}{\pi}. \end{cases}$$

(2) 由(1)得

$$F(x) = \begin{cases} 0, & x \leqslant -a, \\ \dfrac{1}{2} + \dfrac{1}{\pi}\arcsin\dfrac{x}{a}, & -a < x \leqslant a, \quad (a > 0), \\ 1, & x > a \end{cases}$$

而 X 的概率密度 $f(x)=F'(x)$,所以

$$f(x) = \begin{cases} \dfrac{1}{\pi\sqrt{a^2 - x^2}}, & |x| < a, \\ 0, & |x| \geqslant a \end{cases} \quad (a > 0).$$

(3) 因为方程 $t^2+Xt+\dfrac{a^2}{16}=0$ 有实根,则 $X^2-\dfrac{a^2}{4}\geqslant 0$, 故所求概率为

$$\begin{aligned} P\left\{X^2 \geqslant \frac{a^2}{4}\right\} &= P\left\{X \geqslant \frac{a}{2}\right\} + P\left\{X \leqslant \frac{-a}{2}\right\} \\ &= \int_{\frac{a}{2}}^{+\infty} f(x)\mathrm{d}x + \int_{-\infty}^{-\frac{a}{2}} f(x)\mathrm{d}x \\ &= \int_{\frac{a}{2}}^{a} \frac{\mathrm{d}x}{\pi\sqrt{a^2 - x^2}} + \int_{-a}^{-\frac{a}{2}} \frac{\mathrm{d}x}{\pi\sqrt{a^2 - x^2}} = \frac{2}{3} \end{aligned}$$

或

$$\begin{aligned} P\left\{X^2 \geqslant \frac{a^2}{4}\right\} &= P\left\{X \geqslant \frac{a}{2}\right\} + P\left\{X \leqslant \frac{-a}{2}\right\} \\ &= 1 - F\left(\frac{a}{2}\right) + F\left(-\frac{a}{2}\right) = \frac{2}{3}. \end{aligned}$$

例 15 设 $F_1(x)$ 与 $F_2(x)$ 分别为随机变量 X_1 与 X_2 的分布函数. 为使 $F(x)=aF_1(x)-bF_2(x)$ 是某一随机变量的分布函数,在下列给定的各组数值中应取(   ).

(A) $a=\dfrac{3}{5}, b=-\dfrac{2}{5}$; (B) $a=\dfrac{2}{3}, b=\dfrac{2}{3}$;

(C) $a=-\frac{1}{2},b=\frac{3}{2}$；　　　　　(D) $a=\frac{1}{2},b=-\frac{3}{2}$.

解　由于 $F(+\infty)=aF_1(+\infty)-bF_2(+\infty)=a-b=1$，故应选(A).

例 16　设 $F_1(x)$ 与 $F_2(x)$ 都是随机变量的分布函数，a 和 b 是非负常数且 $a+b=1$. 试证：函数 $F(x)=aF_1(x)+bF_2(x)$ 具有随机变量分布函数的基本性质.

证　只需验证 $F(x)=aF_1(x)+bF_2(x)$ 满足分布函数的三条基本性质.

由条件知 a 和 b 非负且 $a+b=1$. 由于 $F_1(x)$ 和 $F_2(x)$ 都是分布函数，故

对于任意实数 x，有

$$0 \leqslant F(x) = aF_1(x) + bF_2(x) \leqslant a + b = 1;$$

对于任意实数 $x_1<x_2$，由于 $F_i(x_1)\leqslant F_i(x_2)(i=1,2)$，因此

$$F(x_1) = aF_1(x_1) + bF_2(x_1) \leqslant aF_1(x_2) + bF_2(x_2) = F(x_2),$$

即 $F(x)$ 单调不减；

根据连续函数的一般性质，由 $F_1(x)$ 和 $F_2(x)$ 的右连续性，可见 $F(x)$ 也右连续；

最后，

$$\lim_{x\to-\infty} F(x) = a \lim_{x\to-\infty} F_1(x) + b \lim_{x\to-\infty} F_2(x) = 0,$$

$$\lim_{x\to+\infty} F(x) = a \lim_{x\to+\infty} F_1(x) + b \lim_{x\to+\infty} F_2(x) = 1.$$

综上，$F(x)=aF_1(x)+bF_2(x)$ 具有随机变量分布函数的基本性质，也是分布函数.

例 17　已知在一本 200 页的书中共有 100 个错误. 假设每个错误等可能地出现在每一页上，试求：

(1) 在给定的一页上恰好有两个错误的概率；

(2) 在给定的一页上至少有一个错误的概率.

分析　用 X 表示给定一页上的错误数. 因为每个错误等可能地出现在 200 页书的每一页上，所以一个错误出现在给定的一页上的概率为 $\frac{1}{200}$. 此题为一个 100 重伯努利概型问题，这样 100 个错误

出现在给定的一页上的错误数 $X \sim B\left(100, \frac{1}{200}\right)$.

解 据上述分析知 $X \sim B\left(100, \frac{1}{200}\right)$.

(1) 所求概率为 $P\{X=2\}=C_{100}^{2}\left(\frac{1}{200}\right)^{2}\left(\frac{199}{200}\right)^{98}$.

(2) 所求概率为

$$P\{X \geqslant 1\} = 1 - P\{X < 1\} = 1 - P\{X = 0\} = 1 - \left(\frac{199}{200}\right)^{100}.$$

注 若按上式直接计算比较繁琐.这里 $n=100, p=\frac{1}{200}, np=0.5$,可用泊松分布 $P(0.5)$近似代替,所以

(1) $P\{X=2\} \approx \frac{0.5^2}{2!}e^{-0.5}=0.0758$;

(2) $P\{X \geqslant 1\}=1-P\{X=0\} \approx 1-e^{-0.5}=0.6065$.

例 18 设随机变量 X 服从泊松分布,其分布律为

$$P\{X = k\} = \frac{\lambda^k}{k!}e^{-\lambda} \quad (k = 0,1,2,\cdots),$$

其中 $\lambda>0$.问:当 k 取何值时 $P\{X=k\}$为最大?

解 由题设有

$$\frac{P\{X = k\}}{P\{X = k-1\}} = \frac{\dfrac{\lambda^k}{k!}e^{-\lambda}}{\dfrac{\lambda^{k-1}}{(k-1)!}e^{-\lambda}} = \frac{\lambda}{k} \quad (k = 1,2,\cdots).$$

当 $k<\lambda$ 时, $P\{X=k\}>P\{X=k-1\}$, 即 $P\{X=k\}$随着 k 的增大而增大;当 $k>\lambda$ 时 $P\{X=k\}<P\{X=k-1\}$,即 $P\{X=k\}$随着 k 的增大而减小.故若 λ 是整数,则当 $k=\lambda$ 及 $k=\lambda-1$ 时, $P\{X=k\}$都达到最大值;若 λ 不是整数时,则当 $k=[\lambda]$ 时, $P\{X=k\}$达到最大.特别当 $\lambda<1$ 时, 因 $\frac{\lambda}{k}<1$,故 $P\{X=k\}$单调减,所以 $P\{X=0\}$为最大.

例 19 设 X 服从二项分布,其分布律为

$$P\{X = k\} = C_n^k p^k (1 - p)^{n-k} \quad (k = 0,1,2,\cdots,n).$$

问:当 k 取何值时 $P\{X=k\}$最大?

解 由题设有

$$\frac{P\{X=k\}}{P\{X=k-1\}}=\frac{(n-k+1)p}{k(1-p)}=\frac{(n+1)p-k}{k(1-p)}+1$$

$$(k=1,2,\cdots).$$

当 $k<(n+1)p$ 时，$\dfrac{P\{X=k\}}{P\{X=k-1\}}>1$；

当 $k=(n+1)p$ 时，$\dfrac{P\{X=k\}}{P\{X=k-1\}}=1$；

当 $k>(n+1)p$ 时，$\dfrac{P\{X=k\}}{P\{X=k-1\}}<1$.

故若 $(n+1)p$ 为整数，则当 $k=(n+1)p$ 或 $k=(n+1)p-1$ 时，$P\{X=k\}$ 都取到最大值；若 $(n+1)p$ 不是整数，则当 $k=[(n+1)p]$ 时，$P\{X=k\}$ 取到最大值.

例 20 已知一房间有 3 个同样大小的玻璃窗子，其中只有一个是没有玻璃的. 设有一只鸟从这个窗子飞入了房间后，在房子里飞来飞去，试图飞出房间. 假定鸟没有记住从哪儿飞入且不能辨认窗子有无玻璃，即鸟飞向各扇窗子是随机的.

(1) 假定鸟没有记忆. 以 X 表示鸟为了飞出房间试飞的次数，求 X 的分布律.

(2) 假定鸟是有记忆的，即它飞向任一窗子的尝试不多于一次. 以 Y 表示这只鸟为了飞出房间试飞的次数，试求 Y 的分布律.

(3) 求试飞次数 X 小于 Y 的概率；求试飞次数 Y 小于 X 的概率.

解 (1) 这是 m 次独立试验首次成功的问题，呈几何分布，$p=\frac{1}{3}$，$q=1-p=\frac{2}{3}$，X 的分布律为

X	1	2	3	$\cdots$	m	$\cdots$
P	$\frac{1}{3}$	$\frac{2}{3}\times\frac{1}{3}$	$\left(\frac{2}{3}\right)^2\times\frac{1}{3}$	$\cdots$	$\left(\frac{2}{3}\right)^{m-1}\times\frac{1}{3}$	$\cdots$

(2) Y 的可取值为 1,2,3. 设事件 $A_i=\{$第 i 次飞出$\}$ $(i=1,2,3)$，则

$$P\{Y=1\}=P\{A_1\}=\frac{1}{3},$$

$$P\{Y=2\}=P(\overline{A}_1A_2)=P(\overline{A}_1)P(A_2|\overline{A}_1)=\frac{2}{3}\times\frac{1}{2}=\frac{1}{3},$$

$$P\{Y=3\}=P(\overline{A}_1\overline{A}_2A_3)=P(\overline{A}_1)P(\overline{A}_2|\overline{A}_1)P(A_3|\overline{A}_1\overline{A}_2)$$
$$=\frac{2}{3}\times\frac{1}{2}\times\frac{1}{1}=\frac{1}{3}.$$

(3) 试飞次数 X 小于 Y 的概率为

$$P\{X<Y\}=P\{Y=2\}P\{X=1\}+P\{Y=3\}P\{X=1\}$$
$$+P\{Y=3\}P\{X=2\}$$
$$=\frac{1}{3}\times\frac{1}{3}+\frac{1}{3}\times\frac{1}{3}+\frac{1}{3}\times\frac{2}{9}=\frac{8}{27}.$$

又

$$P\{X=Y\}=P\{X=1\}P\{Y=1\}+P\{X=2\}P\{Y=2\}$$
$$+P\{X=3\}P\{Y=3\}$$
$$=\frac{1}{9}+\frac{2}{27}+\frac{4}{81}=\frac{19}{81},$$

所以试飞次数 Y 小于 X 的概率为

$$P\{X>Y\}=1-P\{X<Y\}-P\{X=Y\}$$
$$=1-\frac{8}{27}-\frac{19}{81}=\frac{38}{81}.$$

例 21 设在时间 t(单位：min)内通过某路口的汽车数服从参数为 λt 的泊松分布.若一分钟内没有汽车通过的概率为 0.2,求两分钟内至少有一辆汽车通过的概率.

分析 据题意，一分钟内通过某路口的汽车数服从参数为 λ 的泊松分布,两分钟内通过某路口的汽车数服从参数为 2λ 的泊松分布.再据条件,可定出 λ.

解 设 X 为一分钟内通过某路口的汽车数，则 $X\sim\pi(\lambda)$,即

$$P\{X=k\}=\frac{\lambda^k}{k!}e^{-\lambda}\quad(k=0,1,2,\cdots).$$

而 $P\{X=0\}=e^{-\lambda}=0.2$，故 $\lambda=-\ln 0.2$.

设 Y 为两分钟内通过某路口的汽车数,则 $Y\sim\pi(2\lambda)$,即

$$P\{Y=k\}=\frac{(2\lambda)^k}{k!}e^{-2\lambda}\quad(k=0,1,2,\cdots).$$

于是所求概率为

$$P\{Y\geqslant 1\}=1-P\{Y=0\}=1-e^{-2\lambda}$$

$$= 1 - e^{2\ln 0.2} = 0.96.$$

例 22 设一大型设备上某元件在任何长为 x 的时间内损坏(立即替换新的)数 $N(x)$ 服从参数为 λx 的泊松分布. 求该种元件使用寿命 X 的概率密度.

分析 先求 X 的分布函数 $F(x)$,再对 $F(x)$ 求导得 X 的概率密度.

解 对任意实数 x,因为 $X \geqslant 0$,所以当 $x<0$ 时, $\{X \leqslant x\} = \varnothing$,从而 $F(x) = P\{X \leqslant x\} = 0$.

当 $x \geqslant 0$ 时,由于 $\{X \leqslant x\} = \{N(x) \geqslant 1\}$,故

$$F(x) = P\{X \leqslant x\} = P\{N(x) \geqslant 1\} = 1 - P\{N(x) = 0\}$$
$$= 1 - \frac{(\lambda x)^0}{0!} e^{-\lambda x} = 1 - e^{-\lambda x}.$$

综上所述,得 X 的分布函数为

$$F(x) = \begin{cases} 1 - e^{-\lambda x}, & x > 0, \\ 0, & x \leqslant 0, \end{cases}$$

从而 X 的概率密度为

$$f(x) = \begin{cases} \lambda e^{-\lambda x}, & x > 0, \\ 0, & x \leqslant 0. \end{cases}$$

例 23 设某公共汽车站从上午 7 时起,每隔 15 min 来一班车,即在 7:00, 7:15, 7:30, 7:45 有车. 若某乘客在 7:00 到 7:30 之间到达车站是等可能的,试求他候车时间

(1) 不到 5 min 的概率;　　(2) 超过 10 min 的概率.

分析 由题设知,乘客到达车站的时间是在 7:00 到 7:30 之间服从均匀分布的随机变量. 又乘客候车时间不到 5 min,说明他是在 7:10 至 7:15 之间或在 7:25 至 7:30 之间到达车站的;乘客候车时间超过 10 min,说明他是在 7:00 至 7:05 之间或在 7:15 至 7:20 之间到达车站的.

解 设乘客于 7:00 过时间 X(单位: min)到达车站,则 X 在 $(0,30)$上服从均匀分布,即 $X \sim U(0,30)$,故 X 的概率密度为

$$f(x) = \begin{cases} 1/30, & 0 < x < 30, \\ 0, & \text{其他}. \end{cases}$$

(1) 设事件 $A=\{$乘客候车时间不到 5 min$\}$,则据上述分析,所求概率为

$$P(A)=P\{10<X<15\}+P\{25<X<30\}$$
$$=\int_{10}^{15}\frac{1}{30}\mathrm{d}x+\int_{25}^{30}\frac{1}{30}\mathrm{d}x=\frac{1}{3}.$$

(2) 设事件 $B=\{$乘客候车时间超过 10 min$\}$,则据上述分析,所求概率为

$$P(B)=P\{0<X<5\}+P\{15<X<20\}$$
$$=\int_{0}^{5}\frac{1}{30}\mathrm{d}x+\int_{15}^{20}\frac{1}{30}\mathrm{d}x=\frac{1}{3}.$$

例 24 设某工厂招聘 155 名工人,共有 526 人报名,按考试成绩录用. 假设报名者的考试成绩 $X\sim N(\mu,\sigma^2)$. 已知 90 分以上有 12 人,60 分以下有 83 人. 若从高分到低分录用,某人成绩为 78 分,问:此人是否被录用?

分析 可由已知条件确定 $N(\mu,\sigma^2)$中的参数 μ,σ 的值,然后计算出 $P\{X\geqslant 78\}$是否小于录取率. 录取率为 $\frac{155}{526}\approx 0.2947$.

解 由题设知 $X\sim N(\mu,\sigma^2)$. 因为

$$P\{X>90\}=\frac{12}{526}=0.0228,$$

所以 $$P\{X\leqslant 90\}=1-P\{X>90\}=0.9772.$$

又 $P\{X\leqslant 90\}=\Phi\left(\frac{90-\mu}{\sigma}\right)=0.9772$,从而有

$$\frac{90-\mu}{\sigma}=2.0, \tag{1}$$

同理,因为

$$P\{X<60\}=\frac{83}{526}=0.1578,$$

$$P\{X<60\}=\Phi\left(\frac{60-\mu}{\sigma}\right)=0.1578,$$

$$\Phi\left(\frac{\mu-60}{\sigma}\right)=1-\Phi\left(\frac{60-\mu}{\sigma}\right)=1-0.1578=0.8422,$$

所以 $$\frac{\mu-60}{\sigma}=1.0. \tag{2}$$

联立(1),(2)两式可求得 $\mu=70,\sigma=10$,故 $X\sim N(70,10^2)$. 于是

$$P\{X\geqslant 78\}=1-P\{X<78\}=1-\Phi\left(\frac{78-70}{10}\right)$$
$$=1-\Phi(0.8)=1-0.7881$$
$$=0.2119<0.2947.$$

故此人能被录用.

注 *另解法* 可设录取线为 x_0 分,则

$$P\{X\geqslant x_0\}=1-P\{X<x_0\}=1-\Phi\left(\frac{x_0-70}{10}\right)=0.2947.$$

于是

$$\Phi\left(\frac{x_0-70}{10}\right)=0.7053,\quad \frac{x_0-70}{10}\approx 0.54,\quad x_0\approx 75.4<78.$$

故此人能被录用.

例 25 假设随机变量 $X\sim N(0,\sigma^2)$,求使概率 $P\{\sqrt{\mathrm{e}}<X<\mathrm{e}\}$ 最大的 σ 值.

解 记 $g(\sigma)=P\{\sqrt{\mathrm{e}}<X<\mathrm{e}\}$,则由题设 $X\sim N(0,\sigma^2)$有

$$g(\sigma)=P\{\sqrt{\mathrm{e}}<X<\mathrm{e}\}=P\left\{\frac{\sqrt{\mathrm{e}}}{\sigma}<\frac{X}{\sigma}<\frac{\mathrm{e}}{\sigma}\right\}$$
$$=\Phi\left(\frac{\mathrm{e}}{\sigma}\right)-\Phi\left(\frac{\sqrt{\mathrm{e}}}{\sigma}\right)=\frac{1}{\sqrt{2\pi}}\left(\int_{-\infty}^{\mathrm{e}/\sigma}\mathrm{e}^{-\frac{u^2}{2}}\mathrm{d}u-\int_{-\infty}^{\sqrt{\mathrm{e}}/\sigma}\mathrm{e}^{-\frac{u^2}{2}}\mathrm{d}u\right).$$

令

$$g'(\sigma)=\frac{1}{\sqrt{2\pi}}\left(-\frac{\mathrm{e}}{\sigma^2}\mathrm{e}^{-\frac{\mathrm{e}^2}{2\sigma^2}}+\frac{\sqrt{\mathrm{e}}}{\sigma^2}\mathrm{e}^{-\frac{\mathrm{e}}{2\sigma^2}}\right)$$
$$=\frac{1}{\sqrt{2\pi}}\cdot\frac{\sqrt{\mathrm{e}}}{\sigma^2}\left(-\mathrm{e}^{-\frac{\mathrm{e}^2-\sigma^2}{2\sigma^2}}+\mathrm{e}^{-\frac{\mathrm{e}}{2\sigma^2}}\right)=0,$$

则 $\mathrm{e}^2-\sigma^2=\mathrm{e}$,从而得 $\sigma=\sqrt{\mathrm{e}^2-\mathrm{e}}$. 易见 $g'(\sigma)$的符号决定于 $\mathrm{e}^2-\sigma^2$ 与 e 的比较.

当 $\sigma=\sqrt{\mathrm{e}^2-\mathrm{e}}$时, $\mathrm{e}^2-\sigma^2=\mathrm{e}$, $g'(\sigma)=0$;

当 $\sigma<\sqrt{\mathrm{e}^2-\mathrm{e}}$时, $\mathrm{e}^2-\sigma^2>\mathrm{e}$, $g'(\sigma)>0$;

当 $\sigma>\sqrt{\mathrm{e}^2-\mathrm{e}}$时, $\mathrm{e}^2-\sigma^2<\mathrm{e}$, $g'(\sigma)<0$.

因此,当 $\sigma=\sqrt{\mathrm{e}^2-\mathrm{e}}$时, $g(\sigma)=P\{\sqrt{\mathrm{e}}<X<\mathrm{e}\}$取极大值. 因

为 $g(\sigma)$ 的极值唯一，故也是最大值，即当 $\sigma=\sqrt{e^2-e}$ 时，概率 $P\{\sqrt{e}<X<e\}$ 取最大值.

例 26 在某种化合物中，设酒精含量的百分比是一个随机变量 X，其概率密度为

$$f(x)=\begin{cases}20x^3(1-x), & 0<x<1,\\ 0, & \text{其他}.\end{cases}$$

(1) 求出随机变量 X 的分布函数.

(2) 计算 $P\left\{X\leqslant\frac{2}{3}\right\}$.

(3) 假设上面化合物的销售价格与酒精的含量有关：当 $\frac{1}{3}<X<\frac{2}{3}$ 时，这种化合物每升价格(单位：元)为 C_1，其他情形每升价格为 C_2. 若每升成本(单位：元)是 C_3，找出每升净利润的概率分布.

解 (1) 设 X 的分布函数为 $F(x)$，显然，当 $x<0$ 时，$F(x)=0$；当 $x\geqslant 1$ 时，$F(x)=1$；当 $0\leqslant x\leqslant 1$ 时，

$$F(x)=\int_{-\infty}^{x}f(t)\mathrm{d}t=20\int_{0}^{x}t^3(1-t)\mathrm{d}t=5x^4-4x^5.$$

于是

$$F(x)=\begin{cases}0, & x<0,\\ 5x^4-4x^5, & 0\leqslant x<1,\\ 1, & x\geqslant 1.\end{cases}$$

(2) $P\left\{X\leqslant\frac{2}{3}\right\}=F\left(\frac{2}{3}\right)=5\left(\frac{2}{3}\right)^4-4\left(\frac{2}{3}\right)^5\approx 0.4609$.

(3) 每升的净利润 Y 是酒精含量的百分比 X 的函数：

$$Y=\begin{cases}C_1-C_3, & 1/3<X<2/3,\\ C_2-C_3, & \text{其他}.\end{cases}$$

由于

$$P\left\{\frac{1}{3}<X<\frac{2}{3}\right\}=F\left(\frac{2}{3}\right)-F\left(\frac{1}{3}\right)$$
$$=0.4609-0.0453=0.4156,$$

于是每升净利润 Y 的概率分布为

净利润(元) / 概率	C_1-C_3	C_2-C_3
P	$\frac{101}{243}$	$\frac{142}{243}$

例 27 设随机变量 X 在(0,1)上服从均匀分布. 现有常数 $a(0<a<1)$,如果任取 4 个 X 值,至少有一个大于 a 的概率为 0.9,问: a 为多少?

解 因 $X\sim U(0,1)$,故 X 的概率密度为

$$f(x)=\begin{cases}1, & 0<x<1,\\ 0, & \text{其他}.\end{cases}$$

对于 $0<a<1$ 有

$$P\{0\leqslant X\leqslant a\}=\int_0^a f(x)\mathrm{d}x=\int_0^a \mathrm{d}x=a,$$

所以 $P\{X>a\}=1-a$.

若记 μ 为任取 4 个 X 值中小于等于 a 的个数,则 $\mu\sim B(4,a)$.

若记事件 A 为任取 4 个 X 值至少有一个大于 a,则 $\overline{A}$ 为任取 4 个 X 值都不大于 a. 所以

$$P(\overline{A})=P\{\mu=4\}=\mathrm{C}_4^4 a^4(1-a)^0=a^4.$$

已知 $P(A)=0.9$,所以 $P(\overline{A})=0.1$,即

$$a^4=0.1,\quad a=\sqrt[4]{0.1}\approx 0.5623.$$

例 28 设一设备开机后无故障工作时间(单位: h)X 服从参数为 $\lambda=\frac{1}{5}$ 的指数分布,设备定时开机,出现故障时自动关机,而在无故障情况下工作 2h 便关机. 试求该设备每次开机无故障工作时间 Y 的分布函数 $F_Y(y)$.

分析 据题意 Y 是 X 的函数,可根据随机变量函数分布的求法,由 X 的分布函数推出 Y 的分布函数.

解 X 的分布函数为

$$F_X(x)=P\{X\leqslant x\}=\begin{cases}1-\mathrm{e}^{-\frac{x}{5}}, & x>0,\\ 0, & x\leqslant 0.\end{cases}$$

由于 Y 为每次开机无故障工作时间, 且

$$Y=g(X)=\begin{cases}0, & X\leqslant 0,\\ X, & 0<X<2,\\ 2, & X\geqslant 2,\end{cases}$$

所以由定义法有

$$\begin{aligned}F_Y(y)&=P\{Y\leqslant y\}=P\{g(X)\leqslant y\}\\ &=\begin{cases}P(\varnothing), & y<0,\\ P\{X\leqslant y\}, & 0\leqslant y<2,\ (S\text{ 为必然事件})\\ P(S), & y\geqslant 2\end{cases}\\ &=\begin{cases}0, & y<0,\\ 1-\mathrm{e}^{-\frac{y}{5}}, & 0\leqslant y<2,\\ 1, & y\geqslant 2.\end{cases}\end{aligned}$$

例 29 设随机变量 $X\sim N(0,1)$,求:

(1) $Y=\mathrm{e}^X$ 的概率密度; (2) $Y=2X^2+1$ 的概率密度;

(3) $Y=|X|$的概率密度.

解 X 的概率密度为

$$f_X(x)=\frac{1}{\sqrt{2\pi}}\mathrm{e}^{-\frac{x^2}{2}}\quad (x\in\mathbf{R}).$$

(1) $y=g(x)=\mathrm{e}^x$ 的反函数为 $h(y)=\ln y$, $g(x)=\mathrm{e}^x$ 可导,且 $g'(x)>0$. 由公式法所求概率密度为

$$f_Y(y)=\begin{cases}\dfrac{1}{y\sqrt{2\pi}}\mathrm{e}^{-\frac{\ln^2 y}{2}}, & y>0,\\ 0, & y\leqslant 0.\end{cases}$$

(2) 对于 $y>1$,先求 $Y=2X^2+1$ 的分布函数 $F_Y(y)$. 由定义法

$$\begin{aligned}F_Y(y)&=P\{Y\leqslant y\}=P\{2X^2+1\leqslant y\}\\ &=P\left\{-\sqrt{\frac{y-1}{2}}\leqslant X\leqslant\sqrt{\frac{y-1}{2}}\right\}\\ &=\int_{-\sqrt{\frac{y-1}{2}}}^{\sqrt{\frac{y-1}{2}}}f_X(x)\mathrm{d}x=2\int_0^{\sqrt{\frac{y-1}{2}}}\frac{1}{\sqrt{2\pi}}\mathrm{e}^{-\frac{x^2}{2}}\mathrm{d}x.\end{aligned}$$

当 $y\leqslant 1$ 时, $F_Y(y)=P\{2X^2+1\leqslant y\}=0$.

所以 $Y=2X^2+1$ 的概率密度为

$$f_Y(y)=F'_Y(y)=\begin{cases}2f_X\left(\sqrt{\dfrac{y-1}{2}}\right)\cdot\dfrac{\mathrm{d}}{\mathrm{d}y}\sqrt{\dfrac{y-1}{2}}, & y>1,\\ 0, & y\leqslant 1\end{cases}$$

$$=\begin{cases}\dfrac{1}{2\sqrt{\pi(y-1)}}\cdot\mathrm{e}^{-\frac{y-1}{4}}, & y>1,\\ 0, & y\leqslant 1.\end{cases}$$

(3) 设 $Y=|X|$ 的分布函数为 $F_Y(y)$，概率密度为 $f_Y(y)$.

当 $y>0$ 时，

$$F_Y(y)=P\{Y\leqslant y\}=P\{|X|\leqslant y\}$$
$$=P\{-y\leqslant X\leqslant y\}=F_X(y)-F_X(-y),$$
$$f_Y(y)=F'_Y(y)=f_X(y)+f_X(-y)$$
$$=\frac{1}{\sqrt{2\pi}}\mathrm{e}^{-\frac{y^2}{2}}+\frac{1}{\sqrt{2\pi}}\mathrm{e}^{-\frac{(-y)^2}{2}}$$
$$=\frac{2}{\sqrt{2\pi}}\mathrm{e}^{-\frac{y^2}{2}};$$

当 $y\leqslant 0$ 时，

$$F_Y(y)=P\{Y\leqslant y\}=P\{|X|\leqslant y\}=0,\quad f_Y(y)=0.$$

所以 $Y=|X|$ 的概率密度为

$$f_Y(y)=\begin{cases}\dfrac{2}{\sqrt{2\pi}}\mathrm{e}^{-\frac{y^2}{2}}, & y>0,\\ 0, & y\leqslant 0.\end{cases}$$

例 30 设随机变量 X 的概率密度为

$$f(x)=\begin{cases}\dfrac{2x}{\pi^2}, & 0<x<\pi,\\ 0, & \text{其他}.\end{cases}$$

求 $Y=\sin X$ 的概率密度.

解 设 $Y=\sin X$ 的分布函数为 $F_Y(y)$，概率密度为 $f_Y(y)$.

当 $y\leqslant 0$ 时，$F_Y(y)=P\{Y\leqslant y\}=P\{\sin X\leqslant y\}=0$，故 $f_Y(y)=0$；

当 $y\geqslant 1$ 时，$F_Y(y)=P\{Y\leqslant y\}=P\{\sin X\leqslant y\}=1$，故 $f_Y(y)=0$；

当 $0<y<1$ 时，

$$
\begin{aligned}
F_Y(y) &= P\{Y \leqslant y\} = P\{\sin X \leqslant y\} \\
&= P\{\{0 \leqslant X \leqslant \arcsin y\} \cup \{\pi - \arcsin y \leqslant X \leqslant \pi\}\} \\
&= \int_0^{\arcsin y} \frac{2x}{\pi^2} \mathrm{d}x + \int_{\pi-\arcsin y}^{\pi} \frac{2x}{\pi^2} \mathrm{d}x,
\end{aligned}
$$

故

$$
f_Y(y) = F_Y'(y) = \frac{2}{\pi^2}\left(\frac{\arcsin y}{\sqrt{1-y^2}} + \frac{\pi - \arcsin y}{\sqrt{1-y^2}}\right) = \frac{2}{\pi\sqrt{1-y^2}}.
$$

综上所述，得

$$
f_Y(y) = \begin{cases} \dfrac{2}{\pi\sqrt{1-y^2}}, & 0 < y < 1, \\ 0, & \text{其他}. \end{cases}
$$

【五】同步训练

A　级

1. 已知随机变量 X 的分布律为 $P\{X=k\}=a\mathrm{e}^{-k+2}$ $(k=0,1,2,\cdots)$，求常数 a.

2. 将一颗骰子抛掷两次，以 X 表示两次中得到的较小的点数. 试求 X 的分布律.

3. 从一大批一级品率为 20%的晶体管中随机抽取 20 个，求其中含一级品的晶体管数 X 的分布律.

4. 掷一枚均匀的硬币，直到正、反面都出现过为止. 求所需掷币次数 X 的分布律.

5. 设在 n 个零件中有 $k(k<n)$ 个次品. 若每次取出次品不放回，试求在取得正品之前已取出的次品数 X 的分布律.

6. 已知随机变量 X 的分布律为 $P\{X=k\}=\dfrac{1}{2^k}$ $(k=1,2,\cdots)$，求 $P\{X=2m-1\}(m=1,2,\cdots)$.

7. 设随机变量 $X\sim B(2,p)$，$Y\sim B(3,p)$，且已知 $P\{X\geqslant 1\}=\dfrac{5}{9}$. 求 $P\{Y\geqslant 1\}$.

8. 设随机变量 $X \sim \pi(\lambda)$，且已知 $P\{X=1\}=P\{X=2\}$. 求概率 $P\{X=4\}$.

9. 已知某厂生产的螺栓中次品占 1%. 该厂把 10 个螺栓包成一包出售，并规定若某包内的次品多于一个即可退款. 问：出售的各包螺栓中，将要退款的占多大比例？

10. 设在一批产品中，有 1%的优质品. 试问：检验多少件这种产品，使其中至少有一件优质品的概率不小于 0.95？

11. 已知盒中有 3 个红球，2 个白球. 从盒中任取 3 个球，以 X 表示其中红球的个数.

(1) 求 X 的分布函数，并作出分布函数的图形；

(2) 求 $P\left\{X \leqslant \frac{3}{2}\right\}, P\left\{1<X \leqslant \frac{3}{2}\right\}, P\left\{1 \leqslant X \leqslant \frac{3}{2}\right\}, P\left\{X>\frac{5}{2}\right\}$.

12. 已知随机变量 X 的分布函数为

$$F(x)=\begin{cases}0, & x<-1, \\ 0.1, & -1 \leqslant x<1, \\ 0.4, & 1 \leqslant x<3, \\ 1, & x \geqslant 3.\end{cases}$$

试求 X 的分布律.

13. 设随机变量 X 的概率密度为 $f(x)=c \mathrm{e}^{-|x|}(x \in \mathbf{R})$. 试求：

(1) 常数 c；　(2) $P\{0<X<1\}$；　(3) X 的分布函数.

14. 设连续型随机变量 X 的分布函数为

$$F(x)=a+b \arctan x \quad(x \in \mathbf{R}).$$

(1) 试确定常数 a, b；　(2) 求出 X 的概率密度；

(3) 求 $P\{X^2>1\}$.

15. 设某河流每年的最高洪水水位 X 具有概率密度

$$f(x)=\begin{cases}\frac{2}{x^3}, & x \geqslant 1, \\ 0, & x<1.\end{cases}$$

今要修建河堤能防御百年一遇的洪水(即遇到洪水的概率不超过 0.01)，河堤至少要修多高？(计算河堤与水位的起点相同)

16. 设轰炸机带着三颗炸弹去轰炸敌方的铁路，当炸弹落在铁路两旁 40 m 以内时，就可以使铁路遭到破坏. 已知在一定投弹准确

度下，炸弹落点与铁路距离 X(单位：m)的概率密度为

$$f(x)=\begin{cases}\dfrac{100+x}{10000}, & -100<x<0,\\ \dfrac{100-x}{10000}, & 0\leqslant x<100,\\ 0, & |x|\geqslant 100.\end{cases}$$

如果三颗炸弹全部使用，问：敌方铁路被破坏的概率是多少？

17. 设随机变量 X 服从参数为 α 与 λ 的 Γ 分布，即 $X\sim\Gamma(\alpha,\lambda)$，其概率密度为

$$\varphi(x)=\begin{cases}\dfrac{Ax^{\alpha-1}}{\Gamma(\alpha)}e^{-\lambda x}, & x>0,\\ 0, & x\leqslant 0\end{cases}\quad(\alpha>0,\lambda>0).$$

求常数 A.

18. 已知公共汽车到达某站的时间服从 10:00 至 10:30 之间的均匀分布. 若某乘客在 10:00 到达车站，问：

(1) 他将等候 10 min 以上的概率是多少？

(2) 若 10:15 公共汽车还没有来，那么该乘客至少还需再等候 10 min 的概率是多少？

19. 已知人活到 60 岁的概率为 80%，活到 80 岁的概率为 60%. 求一位 60 岁的老人活到 80 岁的概率.

20. 已知随机变量 $X\sim N(10,36)$，求：

(1) $P\{X<5\}$；　　(2) $P\{X>-20\}$；

(3) $P\{X<-3.8\}$；　　(4) $P\{-3<X<2\}$；

(5) $P\{|X-1|<4\}$；　　(6) $P\{|X|>2\}$.

21. 设电池寿命 X(单位：h)服从正态分布 $N(300,35^2)$，求：

(1) 电池使用 250 小时以上的概率；

(2) 求数 a，使寿命在 $(300-a)$ 与 $(300+a)$h 之间的概率不小于 0.9.

22. 如果电车车门的高度按男子碰头率在 1% 下设计，而成年男子的身高(包括穿鞋)服从参数为 $\mu=165$ cm，$\sigma^2=36$ cm^2 的正态分布，那么电车车门高度应该是多少？

23. 设某地区一次数学统考成绩 X(百分制)近似服从正态分布

$N(72,\sigma^2)$,96 分以上的占 2.3%.试求随意抽取的一份数学试卷的成绩在 60 至 84 分之间的概率.

24. 设测量从某地到一目标的距离时带有的随机误差 X 服从正态分布 $N(20,40^2)$.

(1) 求测量误差的绝对值不超过 30 的概率;

(2) 如果连续测量 3 次,各次测量是相互独立进行,求至少有一次误差的绝对值不超过 30 的概率.

25. 设连续型随机变量 X 的概率密度为

$$f(x) = A\mathrm{e}^{-x^2+x} \quad (x \in \mathbf{R}),$$

则 A 为何值? X 服从什么分布?

26. 设随机变量 X 以概率 $\frac{1+3x}{4}, \frac{1-x}{4}, \frac{1+2x}{4}, \frac{1-4x}{4}$ 取四个值,问: x 取什么值时,这是一个离散型随机变量的分布律?

27. 设随机变量 X 在(0,1)上服从均匀分布,求 $Y=-2\ln X$ 的概率密度.

B 级

1. 设进行重复独立试验,每次试验成功(表为事件 A)的概率为 p,失败的概率为 $1-p(0<p<1)$,将试验进行到出现 r 次成功为止.以 Y 表示所需的试验次数,求 Y 的分布律.

2. 已知连续型随机变量 X 的分布函数为

$$F(x) = \begin{cases} A\mathrm{e}^x, & x < 0, \\ B, & 0 \leqslant x < 1, \\ 1 - A\mathrm{e}^{-(x-1)}, & x \geqslant 1. \end{cases}$$

求:(1) 常数 A,B;　　(2) X 的概率密度函数;

(3) $P\{0<X<1\}$.

3. 已知连续型随机变量 X 的概率密度为

$$f(x) = \begin{cases} ax+b, & 1 < x < 3, \\ 0, & \text{其他}, \end{cases}$$

且 $P\{2<X<3\}=2P\{-1<X<2\}$.求常数 a 和 b 的值.

4. 设事件 A 在每一次试验中发生的概率为 0.3，当 A 发生不少于 3 次时，指示灯发出信号.

(1) 进行了 5 次重复独立试验，求指示灯发出信号(记为事件 B)的概率；

(2) 进行了 7 次重复独立试验，求指示灯发出信号(记为事件 C)的概率.

5. 甲、乙两人投篮，投中的概率分别为 0.6，0.7. 今各投 3 次，求：

(1) 事件 $A=\{$两人投中次数相等$\}$的概率；

(2) 事件 $B=\{$甲比乙投中次数多$\}$的概率.

6. 设有一大批产品，其验收方案如下：先做第一次检验，从中任取 10 件，经检验无次品接受这批产品，次品数大于 2 拒收；否则做第二次检验，其做法是从中再任取 5 件，仅当 5 件中无次品时接受这批产品. 若产品的次品率为 10%，求：

(1) 这批产品经第一次检验就能接受的概率；

(2) 需做第二次检验的概率；

(3) 这批产品按第二次检验的标准被接受的概率；

(4) 这批产品在第一次检验未能做决定且第二次检验时被通过的概率；

(5) 这批产品被接受的概率.

7. 设有甲、乙两种味道和颜色都极为相似的名酒各 4 杯. 如果从中挑 4 杯，能将甲种酒全部挑出来，算是试验成功一次.

(1) 某人随机地去猜，问：他试验成功一次的概率是多少？

(2) 某人声称他通过品尝能区分两种酒，他连续试验 10 次，成功 3 次，试推断他是猜对的还是他确有区分能力.(设各次试验是相互独立的)

8. 设某一公安局在长度为 t 的时间间隔内收到的紧急呼救次数 X 服从参数为 $\frac{1}{2}t$ 的泊松分布，而与时间间隔的起点无关(时间以小时计).

(1) 求某一天中午 12 时至下午 3 时没有收到紧急呼救的概率；

(2) 求某一天中午 12 时至下午 5 时至少收到一次紧急呼救的概率.

9. 设随机变量 X 的概率密度为

$$f(x)=\begin{cases}2x, & 0<x<1,\\ 0, & \text{其他}.\end{cases}$$

现在对 X 进行 n 次独立重复观测,以 V_n 表示观测值不大于 0.1 的次数,试求随机变量 V_n 的概率分布.

10. 已知某种型号的器件的寿命 X(单位: h)具有以下的概率密度:

$$f(x)=\begin{cases}\dfrac{1000}{x^2}, & x>1000,\\ 0, & x\leqslant 1000.\end{cases}$$

现有一大批此种器件(设各器件损坏与否相互独立),任取 5 件,问:其中至少有 2 件寿命大于 1500 h 的概率是多少?

11. 设顾客在某银行的窗口等待服务的时间 X(单位: min)服从指数分布,其概率密度为

$$f(x)=\begin{cases}\dfrac{1}{5}\mathrm{e}^{-\frac{x}{5}}, & x>0,\\ 0, & x\leqslant 0.\end{cases}$$

某顾客在窗口等待服务,若超过 10 min 他就离开. 他一个月要到银行 5 次,以 Y 表示一个月内他未等到服务而离开窗口的次数,写出 Y 的分布律,并求 $P\{Y\geqslant 1\}$.

12. 设随机变量 $X\sim N(3,2^2)$.

(1) 求 $P\{2<X\leqslant 5\}$, $P\{|X|>2\}$;

(2) 确定 c 使得 $P\{X>c\}=P\{X\leqslant c\}$;

(3) 设 d 满足 $P\{X>d\}\geqslant 0.9$, 问: d 至多为多少?

13. 设随机变量 X 的概率密度为 $\varphi(x)$,且 $\varphi(-x)=\varphi(x)$,$F(x)$ 是 X 的分布函数. 证明: 对任意实数 a,有

$$F(-a)=\frac{1}{2}-\int_0^a \varphi(x)\mathrm{d}x.$$

14. 设随机变量 X 的分布函数为

$$F(x)=\begin{cases}0, & x<0, \\ A\sin x, & 0\leqslant x\leqslant \pi/2, \\ 1, & x>\pi/2.\end{cases}$$

求 $P\left\{|X|<\dfrac{\pi}{6}\right\}$.

15. 若以 X 表示 n 次重复独立试验成功的次数，并假设每次试验成功的概率为 p，试求成功次数 X 为奇数的概率 a.

16. 已知某种玻璃器皿在汽车运输中的破损率为 2%. 现在一次运送 1200 件，试求：

(1) 破损件数 X 的概率分布；

(2) 最多破损 30 件的概率 a，并利用泊松分布求其近似值.

17. 假设随机变量 X 服从区间(0,5)上的均匀分布，试求一元二次方程

$$4t^2+4Xt+X+2=0$$

(1) 有两个不同实根的概率； (2) 有重根的概率.

18. 设离散型随机变量 X 的概率分布为

X	-2	-1	0	1	2
P	0.1	0.2	0.3	0.2	0.2

分别求随机变量 $Y=X^2+1$ 和 $Z=\cos\pi X$ 的概率分布.

19. 假设一部机器在一个工作日因故停用的概率为 0.2. 一周使用 5 个工作日可创利润 10 万元；使用 4 个工作日可创利润 7 万元；使用 3 个工作日可创利润 2 万元；停用 3 天及多于 3 天亏损 2 万元. 求所创利润的概率分布.

20. 已知随机变量 X 服从参数为 λ 的指数分布. 如果 $P\{X\geqslant 1\}=P\{X\leqslant 1\}$，试对任何正整数 k，求 $\sum\limits_{k=1}^{\infty}P\{X\geqslant k\}$.

学习札记

学习札记

专题三　多维随机变量及其分布

【一】内容提要

1. 二维随机变量

定义 1　设 E 为随机试验，$S=\{e\}$为样本空间，$X(e),Y(e)$是定义在 S 上的两个随机变量，称(X,Y)为**二维随机变量(向量)**.

定义 2　设(X,Y)是二维随机变量，对于任意实数 x,y，二元函数 $F(x,y)=P\{X\leqslant x,Y\leqslant y\}$称为二维随机变量$(X,Y)$的**分布函数**(或 X 和 Y 的**联合分布函数**).

二维随机变量(X,Y)的分布函数 $F(x,y)$具有**性质**：

(1) $F(x,y)$关于 x 或关于 y 单调不减；

(2) $0\leqslant F(x,y)\leqslant 1$，且

$$F(-\infty,-\infty)=\lim_{\substack{x\to-\infty\\ y\to-\infty}}F(x,y)=0,$$

$$F(-\infty,y)=\lim_{x\to-\infty}F(x,y)=0,$$

$$F(x,-\infty)=\lim_{y\to-\infty}F(x,y)=0,$$

$$F(+\infty,+\infty)=\lim_{\substack{x\to+\infty\\ y\to+\infty}}F(x,y)=1;$$

(3) $F(x,y)$关于每个 x 右连续，关于每个 y 也右连续；

(4) 对于任意$(x_1,y_1),(x_2,y_2)$，$x_1<x_2$，$y_1<y_2$，有

$$F(x_2,y_2)-F(x_2,y_1)-F(x_1,y_2)+F(x_1,y_1)\geqslant 0.$$

反之，满足性质(1)～(4)的二元实函数 $F(x,y)$一定是某二维随机变量(X,Y)的分布函数.

2. 二维离散型随机变量及其联合分布律

定义 3　若二维随机变量(X,Y)的可取值为有限对或可列无穷多对，则称(X,Y)为**二维离散型随机变量**.

设(X,Y)的所有可取值为(x_i,y_j),$i,j=1,2,\cdots$,称

$$P\{X=x_i,Y=y_j\}=p_{ij}\quad(i,j=1,2,\cdots)$$

为(X,Y)的**分布律**(或 X 和 Y 的**联合分布律**). 常以下列联表的形式(表 3-1)表示离散型随机变量 X 和 Y 的联合分布律.

表 3-1

Y \ p_{ij} \ X	x_1	x_2	$\cdots$	x_i	$\cdots$	$p_{\cdot j}=\sum_i p_{ij}$
y_1	p_{11}	p_{21}	$\cdots$	p_{i1}	$\cdots$	$p_{\cdot 1}$
y_2	p_{12}	p_{22}	$\cdots$	p_{i2}	$\cdots$	$p_{\cdot 2}$
$\vdots$	$\vdots$	$\vdots$		$\vdots$		$\vdots$
y_j	p_{1j}	p_{2j}	$\cdots$	p_{ij}	$\cdots$	$p_{\cdot j}$
$\vdots$	$\vdots$	$\vdots$	$\vdots$	$\vdots$	$\vdots$	$\vdots$
$p_{i\cdot}=\sum_j p_{ij}$	$p_{1\cdot}$	$p_{2\cdot}$	$\cdots$	$p_{i\cdot}$	$\cdots$	1

联合分布律具有**性质**:

(1) $0\leqslant p_{ij}\leqslant 1\ (i,j=1,2,\cdots)$;　　(2) $\sum\limits_i\sum\limits_j p_{ij}=1$;

(3) 离散型随机变量(X,Y)的分布函数为

$$F(x,y)=\sum_{x_i\leqslant x}\sum_{y_j\leqslant y}p_{ij}.$$

反之,满足性质(1),(2)的数列$\{p_{ij}\}$都可成为某二维离散型随机变量的分布律.

3. 二维连续型随机变量及其联合概率密度

定义 4 若存在非负函数 $f(x,y)$,使二维随机变量(X,Y)的分布函数

$$F(x,y)=\int_{-\infty}^{y}\int_{-\infty}^{x}f(u,v)\mathrm{d}u\mathrm{d}v,$$

则称(X,Y)为**二维连续型随机变量**, $f(x,y)$称为(X,Y)的**概率密度**(或 X 和 Y 的**联合概率密度**).

联合概率密度具有**性质**:

(1) $f(x,y)\geqslant 0$;　　(2) $\int_{-\infty}^{+\infty}\int_{-\infty}^{+\infty}f(x,y)\mathrm{d}x\mathrm{d}y=1$;

(3) 对于 Oxy 平面内的任一区域 G，有

$$P\{(X,Y)\in G\}=\iint\limits_{G} f(x,y)\mathrm{d}x\mathrm{d}y;$$

(4) 在 $f(x,y)$ 的连续点处有 $\dfrac{\partial^2 F(x,y)}{\partial x\partial y}=f(x,y)$.

同样，满足性质(1)，(2)的二元可积函数都可成为某二维连续型随机变量的概率密度.

常用二维连续型随机变量的分布有：二维均匀分布、二维正态分布. 详见释疑解难部分.

4. 边缘分布

设二维随机变量 (X,Y) 的分布函数为 $F(x,y)$，分别称

$$F_X(x)=P\{X\leqslant x\}=F(x,+\infty),$$
$$F_Y(y)=P\{Y\leqslant y\}=F(+\infty,y)$$

为关于 X 和 Y 的**边缘分布函数**.

设二维离散型随机变量 (X,Y) 的分布律为

$$P\{X=x_i,Y=y_j\}=p_{ij}\quad(i,j=1,2,\cdots),$$

分别称

$$P\{X=x_i\}=\sum_j p_{ij}=p_{i\cdot}\quad(i=1,2,\cdots),$$
$$P\{Y=y_j\}=\sum_i p_{ij}=p_{\cdot j}\quad(j=1,2,\cdots)$$

为关于 X 和 Y 的**边缘分布律**. 表 3-1 的上、下两行恰好是 X 的分布律，左、右两列恰好是 Y 的分布律. 而 X 和 Y 的边缘分布函数分别为

$$F_X(x)=F(x,+\infty)=\sum_{x_i\leqslant x}\sum_j p_{ij},$$
$$F_Y(y)=F(+\infty,y)=\sum_{y_j\leqslant y}\sum_i p_{ij}.$$

设二维连续型随机变量 (X,Y) 有概率密度 $f(x,y)$，分别称

$$f_X(x)=\int_{-\infty}^{+\infty} f(x,y)\mathrm{d}y,\quad f_Y(y)=\int_{-\infty}^{+\infty} f(x,y)\mathrm{d}x$$

为关于 X 和 Y 的**边缘概率密度**.

5. 条件分布

设二维离散型随机变量(X,Y)的分布律为

$$P\{X=x_i,Y=y_j\}=p_{ij}\quad(i,j=1,2,\cdots).$$

在 $Y=y_j$ **条件下**，X **的条件分布律**为

$$P\{X=x_i|Y=y_j\}=\frac{p_{ij}}{p_{\cdot j}}\quad(i=1,2,\cdots);$$

在 $X=x_i$ **条件下**，Y **的条件分布律**为

$$P\{Y=y_j|X=x_i\}=\frac{p_{ij}}{p_{i\cdot}}\quad(j=1,2,\cdots).$$

设二维连续型随机变量(X,Y)的概率密度为$f(x,y)$，则**在** $Y=y$ **条件下**，X **的条件概率密度**为

$$f_{X|Y}(x|y)=\frac{f(x,y)}{f_Y(y)}\quad(f_Y(y)>0);$$

在 $X=x$ **条件下**，Y **的条件概率密度**为

$$f_{Y|X}(y|x)=\frac{f(x,y)}{f_X(x)}\quad(f_X(x)>0).$$

6. 随机变量的相互独立性

定义 5 设$F(x,y)$及$F_X(x)$，$F_Y(y)$分别是二维随机变量(X,Y)的分布函数及边缘分布函数. 若对于所有x,y有

$$F(x,y)=F_X(x)F_Y(y),$$

则称X与Y **相互独立**.

结论 1 (1) 若(X,Y)为离散型随机变量时，则X与Y相互独立的充要条件是：对(X,Y)的所有可取值有$p_{ij}=p_{i\cdot}\,p_{\cdot j}$.

(2) 若(X,Y)为连续型随机变量时，则X与Y相互独立的充要条件是：对所有x,y有$f(x,y)=f_X(x)f_Y(y)$.

7. 随机变量函数的分布

问题 已知(X,Y)的分布，$Z=g(X,Y)$是X,Y的连续函数，求Z的分布.

(1) 当(X,Y)为离散型随机变量，且已知(X,Y)的分布律时，一般可用列举法求出Z的分布律. 特别对于$Z=X+Y$，若X,Y相互独立，并已知关于X,Y的边缘分布律，则Z的分布律为

$$P\{Z=z\}=\sum_i P\{X=x_i\}P\{Y=z-x_i\}$$

或
$$P\{Z=z\}=\sum_j P\{X=z-y_j\}P\{Y=y_j\},$$

并称之为**离散型的卷积公式**.

(2) 当(X,Y)为连续型随机变量时,按以下几种情况考虑:

① $Z=X+Y$. 若 X,Y 相互独立, 且关于 X,Y 的边缘概率密度分别为 $f_X(x),f_Y(y)$,则 Z 的概率密度为

$$f_Z(z)=\int_{-\infty}^{+\infty} f_X(z-y)f_Y(y)\mathrm{d}y$$

或
$$f_Z(z)=\int_{-\infty}^{+\infty} f_X(x)f_Y(z-x)\mathrm{d}x,$$

并称之为**连续型的卷积公式**.

② 对于一般函数 $Z=g(X,Y)$,若已知(X,Y)的概率密度为 $f(x,y)$,可用积分方法求 Z 的分布函数,进而再求概率密度. 即

$$F_Z(z)=P\{Z\leqslant z\}=P\{g(X,Y)\leqslant z\}=\iint_D f(x,y)\mathrm{d}x\mathrm{d}y,$$

其中 D 为$\{g(x,y)\leqslant z\}$,且有 $f_Z(z)=F'_Z(z)$.

③ $Z=\max\{X,Y\}$. 已知 X,Y 的分布函数分别为 $F_X(x)$, $F_Y(y)$,且 X,Y 相互独立,则 Z 的分布函数为

$$\begin{aligned}F_Z(z)&=P\{Z\leqslant z\}=P\{\max\{X,Y\}\leqslant z\}=P\{X\leqslant z,Y\leqslant z\}\\&=P\{X\leqslant z\}P\{Y\leqslant z\}\quad(\text{由独立性})\\&=F_X(z)F_Y(z).\end{aligned}$$

④ $Z=\min\{X,Y\}$. 已知 X,Y 的分布函数分别为 $F_X(x),F_Y(y)$,且 X,Y 相互独立,则 Z 的分布函数为

$$\begin{aligned}F_Z(z)&=P\{Z\leqslant z\}=P\{\min\{X,Y\}\leqslant z\}\\&=1-P\{\min\{X,Y\}>z\}=1-P\{X>z,Y>z\}\\&=1-P\{X>z\}P\{Y>z\}\quad(\text{由独立性})\\&=1-(1-P\{X\leqslant z\})(1-P\{Y\leqslant z\})\\&=1-[1-F_X(z)][1-F_Y(z)].\end{aligned}$$

8. $n(n\geqslant 2)$维随机变量

8.1　n维随机变量

定义 6　设E为随机试验，$S=\{e\}$为样本空间，$X_1(e),X_2(e),\cdots,X_n(e)$是定义在$S$上的随机变量，称$(X_1,X_2,\cdots,X_n)$为$n$**维随机变量(向量)**. 二维及其以上的随机变量称为**多维随机变量**.

称n元函数$F(x_1,x_2,\cdots,x_n)=P\{X\leqslant x_1,X\leqslant x_2,\cdots,X\leqslant x_n\}$为随机变量$(X_1,X_2,\cdots,X_n)$的分布函数，或随机变量$X_1,X_2,\cdots,X_n$的联合分布函数. 随机变量$X_1,X_2,\cdots,X_n$中每个变量的分布函数以及其中任意个变量的联合分布函数，都可以由$F(x_1,x_2,\cdots,x_n)$得到，称其为边缘分布函数.

8.2　独立性

(1) 称任意随机变量$X_1,X_2,\cdots,X_n(n\geqslant 2)$为**相互独立**的，如果其联合分布函数

$$F(x_1,x_2,\cdots,x_n)=F_1(x_1)F_2(x_2)\cdots F_n(x_n),$$

其中$F_i(x_i)(i=1,2,\cdots,n)$是随机变量X_i的分布函数.

(2) 称随机向量$(X_1,\cdots,X_k)$与$(X_{k+1},\cdots,X_n)$为相互独立的，如果$(X_1,\cdots,X_k,X_{k+1},\cdots,X_n)$的联合分布函数

$$F(x_1,\cdots,x_k,x_{k+1},\cdots,x_n)=F_1(x_1,\cdots,x_k)F_2(x_{k+1},\cdots,x_n),$$

其中$F_1(x_1,\cdots,x_k)$与$F_2(x_{k+1},\cdots,x_n)$分别为$(X_1,\cdots,X_k)$与$(X_{k+1},\cdots,X_n)$的分布函数.

(3) 称随机向量列$X_1,X_2,\cdots,X_n,\cdots$为相互独立的，如果对于任意$n\geqslant 2$，变量$X_1,X_2,\cdots,X_n$相互独立.

(4) 称离散型随机变量$X_1,X_2,\cdots,X_n(n\geqslant 2)$为相互独立的，如果对于一切可能值$k_1,k_2,\cdots,k_n$，有

$$\begin{aligned}&P\{X_1=k_1,X_2=k_2,\cdots,X_n=k_n\}\\&\quad=P\{X_1=k_1\}P\{X_2=k_2\}\cdots P\{X_n=k_n\}.\end{aligned}$$

(5) 称连续型随机变量$X_1,X_2,\cdots,X_n(n\geqslant 2)$为相互独立的，如果它们的联合概率密度等于各变量概率密度的乘积，即

$$f(x_1,x_2,\cdots,x_n)=f_1(x_1)f_2(x_2)\cdots f_n(x_n),$$

其中$f_i(x_i)$为$X_i(i=1,2,\cdots,n)$的概率密度.

结论 2　若随机变量 $X_1,X_2,\cdots,X_n(n\geqslant 2)$相互独立，则其中任意 $k(2\leqslant k\leqslant n)$个随机变量也相互独立.

结论 3　若随机变量 $X_1,X_2,\cdots,X_n(n\geqslant 2)$相互独立，则它们的函数 $g_1(X_1),g_2(X_2),\cdots,g_n(X_n)$也相互独立.

【二】基本要求

1. 了解二维(多维) 随机变量的概念；理解二维随机变量的联合分布函数的概念、性质.

2. 掌握二维离散型和连续型随机变量的描述方法；理解联合分布律、联合概率密度的概念和性质.

3. 掌握二维随机变量的边缘分布与联合分布的关系.

4. 理解随机变量的独立性概念；掌握离散型和连续型随机变量独立的条件.

5. 掌握二维均匀分布；了解二维正态分布的概率密度，理解其中参数的概率意义.

6. 会求两个独立随机变量的简单函数的分布.

【三】释疑解难

1. 二维随机变量的实际背景是什么?

答　许多随机现象往往涉及多个随机变量，如射击时弹着点的平面位置是由随机变量 X,Y 构成的整体(X,Y)；细菌或飞机某时刻在空间中的位置是由随机变量 X,Y,Z 构成的整体(X,Y,Z). 这里 $X,(X,Y),(X,Y,Z)$分别与直观的一维、二维、三维空间有着相似的关系，所以分别称之为一维、二维、三维随机变量. 有些问题并不直接与几何空间发生联系，但其抽象性质却有共同点. 如观察冶炼出的钢的硬度、含碳量、含硫量指标，可用整体(X,Y,Z)描述试验结果. 无论所涉及的实际问题是否有直观的几何意义，若需把若干个随机变量看成一个整体时，就认为这个整体是个多维随机变量(向量). 这就是二维(或多维)随机变量的实际背景.

由于多维随机变量中的各个随机变量分量共处于同一随机试验之中，它们往往是相互联系的，因此只进行逐个研究是不够的，而必须从整体上，从各分量的相依关系上加以讨论. 一般来说，多维随机变量的概率分布规律，不仅仅依赖于各分量各自的概率分布规律，而且还依赖于各分量之间的关系. 研究多维随机变量的概率分布规律，从中就可发现各分量之间的内在联系的统计规律. 我们主要讨论的是二维随机变量，有关内容可类推到多于二维的情形.

2. 二维随机变量分布函数性质的有关问题.

二维随机变量(X,Y)的分布函数$F(x,y)$的性质(4)"对于任意的(x_1,y_1)，(x_2,y_2)，$x_1<x_2$，$y_1<y_2$，有$F(x_2,y_2)-F(x_2,y_1)-F(x_1,y_2)+F(x_1,y_1)\geqslant 0$"是刻画二维随机变量分布函数的不可缺少的条件，而且它不能由前三条性质推出. 所以要验证一个二元函数是某个二维随机变量的分布函数，必须验证它同时满足二维随机变量分布函数的四条性质.

例如，设函数

$$F(x,y)=\begin{cases}1, & x+y\geqslant -1,\\ 0, & x+y<-1.\end{cases}$$

容易验证$F(x,y)$同时满足性质(1)，(2)，(3)，但不满足性质(4). 事实上，

$$\begin{aligned}&F(1,1)-F(1,-1)-F(-1,1)+F(-1,-1)\\&\quad=1-1-1+0=-1.\end{aligned}$$

因而$F(x,y)$不是一个分布函数，同时也说明性质(4)不能由性质(1)～(3)推出.

3. 随机变量独立性与随机事件独立性的关系是什么？

答 随机变量X和Y独立的充要条件是对任意实数集合A和B有

$$P\{X\in A,Y\in B\}=P\{X\in A\}P\{Y\in B\}$$

成立，即事件$\{X\in A\}$和$\{Y\in B\}$是相互独立的. 由于A,B的任意性，所以随机变量的独立性比通常事件的独立性要求更高.

4. 关于分布族可加性.

如果独立随机变量X和Y服从的参数分布族是相同的，那么，

若 $Z=X+Y$ 服从的分布也属于该参数分布族，且参数值为 X 和 Y 相应的参数之和，则称**分布族具有可加性**. 已知二项分布、泊松分布、正态分布、χ^2 分布及 Γ 分布均具有可加性. 知道这一结论会给求和的分布带来很大方便.

例如，设 $X\sim N(\mu_1,\sigma_1^2)$，$Y\sim N(\mu_2,\sigma_2^2)$，$X$ 与 Y 相互独立，则根据 $Z=X+Y$ 的概率密度公式可证

$$X+Y\sim N(\mu_1+\mu_2,\sigma_1^2+\sigma_2^2).$$

进一步可推得，若 $X_i\sim N(\mu_i,\sigma_i^2)(i=1,2,\cdots,n)$，且它们相互独立，则

$$Z=X_1+X_2+\cdots+X_n\sim N\left(\sum_{i=1}^n\mu_i,\sum_{i=1}^n\sigma_i^2\right).$$

一般地，还可证明 $n(n\geqslant 2)$ 个相互独立且服从正态分布的随机变量的线性组合仍服从正态分布.

5. 关于两个重要的二维连续型分布.

(1) 关于二维均匀分布.

若二维随机变量 (X,Y) 的概率密度为

$$f(x,y)=\begin{cases}\dfrac{1}{d}, & (x,y)\in D,\\ 0, & \text{其他},\end{cases}$$

其中 $d(d>0)$ 为平面有界区域 D 的面积，则称 (X,Y) 服从区域 D 上的**均匀分布**. 这时，(X,Y) 只可能在区域 D 内取值，且 (X,Y) 取值于 D 内任何子区域的概率与该子区域的面积成正比，而与该子区域的具体位置无关. 可见二维均匀分布属二维几何概型.

二维均匀分布的边缘分布一般不再是一维均匀分布. 但是它的条件分布仍是一维均匀分布，即在 $Y=y$ 条件下，

$$f_{X|Y}(x|y)=\begin{cases}\dfrac{1}{L}, & x\in D_y,\\ 0, & x\notin D_y,\end{cases}$$

其中 $D_y=\{x\mid(x,y)\in D\}$，$L(L>0)$ 为 D_y 的长度.

(2) 关于二维正态分布.

若二维随机变量 (X,Y) 的概率密度为

$$f(x,y)=\frac{1}{2\pi\sigma_1\sigma_2\sqrt{1-\rho^2}}\exp\left\{\frac{-1}{2(1-\rho^2)}\left[\frac{(x-\mu_1)^2}{\sigma_1^2}-2\rho\frac{(x-\mu_1)(y-\mu_2)}{\sigma_1\sigma_2}+\frac{(y-\mu_2)^2}{\sigma_2^2}\right]\right\}$$

$$((x,y)\in\mathbf{R}^2),$$

其中 $\mu_1,\mu_2,\sigma_1,\sigma_2,\rho$ 均为常数，且 $\sigma_1>0,\sigma_2>0,-1<\rho<1$，则称 (X,Y) 服从**二维正态分布**，记为 $(X,Y)\sim N(\mu_1,\mu_2,\sigma_1^2,\sigma_2^2,\rho)$（曲面 $z=f(x,y)$ 如图 3-1）.

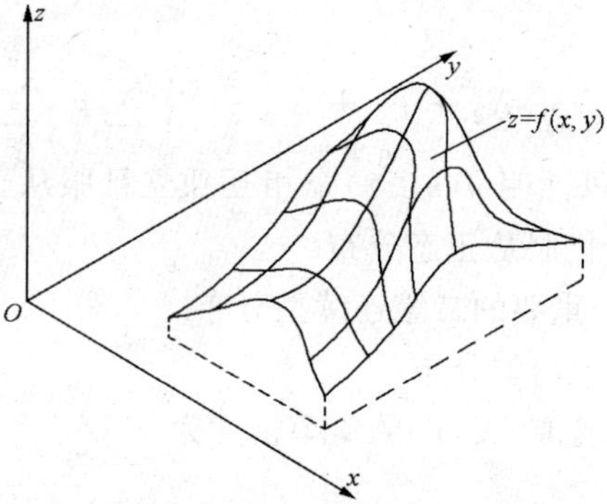

图 3-1

如果二维随机变量 $(X,Y)\sim N(\mu_1,\mu_2,\sigma_1^2,\sigma_2^2,\rho)$，则它的边缘分布仍然都是正态分布. 对于不同的参数 ρ（$\mu_1,\mu_2,\sigma_1^2,\sigma_2^2$ 保持不变），(X,Y) 的联合分布是不同的，然而它们有相同的边缘分布，即 $X\sim N(\mu_1,\sigma_1^2)$，$Y\sim N(\mu_2,\sigma_2^2)$. 这说明仅由关于 X 和关于 Y 的边缘分布，一般来说是不能确定随机变量 X 和 Y 的联合分布的. X 与 Y 之间通常不独立，当且仅当 $\rho=0$ 时，X 与 Y 才相互独立.

由于服从多维正态分布的诸相互独立的随机变量的线性组合仍服从正态分布，故只要计算出它的期望和方差，就可以求得相应的概率密度.

【四】方法指导

例 1 设将一枚均匀硬币连续掷 3 次，X 表示前两次掷出正面的次数,Y 表示 3 次掷币正面出现的总次数. 写出(X,Y)的分布律.

解 X 的可能取值为 0,1,2;Y 的可能取值为 0,1,2,3.

$$P\{X=0,Y=0\}=P\{X=0\}P\{Y=0|X=0\}$$
$$=\left(\frac{1}{2}\cdot\frac{1}{2}\right)\frac{1}{2}=\frac{1}{8},$$
$$P\{X=0,Y=1\}=P\{X=0\}P\{Y=1|X=0\}$$
$$=\left(\frac{1}{2}\cdot\frac{1}{2}\right)\frac{1}{2}=\frac{1}{8},$$
$$P\{X=0,Y=2\}=P\{X=0\}P\{Y=2|X=0\}$$
$$=\left(\frac{1}{2}\cdot\frac{1}{2}\right)\cdot 0=0,$$
$$P\{X=1,Y=1\}=P\{X=1\}P\{Y=1|X=1\}$$
$$=\left(C_2^1\cdot\frac{1}{2}\cdot\frac{1}{2}\right)\frac{1}{2}=\frac{1}{4};$$

类似地有

$$P\{X=0,Y=3\}=0,\quad P\{X=1,Y=0\}=0,$$
$$P\{X=1,Y=3\}=0,\quad P\{X=2,Y=0\}=0,$$
$$P\{X=2,Y=1\}=0,\quad P\{X=1,Y=2\}=1/4,$$
$$P\{X=2,Y=2\}=1/8,\quad P\{X=2,Y=3\}=1/8.$$

故(X,Y)的分布律为

X \ Y	0	1	2	3
0	1/8	1/8	0	0
1	0	1/4	1/4	0
2	0	0	1/8	1/8

例 2 某人接连不断地掷一颗骰子直到出现小于 5 的点数为止. 以 X 表示最后一次掷出的点数,而以 Y 表示掷骰子的次数. 试求 X 和 Y 的联合分布律.

解 以 $X_k(k=1,2,\cdots,n)$表示第 k 次掷出的点数,则对于 $m=1,2,3,4$ 及 $n\geqslant 1$,事件

$$\{X=m,Y=n\}=\{X_1\geqslant 5\}\{X_2\geqslant 5\}\cdots\{X_{n-1}\geqslant 5\}\{X_n=m\},$$

从而

$$
\begin{aligned}
&P\{X=m,Y=n\}\\
&\quad=P\{X_1\geqslant 5\}P\{X_2\geqslant 5\}\cdots P\{X_{n-1}\geqslant 5\}P\{X_n=m\}\\
&\quad=\left(\frac{1}{3}\right)^{n-1}\frac{1}{6};
\end{aligned}
$$

而对于 $m=5,6$ 及 $n\geqslant1$，事件

$$
\begin{aligned}
&\{X=m,Y=n\}\\
&\quad=\{X_1\geqslant 5\}\{X_2\geqslant 5\}\cdots\{X_{n-1}\geqslant 5\}\{X_n=m\}=\varnothing,
\end{aligned}
$$

从而 $P\{X=m,Y=n\}=0$. 于是 X 和 Y 的联合分布律为

$$
P\{X=m,Y=n\}=\begin{cases}\dfrac{1}{6}\left(\dfrac{1}{3}\right)^{n-1}, & m=1,2,3,4,\\ 0, & m=5,6\end{cases}
$$

$$(n=1,2,\cdots).$$

例 3 设随机变量 $X_i(i=1,2)$的分布律为

X_i	-1	0	1
P	$1/4$	$1/2$	$1/4$

$(i=1,2)$,

且满足 $P\{X_1X_2=0\}=1$. 求 $P\{X_1=X_2\}$.

解 可设 X_1 与 X_2 的联合分布律如下：

X_1 \ X_2	-1	0	-1	$p_{\cdot j}$
-1	p_{11}	p_{12}	p_{13}	$1/4$
0	p_{21}	p_{22}	p_{23}	$1/2$
1	p_{31}	p_{32}	p_{33}	$1/4$
$p_{i\cdot}$	$1/4$	$1/2$	$1/4$	

由 $P\{X_1X_2=0\}=1\Rightarrow p_{21}+p_{22}+p_{23}+p_{12}+p_{32}=1$，知剩下的

$$p_{11}+p_{13}+p_{31}+p_{33}=0.$$

又 $0\leqslant p_{ij}\leqslant1$，从而 $p_{11}=p_{13}=p_{31}=p_{33}=0$，于是

$$p_{21}=\frac{1}{4}-(p_{11}+p_{31})=\frac{1}{4}.$$

同理 $$p_{23}=p_{12}=p_{32}=\frac{1}{4}\Rightarrow p_{22}=0.$$

所以 $P\{X_1=X_2\}=p_{11}+p_{22}+p_{33}=0+0+0=0.$

例 4 已知随机变量 X 和 Y 的联合分布律为

$Y \backslash X$	-1	1
-1	0.25	0.50
1	0	0.25

求随机变量 X 和 Y 的联合分布函数 $F(x,y)$.

解 对于 $x<-1$ 或 $y<-1$，显然 $F(x,y)=0$；

对于 $-1\leqslant x<1$ 和 $-1\leqslant y<1$，有

$$F(x,y)=P\{X=-1,Y=-1\}=0.25;$$

对于 $-1\leqslant x<1$ 和 $y\geqslant 1$，有

$$\begin{aligned}F(x,y)&=P\{X=-1,Y=-1\}+P\{X=-1,Y=1\}\\&=0.25+0=0.25;\end{aligned}$$

对于 $x\geqslant 1$ 和 $-1\leqslant y<1$，有

$$\begin{aligned}F(x,y)&=P\{X=-1,Y=-1\}+P\{X=1,Y=-1\}\\&=0.25+0.5=0.75;\end{aligned}$$

对于 $x\geqslant 1$ 和 $y\geqslant 1$，显然 $F(x,y)=1$.

故随机变量 X 和 Y 的联合分布函数为

$$F(x,y)=\begin{cases}0, & x<-1\text{ 或 }y<-1,\\0.25, & -1\leqslant x<1,y\geqslant -1,\\0.75, & x\geqslant 1,-1\leqslant y<1,\\1, & x\geqslant 1,y\geqslant 1.\end{cases}$$

例 5 已知二维随机变量 (X,Y) 的概率密度为

$$f(x,y)=\begin{cases}4xy, & 0\leqslant x\leqslant 1,0\leqslant y\leqslant 1,\\0, & \text{其他}.\end{cases}$$

求 (X,Y) 的分布函数 $F(x,y)$.

解 如图 3-2，设 D 为区域 $\begin{cases}0\leqslant x\leqslant 1,\\0\leqslant y\leqslant 1.\end{cases}$ 已知 $f(x,y)$ 是分域表示的，在区域 D 上，$f(x,y)\neq 0$；不在区域 D 上，$f(x,y)=0$.

由分布函数的定义，有

$$\begin{aligned}F(x,y)&=P\{X\leqslant x,Y\leqslant y\}\\&=\int_{-\infty}^{x}\int_{-\infty}^{y}f(x,y)\mathrm{d}x\mathrm{d}y.\end{aligned}$$

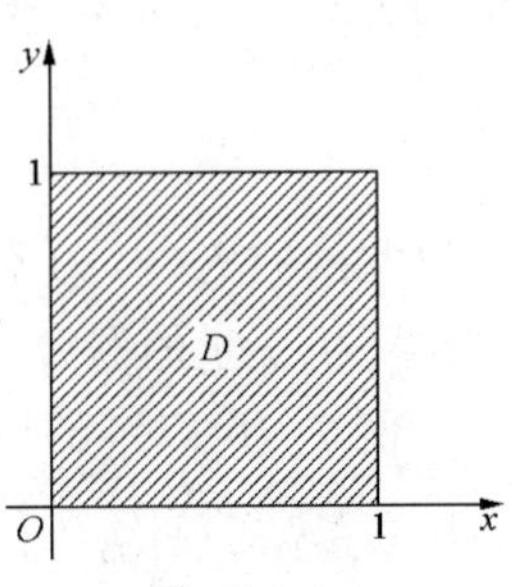

图 3-2

当 $x<0$ 或 $y<0$ 时，$F(x,y)=\int_{-\infty}^{x}\mathrm{d}x\int_{-\infty}^{y}0\mathrm{d}y=0$；

当 $0\leqslant x\leqslant 1,0\leqslant y\leqslant 1$ 时，$F(x,y)=\int_0^x\mathrm{d}x\int_0^y 4xy\mathrm{d}y=x^2y^2$；

当 $x>1,0\leqslant y\leqslant 1$ 时，$F(x,y)=\int_0^1\mathrm{d}x\int_0^y 4xy\mathrm{d}y=y^2$；

当 $y>1,0\leqslant x\leqslant 1$ 时，$F(x,y)=\int_0^x\mathrm{d}x\int_0^1 4xy\mathrm{d}y=x^2$；

当 $x>1,y>1$ 时，$F(x,y)=\int_0^1\mathrm{d}x\int_0^1 4xy\mathrm{d}y=1$.

综上，(X,Y)的分布函数为

$$F(x,y)=\begin{cases}0, & x<0\text{ 或 }y<0,\\ x^2y^2, & 0\leqslant x\leqslant 1,0\leqslant y\leqslant 1,\\ y^2, & x>1,0\leqslant y\leqslant 1,\\ x^2, & y>1,0\leqslant x\leqslant 1,\\ 1, & x>1,y>1.\end{cases}$$

例 6　试问：函数 $F(x,y)=\begin{cases}1, & 2x+y\geqslant 1,\\ 0, & 2x+y<1\end{cases}$ 是否可作为二维随机变量的联合分布函数？

分析　只需验证 $F(x,y)$是否能全部满足二维随机变量联合分布函数的四条性质.

解　显然 $F(x,y)$单调不减且关于 x 与 y 都右连续. 又 $0\leqslant F(x,y)\leqslant 1$，且

$$F(-\infty,-\infty)=0,\quad F(-\infty,y)=0,$$
$$F(x,-\infty)=0,\quad F(+\infty,+\infty)=1.$$

但因为对于点$(0,0)$，$(2,2)$有

$$\begin{aligned}&F(2,2)-F(2,0)-F(0,2)+F(0,0)\\ &=1-1-1+0=-1<0,\end{aligned}$$

所以此函数 $F(x,y)$不满足其中的性质(4). 因此 $F(x,y)$不能作为二维随机变量的联合分布函数.

例 7　设二维随机变量(X,Y)的分布函数为

$$F(x,y)=A\left(B+\arctan\frac{x}{2}\right)\left(C+\arctan\frac{y}{3}\right)\quad ((x,y)\in\mathbf{R}^2).$$

求：(1) 系数 A,B,C；　　　　(2) (X,Y)的概率密度；

(3) (X,Y)的边缘分布函数；　　(4) (X,Y)的边缘概率密度；

(5) (X,Y)落在 $D\{(x,y)\mid x>0,y>0\}$内的概率.

解　(1) 因为 $F(x,y)$是(X,Y)的分布函数，所以 $A\neq 0$. 又由 $F(-\infty,y)=F(x,-\infty)=0$ 知 $B=C=\pi/2$，再由 $F(+\infty,+\infty)=1$ 知 $A=1/\pi^2$. 故

$$F(x,y)=\frac{1}{\pi^2}\left(\frac{\pi}{2}+\arctan\frac{x}{2}\right)\left(\frac{\pi}{2}+\arctan\frac{y}{3}\right).$$

(2) (X,Y)的概率密度为

$$f(x,y)=\frac{\partial^2 F(x,y)}{\partial x\partial y}=\frac{6}{\pi^2(4+x^2)(9+y^2)}.$$

(3) (X,Y)关于 X 和 Y 的边缘分布函数分别为

$$F_X(x)=F(x,+\infty)=\frac{1}{2}+\frac{1}{\pi}\arctan\frac{x}{2},$$

$$F_Y(y)=F(+\infty,y)=\frac{1}{2}+\frac{1}{\pi}\arctan\frac{y}{3}.$$

(4) (X,Y)关于 X 和 Y 的边缘概率密度分别为

$$f_X(x)=F'_X(x)=\frac{2}{\pi(4+x^2)},$$

$$f_Y(y)=F'_Y(y)=\frac{3}{\pi(9+y^2)}.$$

(5)
$$\begin{aligned}P\{(X,Y)\in D\}&=P\{0<X<+\infty,0<Y<+\infty\}\\&=F(+\infty,+\infty)-F(+\infty,0)-F(0,+\infty)+F(0,0)\\&=1-\frac{1}{2}-\frac{1}{2}+\frac{1}{4}=\frac{1}{4}.\end{aligned}$$

例 8　设平面区域 D 由曲线 $y=\dfrac{1}{x}$ 及直线 $y=0,x=1,x=\mathrm{e}^2$ 所围成，二维随机变量(X,Y)在区域 D 上服从均匀分布. 求(X,Y)关于 X 的边缘概率密度在 $x=2$ 处的值.

解　平面区域 D 的面积

$$A=\int_1^{\mathrm{e}^2}\frac{1}{x}\mathrm{d}x=\ln x\Big|_1^{\mathrm{e}^2}=2.$$

由题设知(X,Y)的概率密度

$$f(x,y)=\begin{cases}\dfrac{1}{A}, & (x,y)\in D,\\ 0, & (x,y)\notin D\end{cases}=\begin{cases}\dfrac{1}{2}, & (x,y)\in D,\\ 0, & (x,y)\notin D.\end{cases}$$

故(X,Y)关于 X 的边缘概率密度为

$$f_X(x)=\int_0^{1/x}\frac{1}{2}\mathrm{d}y=\frac{1}{2x}\ (1\leqslant x\leqslant \mathrm{e}^2),\quad \text{从而}\quad f_X(2)=\frac{1}{4}.$$

例 9 设二维随机变量(X,Y)的概率密度为

$$f(x,y)=\frac{1+xy}{2\pi}\mathrm{e}^{-\frac{1}{2}(x^2+y^2)}\quad ((x,y)\in\mathbf{R}^2).$$

求关于 X 和 Y 的边缘概率密度.

解 关于 X 的边缘概率密度为

$$\begin{aligned}f_X(x)&=\int_{-\infty}^{+\infty}f(x,y)\mathrm{d}y=\int_{-\infty}^{+\infty}\frac{1+xy}{2\pi}\mathrm{e}^{-\frac{1}{2}(x^2+y^2)}\mathrm{d}y\\&=\frac{1}{2\pi}\mathrm{e}^{-\frac{x^2}{2}}\int_{-\infty}^{+\infty}\mathrm{e}^{-\frac{y^2}{2}}\mathrm{d}y+\frac{x}{2\pi}\mathrm{e}^{-\frac{x^2}{2}}\int_{-\infty}^{+\infty}y\mathrm{e}^{-\frac{y^2}{2}}\mathrm{d}y=\frac{1}{\sqrt{2\pi}}\mathrm{e}^{-\frac{x^2}{2}};\end{aligned}$$

同理知 $$f_Y(y)=\int_{-\infty}^{+\infty}f(x,y)\mathrm{d}x=\frac{1}{\sqrt{2\pi}}\mathrm{e}^{-\frac{y^2}{2}}.$$

即 X 和 Y 都服从标准正态分布.

注 此例说明,两个边缘分布均为正态分布的二维联合分布不一定是二维正态分布.

例 10 设甲、乙两人独立地各进行两次射击,且他们每次命中率分别为 0.2 和 0.5. 以 X 和 Y 分别表示甲、乙命中次数. 试求(X,Y)的分布律.

解 由题设知 $X\sim B(2,0.2)$,$Y\sim B(2,0.5)$,即 X 和 Y 的分布律分别为

X	0	1	2
P	$0.8^2=0.64$	$\mathrm{C}_2^1\times0.8\times0.2=0.32$	$0.2^2=0.04$

Y	0	1	2
P	$0.5^2=0.25$	$\mathrm{C}_2^1\times0.5\times0.5=0.5$	$0.5^2=0.25$

设 $p_{ij}=P\{X=i,Y=j\}(i,j=0,1,2)$. 因为 X 与 Y 相互独立,所以有

$p_{00}=p_{0\cdot}p_{\cdot 0}=0.64\times 0.25=0.16,\quad p_{01}=0.32,$

$p_{02}=0.16,\quad p_{10}=0.08,\quad p_{11}=0.16,\quad p_{12}=0.08,$

$p_{20}=0.01,\quad p_{21}=0.02,\quad p_{22}=0.01,$

即(X,Y)的分布律为

X \ Y	0	1	2
0	0.16	0.32	0.16
1	0.08	0.16	0.08
2	0.01	0.02	0.01

例 11 设随机变量 X 与 Y 相互独立.下表列出了二维随机变量(X,Y)的分布律及关于 X 和 Y 的边缘分布律中的部分数值,试将其余数值填入表中的空白处.

X \ Y	y_1	y_2	y_3	$P\{X=x_i\}=p_{i\cdot}$
x_1		1/8		
x_2	1/8			
$P\{Y=y_j\}=p_{\cdot j}$	1/6			

解 由于 X 与 Y 相互独立,故有

$$P\{X=x_i,Y=y_j\}=P\{X=x_i\}P\{Y=y_j\}$$
$$(i=1,2;j=1,2,3).$$

首先得

$$P\{X=x_1,Y=y_1\}=P\{Y=y_1\}-P\{X=x_2,Y=y_1\}=\frac{1}{6}-\frac{1}{8}=\frac{1}{24};$$

又由

$$P\{X=x_1,Y=y_1\}=P\{X=x_1\}\cdot P\{Y=y_1\}=\frac{1}{6}P\{X=x_1\}=\frac{1}{24}$$

得 $P\{X=x_1\}=1/4$,从而

$$P\{X=x_1,Y=y_3\}=\frac{1}{4}-\frac{1}{24}-\frac{1}{8}=\frac{1}{12};$$

再由

$$P\{X=x_1,Y=y_2\}=P\{X=x_1\}\cdot P\{Y=y_2\}$$
$$=\frac{1}{4}P\{Y=y_2\}=\frac{1}{8}$$

得 $P\{Y=y_2\}=1/2$，从而

$$P\{X=x_2,Y=y_2\}=\frac{1}{2}-\frac{1}{8}=\frac{3}{8};$$

最后由

$$P\{X=x_1,Y=y_3\}=P\{X=x_1\}\cdot P\{Y=y_3\}$$
$$=\frac{1}{4}P\{Y=y_3\}=\frac{1}{12}$$

得 $P\{Y=y_3\}=1/3$，从而

$$P\{X=x_2,Y=y_3\}=\frac{1}{3}-\frac{1}{12}=\frac{1}{4}$$

及

$$P\{X=x_2\}=\frac{1}{8}+\frac{3}{8}+\frac{1}{4}=\frac{3}{4}.$$

综上得表如下：

X \ Y	y_1	y_2	y_3	$P\{X=x_i\}=p_{i\cdot}$
x_1	1/24	1/8	1/12	1/4
x_2	1/8	3/8	1/4	3/4
$P\{Y=y_j\}=p_{\cdot j}$	1/6	1/2	1/3	1

例 12 设某班车起点站上车的乘客人数 X 服从参数为 $\lambda(\lambda>0)$ 的泊松分布，每位乘客在途中下车的概率为 $p(0<p<1)$，且途中下车与否相互独立. 以 Y 表示在途中下车的人数. 求：

(1) 在发车时有 n 位乘客的条件下，中途有 m 人下车的概率；

(2) 二维随机变量 (X,Y) 的概率分布.

解 (1) 在发车时有 n 位乘客的条件下，途中下车的人数服从二项分布 $B(n,p)$，故途中有 m 人下车的概率为

$$P\{Y=m|X=n\}=C_n^m p^m(1-p)^{n-m}$$
$$(m=0,1,2,\cdots,n).$$

(2) 利用第(1)问的计算结果可得 (X,Y) 的概率分布为

$$P\{X=n,Y=m\}=P\{X=n\}P\{Y=m|X=n\}$$
$$=\frac{\lambda^n}{n!}e^{-\lambda}C_n^m p^m(1-p)^{n-m}=\frac{p^m(1-p)^{n-m}\lambda^n e^{-\lambda}}{m!(n-m)!}$$
$$(m=0,1,2,\cdots,n;n=0,1,2,\cdots).$$

例 13 设以 X 记某医院一天出生婴儿的个数，Y 记其中男婴的个数，且 X 和 Y 的联合分布律为

$$P\{X=n,Y=m\}=\frac{e^{-14}7.14^m 6.86^{n-m}}{m!(n-m)!}$$
$$(m=0,1,2,\cdots,n;n=0,1,2,\cdots).$$

(1) 求边缘分布律；　(2) 求条件分布律；

(3) 写出当 $X=20$ 时，Y 的条件分布律.

解 (1) $P\{X=n\}=\sum\limits_{m=0}^{n}P\{X=n,Y=m\}=\sum\limits_{m=0}^{n}\frac{e^{-14}7.14^m 6.86^{n-m}}{m!(n-m)!}$

$$=\frac{e^{-14}}{n!}\sum_{m=0}^{n}\frac{n!}{m!(n-m)!}7.14^m 6.86^{n-m}$$
$$=\frac{e^{-14}}{n!}(7.14+6.86)^n=\frac{14^n e^{-14}}{n!}$$
$$(n=0,1,2,\cdots),$$

$$P\{Y=m\}=\sum_{n=m}^{\infty}P\{X=n,Y=m\}=\sum_{n=m}^{\infty}\frac{e^{-14}7.14^m 6.86^{n-m}}{m!(n-m)!}$$
$$=7.14^m\frac{e^{-14}}{m!}\sum_{n=m}^{\infty}\frac{6.86^{n-m}}{(n-m)!}=\frac{e^{-14}}{m!}7.14^m\sum_{k=0}^{\infty}\frac{6.86^k}{k!}$$
$$=\frac{e^{-14}}{m!}7.14^m e^{6.86}=\frac{7.14^m e^{-7.14}}{m!}\quad(m=0,1,2,\cdots),$$

即 $X\sim\pi(14)$，$Y\sim\pi(7.14)$.

(2) 对于 $m=0,1,2,\cdots$，

$$P\{X=n|Y=m\}=\frac{P\{X=n,Y=m\}}{P\{Y=m\}}$$
$$=\frac{e^{-14}7.14^m 6.86^{n-m}}{m!(n-m)!}\Big/\left(\frac{7.14^m}{m!}e^{-7.14}\right)$$
$$=\frac{6.86^{n-m}}{(n-m)!}e^{-6.86}\quad(n=m,m+1,\cdots);$$

对于 $n=0,1,2,\cdots$，

$$P\{Y=m\mid X=n\}=\frac{P\{X=n,Y=m\}}{P\{X=n\}}$$

$$=\frac{\mathrm{e}^{-14}7.14^m6.86^{n-m}}{m!(n-m)!}\Big/\left(\frac{14^n\mathrm{e}^{-14}}{n!}\right)$$

$$=\mathrm{C}_n^m\left(\frac{7.14}{14}\right)^m\left(\frac{6.86}{14}\right)^{n-m}\quad(m=0,1,\cdots,n).$$

(3) $P\{Y=m\mid X=20\}=\mathrm{C}_{20}^m\left(\frac{7.14}{14}\right)^m\left(\frac{6.86}{14}\right)^{20-m}$

$$(m=0,1,2,\cdots,20).$$

例 14 设二维随机变量(X,Y)的概率密度为

$$f(x,y)=\begin{cases}8xy, & 0<x<y<1,\\ 0, & \text{其他}.\end{cases}$$

(1) 求 $P\{X+Y\leqslant 1\}$；

(2) 求关于 X 和 Y 的边缘概率密度；

(3) 求条件概率密度 $f_{X|Y}(x|y)$与 $f_{Y|X}(y|x)$，特别写出当 $X=\frac{1}{3}$时，Y 的条件概率密度.

分析 已知二维连续型随机变量概率密度 $f(x,y)$，这个二元函数是分段函数时，最重要的是要画出使 $f(x,y)$的表达式不为零的二元变量(x,y)的区域. 本题中区域为 $D=\{(x,y)\mid 0<x<y<1\}$(如图 3-3).

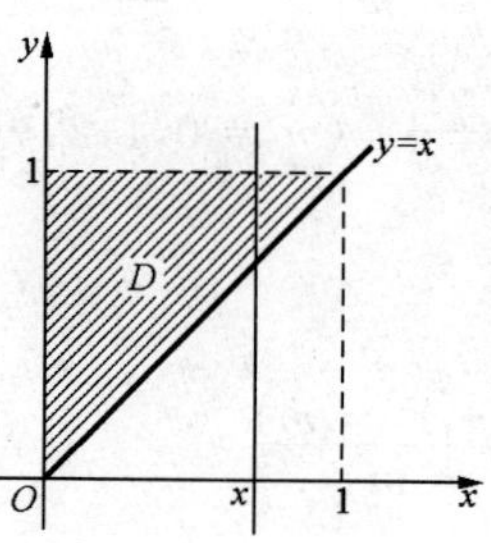

图 3-3

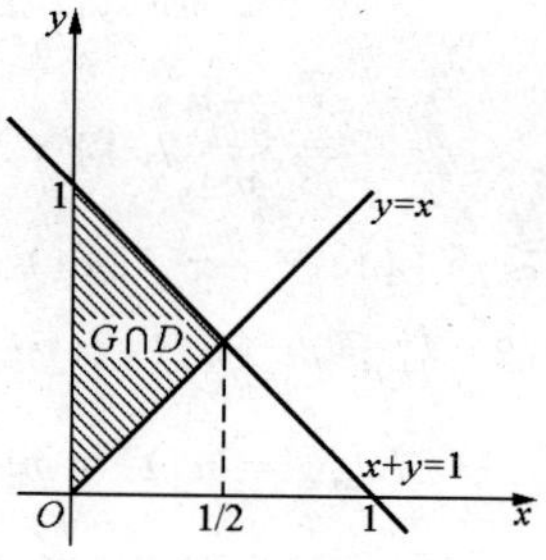

图 3-4

解 (1) 求事件$\{g(X,Y)\leqslant 0\}$的概率问题 (其中 $g(x,y)$是已知的二元连续函数)，先要通过事件的相等变形，即

$$\{g(X,Y)\leqslant 0\}=\{(X,Y)\in G\},$$

其中 $G=\{(x,y)|g(x,y)\leqslant 0\}$ 是 Oxy 平面中的区域，再根据二维连续型随机变量概率密度 $f(x,y)$ 的性质将所求概率化为 $f(x,y)$ 在区域 G 上的二重积分：

$$P\{(X,Y)\in G\}=\iint\limits_{G} f(x,y)\mathrm{d}x\mathrm{d}y.$$

有时为了方便，不写出区域 G，而直接用不等式 $g(x,y)\leqslant 0$ 表示，即

$$P\{(X,Y)\in G\}=\iint\limits_{g(x,y)\leqslant 0} f(x,y)\mathrm{d}x\mathrm{d}y.$$

本小题中区域 $G=\{(x,y)|x+y\leqslant 1\}$，为直线 $x+y=1$ 左下方的半平面.

求 $f(x,y)$ 在区域 G 上的二重积分，涉及分段函数的二重积分. 二重积分的计算方法是化为二次积分，关键在于确定二次积分的上、下限，一定要画积分区域的图形(本小题积分区域见图 3-4).

$$P\{X+Y\leqslant 1\}=\iint\limits_{G} f(x,y)\mathrm{d}x\mathrm{d}y=\iint\limits_{G\cap D} 8xy\mathrm{d}x\mathrm{d}y$$

$$=\int_0^{\frac{1}{2}}\left(\int_x^{1-x} 8xy\mathrm{d}y\right)\mathrm{d}x=\int_0^{\frac{1}{2}} 4x[(1-x)^2-x^2]\mathrm{d}x$$

$$=\int_0^{\frac{1}{2}} 4x(1-2x)\mathrm{d}x=2\times\left(\frac{1}{2}\right)^2-\frac{8}{3}\times\left(\frac{1}{2}\right)^3=\frac{1}{6}.$$

(2) 应用数形结合的方法，对自变量分区间讨论可得关于 X 与 Y 的边缘概率密度.

当 $x\leqslant 0$ 或 $x\geqslant 1$ 时，$f_X(x)=\int_{-\infty}^{+\infty} f(x,y)\mathrm{d}y=\int_{-\infty}^{+\infty} 0\mathrm{d}y=0$；

当 $0<x<1$ 时，

$$f_X(x)=\int_{-\infty}^{+\infty} f(x,y)\mathrm{d}y=\int_x^1 8xy\mathrm{d}y=4xy^2\Big|_x^1=4x(1-x^2).$$

故关于 X 的边缘概率密度为

$$f_X(x)=\begin{cases}4x(1-x^2), & 0<x<1,\\ 0, & \text{其他}.\end{cases}$$

又当 $y\leqslant 0$ 或 $y\geqslant 1$ 时，$f_Y(y)=\int_{-\infty}^{+\infty} f(x,y)\mathrm{d}x=\int_{-\infty}^{+\infty} 0\mathrm{d}x=0$；

当 $0<y<1$ 时，$f_Y(y)=\int_0^y 8xy\mathrm{d}x=4yx^2\Big|_0^y=4y^3$.

故 Y 的边缘概率密度为

$$f_Y(y)=\begin{cases}4y^3, & 0<y<1,\\ 0, & \text{其他}.\end{cases}$$

(3) 在 $Y=y(0<y<1)$ 的条件下，X 的条件概率密度为

$$f_{X|Y}(x|y)=\frac{f(x,y)}{f_Y(y)}=\begin{cases}\dfrac{8xy}{4y^3}, & 0<x<y,\\ 0, & x\text{ 取其他值}\end{cases}$$

$$=\begin{cases}\dfrac{2x}{y^2}, & 0<x<y,\\ 0, & x\text{ 取其他值}.\end{cases}$$

在 $X=x(0<x<1)$ 的条件下，Y 的条件概率密度为

$$f_{Y|X}(y|x)=\frac{f(x,y)}{f_X(x)}=\begin{cases}\dfrac{8xy}{4x(1-x^2)}, & x<y<1,\\ 0, & y\text{ 取其他值}\end{cases}$$

$$=\begin{cases}\dfrac{2y}{1-x^2}, & x<y<1,\\ 0, & y\text{ 取其他值}.\end{cases}$$

故在 $X=\dfrac{1}{3}$ 的条件下，Y 的条件概率密度为

$$f_{Y|X}\left(y\,\Big|\,\frac{1}{3}\right)=\frac{f\left(\frac{1}{3},y\right)}{f_X\left(\frac{1}{3}\right)}=\begin{cases}\dfrac{9}{4}y, & \dfrac{1}{3}<y<1,\\ 0, & \text{其他}.\end{cases}$$

例 15 设一电子仪器由两个部件构成，并以 X 和 Y 分别表示这两个部件的寿命(单位：kh(即千小时))．已知 X 和 Y 的联合分布函数为

$$F(x,y)=\begin{cases}1-\mathrm{e}^{-0.5x}-\mathrm{e}^{-0.5y}+\mathrm{e}^{-0.5(x+y)}, & x\geqslant 0,y\geqslant 0,\\ 0, & \text{其他}.\end{cases}$$

问 X 与 Y 是否相互独立，并求两个寿命都超过 100 h 的概率.

解 随机变量关于 X 与 Y 的边缘分布函数分别为

$$F_X(x)=F(x,+\infty)=\begin{cases}1-\mathrm{e}^{-0.5x}, & x\geqslant 0,\\ 0, & x<0;\end{cases}$$

$$F_Y(y) = F(+\infty, y) = \begin{cases} 1 - e^{-0.5y}, & y \geqslant 0, \\ 0, & y < 0. \end{cases}$$

显然 $F(x,y)=F_X(x)F_Y(y)$，故 X 与 Y 相互独立.

两个部件寿命都超过 100 h(即 0.1 kh)的概率为

$$\begin{aligned} P\{X > 0.1, Y > 0.1\} &= P\{X > 0.1\}P\{Y > 0.1\} \\ &= [1 - F_X(0.1)][1 - F_Y(0.1)] \\ &= e^{-0.05} \cdot e^{-0.05} = e^{-0.1} = 0.9048. \end{aligned}$$

例 16 设二维随机变量 (X,Y) 的概率密度为

$$f(x,y) = \begin{cases} 1, & (x,y) \in D, \\ 0, & \text{其他}, \end{cases}$$

其中 D 是由 x 轴，y 轴及直线 $2x+y-2=0$ 所围的区域. 证明 X 与 Y 不相互独立.

分析 先求出 (X,Y) 关于 X 和 Y 的边缘概率密度 $f_X(x)$，$f_Y(y)$，然后只要找出一点使 $f(x,y) \neq f_X(x)f_Y(y)$ 即可得证.

证 区域 D 如图 3-5 所示，所以

$$f_X(x) = \int_{-\infty}^{+\infty} f(x,y)\mathrm{d}y = \begin{cases} \int_0^{2-2x} \mathrm{d}y, & 0 < x < 1, \\ 0, & \text{其他} \end{cases}$$

$$= \begin{cases} 2 - 2x, & 0 < x < 1, \\ 0, & \text{其他}; \end{cases}$$

$$\begin{aligned} f_Y(y) &= \int_{-\infty}^{+\infty} f(x,y)\mathrm{d}x \\ &= \begin{cases} \int_0^{\frac{2-y}{2}} \mathrm{d}x, & 0 < y < 2, \\ 0, & \text{其他} \end{cases} \\ &= \begin{cases} 1 - \dfrac{y}{2}, & 0 < y < 2, \\ 0, & \text{其他}. \end{cases} \end{aligned}$$

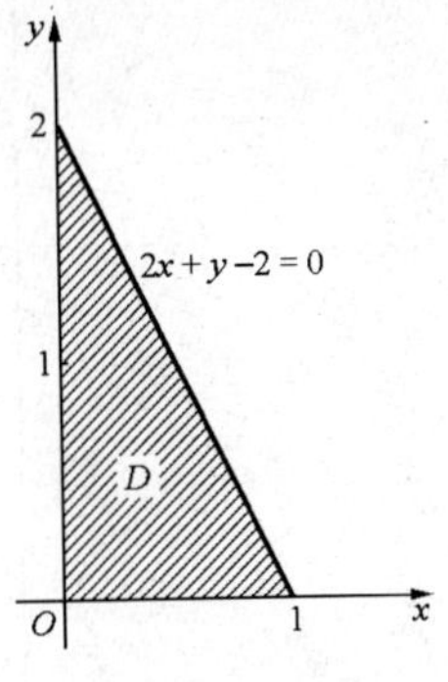

图 3-5

在点 $x=\frac{1}{3}$，$y=1$ 处，

$$f\left(\frac{1}{3},1\right)=1,\quad f_X\left(\frac{1}{3}\right)=\frac{4}{3},\quad f_Y(1)=\frac{1}{2}.$$

显然

$$f\left(\frac{1}{3},1\right)\neq f_X\left(\frac{1}{3}\right)f_Y(1),$$

故 X 与 Y 不相互独立.

例 17 设 X 和 Y 是两个相互独立的随机变量,其概率密度分别为

$$f_X(x)=\begin{cases}1, & 0\leqslant x\leqslant 1,\\ 0, & x<0,x>1,\end{cases}$$

$$f_Y(y)=\begin{cases}e^{-y}, & y>0,\\ 0, & y\leqslant 0.\end{cases}$$

求随机变量 $Z=X+Y$ 的概率密度.

解法 1 因 $Z=X+Y$,仅当 z,y 满足 $\begin{cases}0\leqslant z-y\leqslant 1,\\ y>0\end{cases}$ 时,$f_X(z-y)f_Y(y)\neq 0$,即仅当点(z,y)落在图 3-6 中阴影部分时,$f_X(z-y)f_Y(y)\neq 0$,故 Z 的概率密度为

$$\begin{aligned}f_Z(z)&=\int_{-\infty}^{+\infty}f_X(z-y)f_Y(y)\mathrm{d}y\\&=\begin{cases}\int_0^z f_X(z-y)f_Y(y)\mathrm{d}y, & 0<z<1,\\ \int_{z-1}^z f_X(z-y)f_Y(y)\mathrm{d}y, & z\geqslant 1,\\ 0, & z\leqslant 0\end{cases}\\&=\begin{cases}\int_0^z 1\cdot e^{-y}\mathrm{d}y, & 0<z<1,\\ \int_{z-1}^z 1\cdot e^{-y}\mathrm{d}y, & z\geqslant 1,\\ 0, & z\leqslant 0\end{cases}\\&=\begin{cases}1-e^{-z}, & 0<z<1,\\ e^{1-z}-e^{-z}, & z\geqslant 1,\\ 0, & z\leqslant 0.\end{cases}\end{aligned}$$

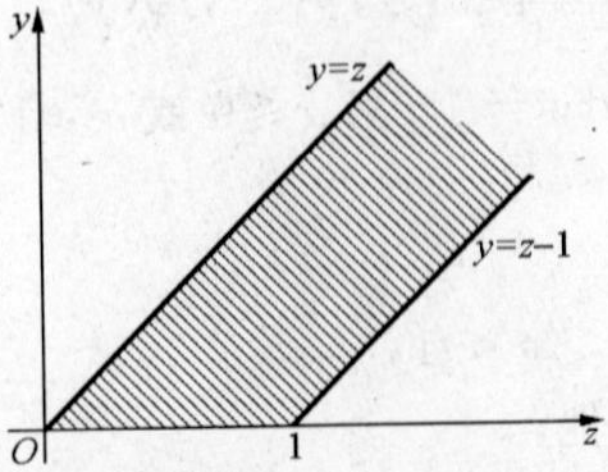

图 3-6

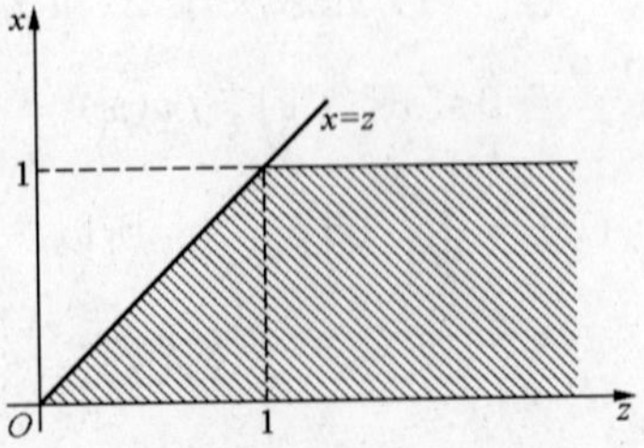

图 3-7

解法 2 因 $Z=X+Y$，仅当 z,x 满足 $\begin{cases}0\leqslant x\leqslant 1,\\ z-x>0\end{cases}$ 时，$f_X(x)f_Y(z-x)\neq 0$，故由图 3-7 得

$$
\begin{aligned}
f_Z(z)&=\int_{-\infty}^{+\infty}f_X(x)f_Y(z-x)\mathrm{d}x\\
&=\begin{cases}\displaystyle\int_0^z f_X(x)f_Y(z-x)\mathrm{d}x, & 0<z<1,\\ \displaystyle\int_0^1 f_X(x)f_Y(z-x)\mathrm{d}x, & z\geqslant 1,\\ 0, & z\leqslant 0\end{cases}\\
&=\begin{cases}\displaystyle\int_0^z \mathrm{e}^{-(z-x)}\mathrm{d}x, & 0<z<1,\\ \displaystyle\int_0^1 \mathrm{e}^{-(z-x)}\mathrm{d}x, & z\geqslant 1,\\ 0, & z\leqslant 0\end{cases}\\
&=\begin{cases}1-\mathrm{e}^{-z}, & 0<z<1,\\ \mathrm{e}^{1-z}-\mathrm{e}^{-z}, & z\geqslant 1,\\ 0, & z\leqslant 0.\end{cases}
\end{aligned}
$$

例 18 设二维随机变量 (X,Y) 的概率密度为

$$
f(x,y)=\begin{cases}\mathrm{e}^{-y}, & 0<x<1, y>0,\\ 0, & \text{其他}.\end{cases}
$$

(1) 判断 X 与 Y 是否相互独立；

(2) 求 $Z=X+Y$ 的概率密度 $f_Z(z)$ 和分布函数 $F_Z(z)$；

(3) 求 $P\{Z>3\}$.

分析 本题的重点内容是(2)，(1)是为(2)服务的，(3)是(2)的应用.

解 (1) 先求关于 X 和 Y 的边缘概率密度 $f_X(x), f_Y(y)$.

当 $0<x<1$ 时，$f_X(x)=\int_0^{+\infty}\mathrm{e}^{-y}\mathrm{d}y=1$；当 $x\leqslant 0$ 或 $x\geqslant 1$ 时，$f_X(x)=\int_{-\infty}^{+\infty}0\mathrm{d}y=0$. 所以

$$f_X(x)=\begin{cases}1, & 0<x<1,\\ 0, & \text{其他},\end{cases}$$

即 $X\sim U(0,1)$.

当 $y>0$ 时，$f_Y(y)=\int_0^1\mathrm{e}^{-y}\mathrm{d}x=\mathrm{e}^{-y}$；当 $y\leqslant 0$ 时，$f_Y(y)=\int_{-\infty}^{+\infty}0\mathrm{d}x=0$. 所以

$$f_Y(y)=\begin{cases}\mathrm{e}^{-y}, & y>0,\\ 0, & y\leqslant 0,\end{cases}$$

即 Y 服从指数分布.

显然有

$$f_X(x)f_Y(y)=\begin{cases}\mathrm{e}^{-y}, & 0<x<1, y>0,\\ 0, & \text{其他}\end{cases}=f(x,y),$$

所以 X 与 Y 相互独立.

(2) 解法 1　先求 $F_Z(z)$. 根据 $F_Z(z)$ 的定义，用二重积分计算求出：

$$F_Z(z)=P\{Z\leqslant z\}=P\{X+Y\leqslant z\}=\iint\limits_{x+y\leqslant z}f(x,y)\mathrm{d}x\mathrm{d}y.$$

当 $z<0$ 时，$F_Z(z)=\iint\limits_{x+y\leqslant z}0\mathrm{d}x\mathrm{d}y=0$；

当 $0\leqslant z\leqslant 1$ 时，有(见图 3-8)

$$F_Z(z)=\int_0^z\left(\int_0^{z-x}\mathrm{e}^{-y}\mathrm{d}y\right)\mathrm{d}x=z-1+\mathrm{e}^{-z};$$

当 $z>1$ 时，有(见图 3-8)

$$F_Z(z)=\int_0^1\left(\int_0^{z-x}\mathrm{e}^{-y}\mathrm{d}y\right)\mathrm{d}x=1+(1-\mathrm{e})\mathrm{e}^{-z}.$$

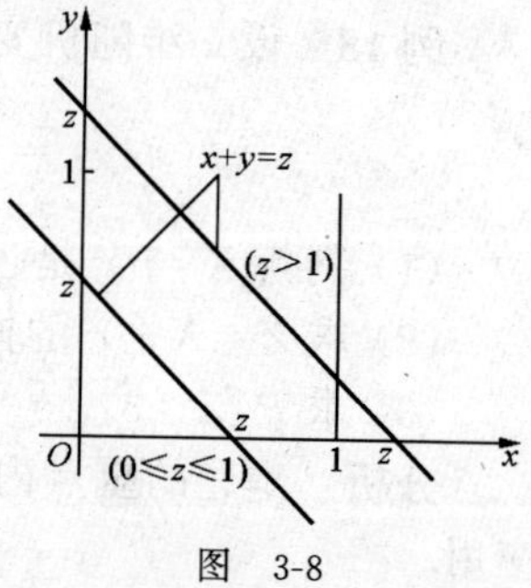

图 3-8

综上,有

$$F_Z(z)=\begin{cases}0, & z<0,\\ z-1+e^{-z}, & 0\leqslant z\leqslant 1,\\ 1+(1-e)e^{-z}, & z>1.\end{cases}$$

因为 $f_Z(z)=F'_Z(z)$,所以

$$f_Z(z)=\begin{cases}0, & z<0,\\ 1-e^{-z}, & 0\leqslant z\leqslant 1,\\ (e-1)e^{-z}, & z>1.\end{cases}$$

解法 2　先求 $f_Z(z)$. 因为 X 与 Y 相互独立,故

$$f_Z(z)=\int_{-\infty}^{+\infty}f_X(x)f_Y(z-x)\mathrm{d}x.$$

首先要进行概率密度非零值的域的变换.

$\begin{cases}0<x<1,\\ y>0\end{cases}$ (见图 3-9)→ $\begin{cases}0<x<1,\\ z-x>0\end{cases}$ → $\begin{cases}0<x<1,\\ z>x\end{cases}$ (见图 3-10).

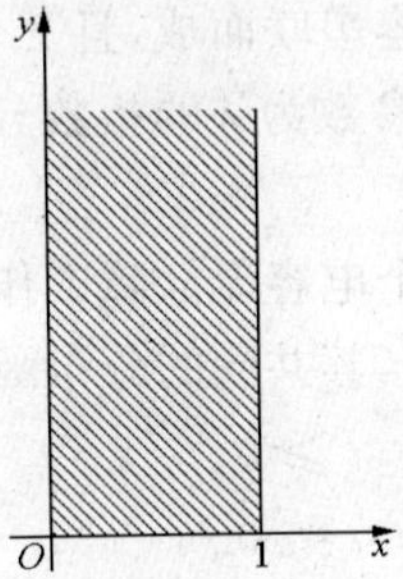

图　3-9

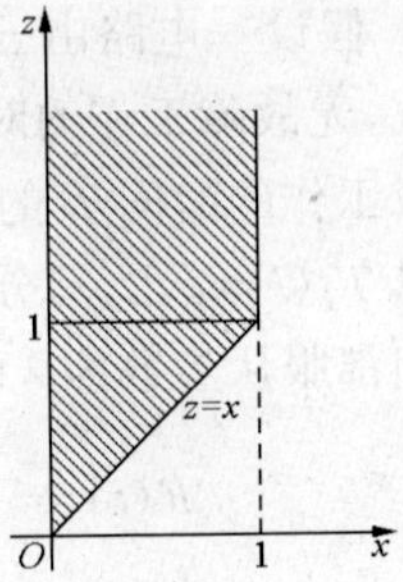

图　3-10

当 $z<0$ 时, $f_Z(z)=0$;

当 $0\leqslant z\leqslant 1$ 时, $f_Z(z)=\int_0^z e^{-(z-x)}\mathrm{d}x=1-e^{-z}$;

当 $z>1$ 时, $f_Z(z)=\int_0^1 e^{-(z-x)}\mathrm{d}x=(e-1)e^{-z}$.

综上,得

$$f_Z(z)=\begin{cases}0, & z<0,\\ 1-e^{-z}, & 0\leqslant z\leqslant 1,\\ (e-1)e^{-z}, & z>1.\end{cases}$$

再求 $F_Z(z)$，$F_Z(z)=\int_{-\infty}^{z} f_Z(z)\mathrm{d}z$.

当 $z<0$ 时，$F_Z(z)=0$；

当 $0\leqslant z\leqslant 1$ 时，$F_Z(z)=\int_0^z(1-\mathrm{e}^{-z})\mathrm{d}z=z-1+\mathrm{e}^{-z}$；

当 $z>1$ 时，

$$F_Z(z)=\int_0^1(1-\mathrm{e}^{-z})\mathrm{d}z+\int_1^z(\mathrm{e}-1)\mathrm{e}^{-z}\mathrm{d}z=(1-\mathrm{e})\mathrm{e}^{-z}+1.$$

综上，得

$$F_Z(z)=\begin{cases}0, & z<0,\\ z-1+\mathrm{e}^{-z}, & 0\leqslant z\leqslant 1,\\ (1-\mathrm{e})\mathrm{e}^{-z}+1, & z>1.\end{cases}$$

注　一般说来解法 1 较解法 2 好，因为求导比积分容易.

(3) $P\{Z>3\}=1-P\{Z\leqslant 3\}=1-F_Z(3)$

$$=1-(1-\mathrm{e})\mathrm{e}^{-3}-1=(\mathrm{e}-1)\mathrm{e}^{-3}.$$

例 19　假设一电路由三个同样电容串联而成，且三个电容的状态相互独立，无故障工作的时间都服从参数为 λ 的指数分布. 试求该电路无故障工作的时间 T 的概率分布.

解　以 $T_k(k=1,2,3)$ 分别表示三个电容无故障工作的时间，由条件知它们都服从参数为 λ 的指数分布，其共同的分布函数为

$$F(t)=\begin{cases}1-\mathrm{e}^{-\lambda t}, & t\geqslant 0,\\ 0, & t<0.\end{cases}$$

而 $T=\min\{T_1,T_2,T_3\}$，于是 T 的分布函数为

$$\widetilde{F}(t)=P\{T\leqslant t\}=1-P\{T>t\}$$

$$=1-[1-F(t)]^3=\begin{cases}1-\mathrm{e}^{-3\lambda t}, & t\geqslant 0,\\ 0, & t<0.\end{cases}$$

故电路无故障工作的时间 T 服从参数为 3λ 的指数分布.

例 20　设二维离散型随机变量 (X,Y) 的分布律为

X \ Y	-1	1	2
-1	0.25	0.1	0.3
2	0.15	0.15	0.05

求 $X+Y, X-Y, \max\{X,Y\}$ 与 $\min\{X,Y\}$ 的分布律.

解 由(X,Y)的分布律可列出如下对应表:

P	0.25	0.1	0.3	0.15	0.15	0.05
(X,Y)	$(-1,-1)$	$(-1,1)$	$(-1,2)$	$(2,-1)$	$(2,1)$	$(2,2)$
$X+Y$	-2	0	1	1	3	4
$X-Y$	0	-2	-3	3	1	0
$\max\{X,Y\}$	-1	1	2	2	2	2
$\min\{X,Y\}$	-1	-1	-1	-1	1	2

将 $X+Y, X-Y, \max\{X,Y\}$ 与 $\min\{X,Y\}$ 的可能值分别从小到大排列,合并其取相同值的概率即得所求分布律分别为

$X+Y$	-2	0	1	3	4
P	0.25	0.1	0.45	0.15	0.05

$X-Y$	-3	-2	0	1	3
P	0.3	0.1	0.3	0.15	0.15

$\max\{X,Y\}$	-1	1	2
P	0.25	0.1	0.65

$\min\{X,Y\}$	-1	1	2
P	0.8	0.15	0.05

例 21 设相互独立的两个随机变量 X 与 Y 具有同一分布律,且 X 的分布律为

X	0	1
P	1/2	1/2

求随机变量 $Z=\max\{X,Y\}$ 的分布律.

解 显然 Z 有 0 和 1 两个可能的取值. 因为

$$P\{Z=0\}=P\{\max\{X,Y\}=0\}=P\{X=0,Y=0\}$$
$$=P\{X=0\}P\{Y=0\}=\frac{1}{4},$$

$$P\{Z=1\}=1-P\{Z=0\}=1-\frac{1}{4}=\frac{3}{4},$$

所以 Z 的分布律为

Z	0	1
P	1/4	3/4

例 22 设 X 与 Y 为两个随机变量，且

$$P\{X \geqslant 0, Y \geqslant 0\} = \frac{3}{7}, \quad P\{X \geqslant 0\} = P\{Y \geqslant 0\} = \frac{4}{7}.$$

求 $P\{\max\{X,Y\} \geqslant 0\}$.

解 因为 $\{\max\{X,Y\} \geqslant 0\} = \{X \geqslant 0\} \cup \{Y \geqslant 0\}$，所以

$$\begin{aligned} P\{\max\{X,Y\} \geqslant 0\} &= P\{\{X \geqslant 0\} \cup \{Y \geqslant 0\}\} \\ &= P\{X \geqslant 0\} + P\{Y \geqslant 0\} - P\{X \geqslant 0, Y \geqslant 0\} \\ &= \frac{4}{7} + \frac{4}{7} - \frac{3}{7} = \frac{5}{7}. \end{aligned}$$

例 23 设二维离散型随机变量 (X,Y) 具有如下分布律：

X \ Y	1	2	3	4	5	6
1	0.01	0.01	0.02	0.03	0.04	0.09
2	0.02	0	0.04	0.01	0.08	0.03
3	0.05	0.03	0	0.02	0.05	0.03
4	0.08	0.07	0.05	0.08	0.14	0.02

(1) 求 $Z=\max\{X,Y\}$ 的概率分布律；

(2) 求 $V=\min\{X,Y\}$ 的概率分布律.

分析 虽然 (X,Y) 是二维随机变量，但 $Z=\max\{X,Y\}$ 和 $V=\min\{X,Y\}$ 是一维随机变量. 由于 (X,Y) 是离散型的，只取有限对的值，所以 Z 和 V 也是离散型的. 求离散型随机变量的分布律，应先求出随机变量的所有取值，再求取每个值的概率.

解 (1) Z 的可取值为 1,2,3,4,5,6. 要求概率 $P\{Z=k\}=P\{\max\{X,Y\}=k\}$，应分析相应的事件，可对 k 进行分类讨论.

记 $p_{ij}=P\{X=i,Y=j\}\ (i=1,2,3,4; j=1,2,3,4,5,6)$.

① 当 $k>4$ 时，$\{Z=k\}=\bigcup\limits_{i=1}^{4}\{X=i,Y=k\}$，所以

$$P\{Z=k\}=\sum_{i=1}^{4} p_{ik}.$$

由此得

$$P\{Z=5\}=\sum_{i=1}^{4}p_{i5}=0.04+0.08+0.05+0.14=0.31,$$

$$P\{Z=6\}=\sum_{i=1}^{4}p_{i6}=0.09+0.03+0.03+0.02=0.17.$$

② 当 $2\leqslant k\leqslant 4$ 时，

$$\{Z=k\}=\left(\bigcup_{i=1}^{k}\{X=i,Y=k\}\right)\cup\left(\bigcup_{j=1}^{k-1}\{X=k,Y=j\}\right),$$

所以
$$P\{Z=k\}=\sum_{i=1}^{k}p_{ik}+\sum_{j=1}^{k-1}p_{kj}.$$

由此得

$$P\{Z=2\}=p_{12}+p_{22}+p_{21}=0.01+0+0.02=0.03,$$

$$\begin{aligned}P\{Z=3\}&=p_{13}+p_{23}+p_{33}+p_{31}+p_{32}\\&=0.02+0.04+0+0.05+0.03=0.14,\end{aligned}$$

$$\begin{aligned}P\{Z=4\}&=p_{14}+p_{24}+p_{34}+p_{44}+p_{41}+p_{42}+p_{43}\\&=0.03+0.01+0.02+0.08+0.08\\&\quad+0.07+0.05=0.34.\end{aligned}$$

③ 当 $k=1$ 时，$P\{Z=1\}=P\{X=1,Y=1\}=p_{11}=0.01$.

综合①,②,③得 $Z=\max\{X,Y\}$ 的分布律为

$Z=\max\{X,Y\}$	1	2	3	4	5	6
P	0.01	0.03	0.14	0.34	0.31	0.17

(2) $V=\min\{X,Y\}$ 的可取值为 1,2,3,4.

① 当 $k=1,2,3$ 时，因

$$\begin{aligned}&\{\min\{X,Y\}=k\}\\&\quad=\left(\bigcup_{i=k}^{4}\{X=i,Y=k\}\right)\cup\left(\bigcup_{j=k+1}^{6}\{X=k,Y=j\}\right),\end{aligned}$$

故

$$\begin{aligned}P\{V=1\}&=\sum_{i=1}^{4}p_{i1}+\sum_{j=2}^{6}p_{1j}\\&=0.01+0.02+0.05+0.08+0.01+0.02\\&\quad+0.03+0.04+0.09=0.35,\end{aligned}$$

$$P\{V=2\}=\sum_{i=2}^{4}p_{i2}+\sum_{j=3}^{6}p_{2j}$$
$$=0+0.03+0.07+0.04+0.01+0.08+0.03$$
$$=0.26,$$

$$P\{V=3\}=\sum_{i=3}^{4}p_{i3}+\sum_{j=4}^{6}p_{3j}$$
$$=0+0.05+0.02+0.05+0.03=0.15;$$

② 当 $k=4$ 时，因 $\{\min\{X,Y\}=4\}=\bigcup_{j=4}^{6}\{X=4,Y=j\}$，故

$$P\{V=4\}=\sum_{j=4}^{6}p_{4j}=0.08+0.14+0.02=0.24.$$

综合①,②得 $V=\min\{X,Y\}$ 的分布律为

$V=\min\{X,Y\}$	1	2	3	4
P	0.35	0.26	0.15	0.24

A　级

1. 已知盒中装有 3 个黑球，2 个红球，2 个白球. 从中任取 3 个，以 X 表示取到的黑球数，Y 表示取到的红球数. 求 (X,Y) 的分布律.

2. 设袋中装有依次标着数字 1，2，3，3 的 4 个球. 从中取球两次，每次任取一球，用 X,Y 分别记第一、二次取得的球上标着的数字. 在下列情况下求 (X,Y) 的分布律：

(1) 有放回取球；　　(2) 不放回取球.

3. 设有 3 个人随机地进入 3 个房间. 若 X,Y 分别表示进入第一、二个房间的人数，求随机变量 (X,Y) 的分布律.

4. 设袋中有标有号码 1，2，3，4，5 的 5 个球. 从中任取 3 个，以 X 与 Y 分别表示取出的球上的最小与最大号码. 求 (X,Y) 的分布律，以及函数 $F(x,y)$ 对应的值 $F(1,1)$，$F(2.4,4)$.

5. 设将一枚硬币抛掷 3 次，并以 X 表示 3 次中正面出现的次数，以 Y 表示出现正面次数与反面次数之差的绝对值. 试求 (X,Y) 的分布律，及关于 X 和 Y 的边缘分布律.

6. 已知袋中有 10 个大小相等的小球，其中 6 个红球，4 个白球.

现随机地抽取两次，每次抽取一个，并定义两个随机变量 X,Y 如下：

$$X=\begin{cases}1, & \text{第一次抽到红球},\\ 0, & \text{第一次抽到白球};\end{cases}\quad Y=\begin{cases}1, & \text{第二次抽到红球},\\ 0, & \text{第二次抽到白球}.\end{cases}$$

试就下面两种情况，求出(X,Y)的分布律和求关于 X,Y 的边缘分布律，并分析 X 与 Y 的独立性：

(1) 第一次抽球后放回；　　(2) 第一次抽球后不放回；

7. 设二维随机变量(X,Y)的分布律为

(X,Y)	$(1,1)$	$(1,2)$	$(1,3)$	$(2,1)$	$(2,2)$	$(2,3)$
p_{ij}	$1/6$	$1/9$	$1/18$	$1/3$	α	β

问：α,β 各取什么值时，X 与 Y 相互独立？

8. 设二维随机变量(X,Y)概率密度为

$$f(x,y)=\begin{cases}4.8y(2-x), & 0\leqslant x\leqslant 1, 0\leqslant y\leqslant x,\\ 0, & \text{其他},\end{cases}$$

求关于 X 和 Y 的边缘概率密度.

9. 设二维随机变量(X,Y)概率密度为

$$f(x,y)=\begin{cases}e^{-y}, & 0<x<y,\\ 0, & \text{其他},\end{cases}$$

求关于 X 和 Y 的边缘概率密度.

10. 设二维随机变量(X,Y)的概率密度为

$$f(x,y)=\begin{cases}cx^2y, & x^2\leqslant y\leqslant 1,\\ 0, & \text{其他}.\end{cases}$$

(1) 试确定常数 c；　　(2) 求关于 X 和 Y 的边缘概率密度.

11. 设二维随机变量(X,Y)的概率密度为

$$f(x,y)=\begin{cases}\dfrac{21}{4}x^2y, & x^2\leqslant y\leqslant 1,\\ 0, & \text{其他}.\end{cases}$$

(1) 求条件概率密度 $f_{X|Y}(x|y)$，并写出当 $Y=\dfrac{1}{2}$时，X 的条件概率密度；

(2) 求条件概率密度 $f_{Y|X}(y|x)$，并写出当 $X=\dfrac{1}{2}$时，Y 的条件概率密度；

(3) 求条件概率 $P\left\{Y\geqslant\frac{1}{4}\middle|X=\frac{1}{2}\right\}, P\left\{Y\geqslant\frac{3}{4}\middle|X=\frac{1}{2}\right\}$.

12. 设 X 和 Y 是两个相互独立的随机变量，X 在(0,1)上服从均匀分布，Y 的概率密度为

$$f_Y(y)=\begin{cases}\frac{1}{2}\mathrm{e}^{-\frac{y}{2}}, & y>0,\\ 0, & y\leqslant 0.\end{cases}$$

(1) 求 X 和 Y 的联合概率密度；

(2) 设含有 a 的二次方程为 $a^2+2Xa+Y=0$，试求有实根 a 的概率.

13. 设进行打靶时弹着点 $A(X,Y)$ 的坐标 X 和 Y 相互独立，且都服从 $N(0,1)$ 分布. 规定点 A 落在区域 $D_1=\{(x,y)\mid x^2+y^2<1\}$ 得 2 分；点 A 落在区域 $D_2=\{(x,y)\mid 1\leqslant x^2+y^2\leqslant 4\}$ 得 1 分；点 A 落在区域 $D_3=\{(x,y)\mid x^2+y^2>4\}$ 得 0 分. 以 Z 记打靶的得分. 写出 X,Y 的联合概率密度，并求 Z 的分布律.

14. 设 X 和 Y 是两个相互独立的随机变量，其概率密度分别为

$$f_X(x)=\begin{cases}\lambda\mathrm{e}^{-\lambda x}, & x>0,\\ 0, & x\leqslant 0,\end{cases}\quad f_Y(y)=\begin{cases}\mu\mathrm{e}^{-\mu y}, & y>0,\\ 0, & y\leqslant 0,\end{cases}$$

其中 $\lambda>0,\mu>0$ 是常数. 引入随机变量 $Z=\begin{cases}1, & X\leqslant Y,\\ 0, & X>Y.\end{cases}$

(1) 求条件概率密度 $f_{X|Y}(x|y)$；

(2) 求 Z 的分布律和分布函数.

15. 已知某种商品一周的需要量是一个随机变量，其概率密度为

$$f(t)=\begin{cases}t\mathrm{e}^{-t}, & t>0,\\ 0, & t\leqslant 0.\end{cases}$$

设各周的需要量是相互独立的，求：

(1) 两周的需要量的概率密度；

(2) 三周的需要量的概率密度.

16. 设随机变量 (X,Y) 的概率密度为

$$f(x,y)=\begin{cases}\frac{1}{2}(x+y)\mathrm{e}^{-(x+y)}, & x>0,y>0,\\ 0, & \text{其他}.\end{cases}$$

(1) 问：X 与 Y 是否相互独立？

(2) 求 $Z=X+Y$ 的概率密度.

17. 设 X,Y 是相互独立的随机变量，它们都服从正态分布 $N(0,\sigma^2)$. 试验证随机变量 $Z=\sqrt{X^2+Y^2}$ 具有概率密度

$$f_Z(z)=\begin{cases}\dfrac{z}{\sigma^2}\mathrm{e}^{-\frac{z^2}{2\sigma^2}}, & z\geqslant 0,\\ 0, & z<0.\end{cases}$$

我们称 Z 服从参数为 $\sigma(\sigma>0)$ 的**瑞利**(Rayleigh)**分布**.

18. 设随机变量 (X,Y) 的概率密度为

$$f(x,y)=\begin{cases}b\mathrm{e}^{-(x+y)}, & 0<x<1,0<y<+\infty,\\ 0, & \text{其他}.\end{cases}$$

(1) 试确定常数 b；

(2) 求关于 X 和 Y 的边缘概率密度 $f_X(x),f_Y(y)$；

(3) 求函数 $U=\max\{X,Y\}$ 的分布函数.

19. 对某种电子装置的输出测量 5 次，记结果为：X_1,X_2,X_3,X_4,X_5. 设它们是相互独立的随机变量且都服从参数 $\sigma=2$ 的瑞利分布(概率密度见 17 题).

(1) 求 $Z=\max\limits_{1\leqslant i\leqslant 5}\{X_i\}$ 的分布函数；

(2) 求 $P\{Z>4\}$.

20. 设随机变量 X,Y 相互独立，且服从同一分布. 试证明：

$$P\{a<\min\{X,Y\}\leqslant b\}=[P\{X>a\}]^2-[P\{X>b\}]^2.$$

21. 设 X,Y 是相互独立的随机变量，其分布律分别为

$$P\{X=k\}=p(k)\quad(k=0,1,2,\cdots),$$
$$P\{Y=r\}=q(r)\quad(r=0,1,2,\cdots).$$

证明随机变量 $Z=X+Y$ 的分布律为

$$P\{Z=i\}=\sum_{k=0}^{i}p(k)q(i-k)\quad(i=0,1,2,\cdots).$$

22. 设 X,Y 是相互独立的随机变量，且 $X\sim\pi(\lambda_1),Y\sim\pi(\lambda_2)$. 证明 $Z=X+Y\sim\pi(\lambda_1+\lambda_2)$.

23. 设 X,Y 是相互独立的随机变量，且 $X\sim B(n_1,p),Y\sim B(n_2,p)$. 证明 $X+Y\sim B(n_1+n_2,p)$.

B 级

1. 从一副扑克牌(52 张)中任取 13 张牌,设 X 为"红桃"张数,Y 为"方块" 张数. 试求 X 与 Y 的联合分布律.

2. 已知 X 和 Y 为同一分布的随机变量,并知 X 的分布律为

X	-1	0	1
P	$1/4$	$1/2$	$1/4$

且有 $P\{XY=0\}=1$. 试求二维随机变量(X,Y)的分布律,并求 $P\{|X|=|Y|\}$.

3. 设二维随机变量(X,Y)的分布律如下:

$Y \backslash X$	0	1
0	$1/4$	b
1	a	$1/4$

已知事件$\{X=0\}$与$\{X+Y=1\}$相互独立.

(1) 确定常数 a,b; (2) 问: X 与 Y 是否相互独立?

4. 设两个随机变量 X 与 Y 相互独立且同分布,又有

$$P\{X=-1\}=P\{Y=-1\}=P\{X=1\}=P\{Y=1\}=\frac{1}{2},$$

则下列等式成立的是(　　).

(A) $P\{X=Y\}=\frac{1}{2}$;　　(B) $P\{X=Y\}=1$;

(C) $P\{X+Y=0\}=\frac{1}{4}$;　　(D) $P\{XY=1\}=\frac{1}{4}$.

5. 设两个相互独立的随机变量 X 和 Y 分别服从正态分布 $N(0,1)$和 $N(1,1)$,则(　　).

(A) $P\{X+Y\leqslant 0\}=\frac{1}{2}$;　　(B) $P\{X+Y\leqslant 1\}=\frac{1}{2}$;

(C) $P\{X-Y\leqslant 0\}=\frac{1}{2}$;　　(D) $P\{X-Y\leqslant 1\}=\frac{1}{2}$.

6. 设 X_1 和 X_2 是任意两个相互独立的连续型随机变量,其概率密度分别为 $f_1(x)$和 $f_2(x)$,分布函数分别为 $F_1(x)$和 $F_2(x)$,则(　　).

(A) $f_1(x)+f_2(x)$必为某一随机变量的概率密度；

(B) $F_1(x)F_2(x)$必为某一随机变量的分布函数；

(C) $F_1(x)+F_2(x)$必为某一随机变量的分布函数；

(D) $f_1(x)f_2(x)$必为某一随机变量的概率密度.

7. 设二维随机变量(X,Y)的概率密度为

$$f(x,y)=\begin{cases}6x, & 0\leqslant x\leqslant y\leqslant 1,\\ 0, & \text{其他},\end{cases}$$

求 $P\{X+Y\leqslant 1\}$.

8. 设某副食品商店出售的色拉油、食盐、酱油均由某厂生产，其包装后的净质量(单位：g)均是随机变量，分别服从正态分布 $N(1000,100)$，$N(500,25)$，$N(500,25)$. 若某人买了一瓶色拉油、两包食盐、三瓶酱油，试问：总的净质量服从什么分布？

9. 设到某火车站购票所需要的时间 X(单位：h)是随机变量，具有概率密度

$$f(x)=\begin{cases}x\mathrm{e}^{-x}, & x>0,\\ 0, & x\leqslant 0.\end{cases}$$

某人将去购票 5 次，设每次购票所需时间相互独立，记 X_i 为第 $i(i=1,2,3,4,5)$次购票所需的时间，$Y=\max\limits_{1\leqslant i\leqslant 5}\{X_i\}$，$Z=\min\limits_{1\leqslant i\leqslant 5}\{X_i\}$.

(1) 求 Y 的概率密度；　　(2) 求 Z 的概率密度.

10. 设随机变量 $X_1,X_2,\cdots,X_n$ 相互独立，且都在$[0,\theta]$上服从均匀分布. 记 $U=\max\limits_{1\leqslant i\leqslant n}\{X_i\}$，$V=\min\limits_{1\leqslant i\leqslant n}\{X_i\}$，试求 U 和 V 的联合概率密度.

11. 设随机变量 X 服从指数分布，则随机变量 $Y=\min\{X,2\}$的分布函数(　　)

(A) 是连续函数；　　(B) 至少有两个间断点；

(C) 是阶梯函数；　　(D) 恰好有一个间断点.

学习札记

专题四 随机变量的数字特征

【一】内容提要

1. 期望的定义、性质与计算

定义 1 设离散型随机变量 X 的分布律为 $P\{X=x_k\}=p_k(k=1,2,\cdots)$，则在下面级数绝对收敛时，定义 X 的**数学期望**为

$$E(X)=\sum_k x_k p_k;$$

设连续型随机变量 X 的概率密度为 $f(x)$，则在下面积分绝对收敛时，定义 X 的**数学期望**为

$$E(X)=\int_{-\infty}^{+\infty} x f(x)\mathrm{d}x.$$

性质与计算公式(设所讨论的数学期望存在)：

(1) 若 X,Y 是两个随机变量，a,b,c 是常数，则

$$E(aX+bY+c)=aE(X)+bE(Y)+c.$$

(2) 若 $X_1,X_2,\cdots,X_n$ 是相互独立的随机变量，则

$$E(X_1X_2\cdots X_n)=E(X_1)E(X_2)\cdots E(X_n).$$

(3) 设 $g(x)$ 为连续函数. 若离散型随机变量 X 的分布律为 $P\{X=x_k\}=p_k(k=1,2,\cdots)$，则

$$E[g(X)]=\sum_k g(x_k)p_k;$$

若连续型随机变量 X 的概率密度为 $f(x)$，则

$$E[g(X)]=\int_{-\infty}^{+\infty} g(x)f(x)\mathrm{d}x.$$

(4) 设 $g(x,y)$ 为连续函数. 若二维离散型随机变量 (X,Y) 的分布律为 $P\{X=x_i,Y=y_j\}=p_{ij}(i,j=1,2,\cdots)$，则

$$E[g(X,Y)]=\sum_i\sum_j g(x_i,y_j)p_{ij};$$

若二维连续型随机变量(X,Y)的概率密度为$f(x,y)$，则

$$E[g(X,Y)] = \int_{-\infty}^{+\infty}\int_{-\infty}^{+\infty} g(x,y)f(x,y)\mathrm{d}x\mathrm{d}y.$$

2. 方差、协方差与相关系数的定义、性质及计算

定义 2 对于随机变量X,Y，在下面数学期望存在时，定义：

方差 $D(X)=E[X-E(X)]^2$；

标准差 $\sqrt{D(X)}=\sqrt{E[X-E(X)]^2}$；

协方差 $\mathrm{cov}(X,Y)=E\{[X-E(X)][Y-E(Y)]\}$；

相关系数 $\rho_{XY}=\dfrac{\mathrm{cov}(X,Y)}{\sqrt{D(X)}\sqrt{D(Y)}}$.

当$\rho_{XY}=0$时，称X与Y**不相关**.

性质与计算公式(设有关的数学期望存在)：

(1) $D(X)=\mathrm{cov}(X,X)=E(X^2)-[E(X)]^2$
($D(X)=0$的充要条件是X以概率1取常数$c=E(X)$)；

(2) $D(aX+b)=a^2D(X)$ (a,b为常数)；

(3) $\mathrm{cov}(X,Y)=\mathrm{cov}(Y,X)=E(XY)-E(X)E(Y)$；

(4) $\mathrm{cov}(aX+bY+c,Z)=a\mathrm{cov}(X,Z)+b\mathrm{cov}(Y,Z)$ (a,b,c为常数)；

(5) $D(X+Y)=D(X)+D(Y)+2\mathrm{cov}(X,Y)$；

(6) X与Y相互独立$\Rightarrow X$与Y不相关；

(7) X与Y不相关$\Longleftrightarrow \rho_{XY}=0 \Longleftrightarrow \mathrm{cov}(X,Y)=0$

$$\Longleftrightarrow D(X+Y)=D(X)+D(Y)$$
$$\Longleftrightarrow E(XY)=E(X)E(Y).$$

3. 原点矩与中心矩

定义 3 对于随机变量X,Y，在下面数学期望存在时，定义：

k阶原点矩 $E(X^k)$ ($k=1,2,\cdots$)；

k阶中心矩 $E[X-E(X)]^k$ ($k=2,3,\cdots$)；

$k+l$阶混合原点矩 $E(X^kY^l)$ ($k,l=1,2,\cdots$)；

$k+l$阶混合中心矩

$$E\{[X-E(X)]^k[Y-E(Y)]^l\}\ (k,l=1,2,\cdots).$$

4. 常用随机变量的数字特征

(1) 0-1 分布：$P\{X=1\}=p$，$P\{X=0\}=1-p$.

$$E(X)=p,\quad D(X)=p(1-p).$$

(2) 二项分布：$X\sim B(n,p)$，$P\{X=k\}=C_n^k p^k(1-p)^{n-k}$ $(k=0,1,\cdots,n)$.

$$E(X)=np,\quad D(X)=np(1-p).$$

(3) 泊松分布：$X\sim P(\lambda)$，$P\{X=k\}=\dfrac{\lambda^k e^{-\lambda}}{k!}$ $(k=0,1,2,\cdots)$.

$$E(X)=\lambda,\quad D(X)=\lambda.$$

(4) 几何分布：$P\{X=k\}=p(1-p)^{k-1}$ $(k=1,2,\cdots)$.

$$E(X)=\frac{1}{p},\quad D(X)=\frac{1-p}{p^2}.$$

(5) 均匀分布：$X\sim U(a,b)$，$f(x,y)=\begin{cases}\dfrac{1}{b-a}, & a<x<b,\\ 0, & \text{其他}.\end{cases}$

$$E(X)=\frac{a+b}{2},\quad D(X)=\frac{1}{12}(b-a)^2.$$

(6) 指数分布：$X\sim e(\lambda)$，$f(x)=\begin{cases}\lambda e^{-\lambda x}, & x>0,\\ 0, & x\leqslant 0.\end{cases}$ $(\lambda>0)$.

$$E(X)=\frac{1}{\lambda},\quad D(X)=\frac{1}{\lambda^2}.$$

(7) 正态分布：$X\sim N(\mu,\sigma^2)$，$f(x)=\dfrac{1}{\sqrt{2\pi}\sigma}e^{-\frac{(x-\mu)^2}{2\sigma^2}}$ $(x\in\mathbf{R})$.

$$E(X)=\mu,\quad D(X)=\sigma^2.$$

标准正态分布：$X\sim N(0,1)$，$\varphi(x)=\dfrac{1}{\sqrt{2\pi}}e^{-\frac{x^2}{2}}$ $(x\in\mathbf{R})$.

$$E(X)=0,\quad D(X)=1.$$

(8) 二维正态分布：$(X,Y)\sim N(\mu_1,\mu_2,\sigma_1^2,\sigma_2^2,\rho)$.

$$E(X)=\mu_1,\quad E(Y)=\mu_2,\quad D(X)=\sigma_1^2,$$

$$D(Y)=\sigma_2^2,\quad \rho_{XY}=\rho.$$

(9) 超几何分布：$P\{X=k\}=\dfrac{C_M^k C_{N-M}^{n-k}}{C_N^n}$ $(k,n,M,N$ 为正整数，且 $n\leqslant N,M\leqslant N$，$\max\{0,n-N+M\}\leqslant k\leqslant\min\{n,M\})$.

$$E(X)=\frac{nM}{N},\quad D(X)=\frac{nM(N-n)}{N(N-1)}\left(1-\frac{M}{N}\right).$$

(10) **标准化随机变量**：期望为 0，方差为 1 的随机变量.

若随机变量 X 有期望 $E(X)$，方差 $D(X)\neq 0$，则

$$X^*=\frac{X-E(X)}{\sqrt{D(X)}}$$

称为标准化随机变量(因 $E(X^*)=0$，$D(X^*)=1$).

【二】基本要求

1. 理解数学期望、方差的概念，掌握它们的性质与计算方法；熟悉 0-1 分布、二项分布、泊松分布、均匀分布、指数分布及正态分布的数学期望与方差.

2. 理解随机变量函数的数学期望的定义，会计算随机变量函数的数学期望.

3. 了解协方差、相关系数的概念，掌握它们的性质和计算.

【三】释疑解难

1. 有关数学期望的几个问题.

(1) 关于数学期望的引入.

先看一实例：某人进行独立射击，规定击中一号环得 1 分；击中二号环得 2 分；一、二号环都未击中得 0 分. 已知他共射击 N 次，其中击中一号环 a_1 次；击中二号环 a_2 次；一、二号环均不中 a_0 次. 求他一次射击的平均得分 $\overline{x}$.

显然，此人一次射击得分数 X 是随机变量，X 的可取值为 0，1，2. 设 X 的分布律为

$$P\{X=k\}=p_k\quad(k=0,1,2).$$

易算得

$$\overline{x}=\frac{0\times a_0+1\times a_1+2\times a_2}{N}=\sum_{k=0}^{2}k\,\frac{a_k}{N},$$

即 $\bar{x}$ 为 X 的可取值以其频率 $\frac{a_k}{N}$ 为加权数的加权平均.

在这个例子中,若用 $\sum_{k=0}^{2} k\frac{a_k}{N}$ 作为此人每次射击的平均得分显然不够准确. 因 N 不同,频率不一定相同;另外射击 N 次,频率也不一定相同. 由于 N 逐渐增大时,频率 $\frac{a_k}{N}$ 稳定于概率 p_k,从而 $\sum_{k=0}^{2} k\frac{a_k}{N}$ 稳定于 $\sum_{k=0}^{2} kp_k$,故用 $\sum_{k=0}^{2} kp_k$ 描述此人每次射击的平均得分是合理的,称其为 X 的数学期望(定义见"内容提要"部分).

数学期望是概率论早期发展中就已产生的一个概念,当时研究的概率问题大多与赌博有关. 假如某人在一局赌博中面临如下情况:在总共 $m+n$ 种等可能出现的结果中,有 m 种结果可赢得 a,其余 n 种结果可赢得 b,则 $\frac{m}{m+n}a+\frac{n}{m+n}b$ 就是他在该局赌博中所期望的收入. 数学期望的这种初始形式早在 1657 年即由荷兰数学家 C. 惠更斯明确提出,它是简单算术平均的一种推广.

(2) 数学期望定义中要求级数 $\sum_{k} x_k p_k$ (离散型)或广义积分 $\int_{-\infty}^{+\infty} f(x)\mathrm{d}x$ (连续型)绝对收敛,为什么呢? 数学期望 $\mathrm{E}(X)$ 反映了随机变量取值的平均状况. 若 X 为离散型随机变量,则 $\mathrm{E}(X)$ 是一无穷级数的和. 定义中要求 $\sum_{k} x_k p_k$ 绝对收敛,这是因为期望与 X 的取值 $x_1,x_2,\cdots,x_n,\cdots$ 的排列次序无关,所以除要求这个无穷级数收敛外,还要求此级数的和与级数的各项排列次序无关,而当 $\sum_{k} |x_k p_k|$ 收敛时,才能保证和与各项次序无关,故要求级数绝对收敛. 若不满足这一条,就说 X 的期望不存在.

(3) 期望 $\mathrm{E}(X)$ 与以频率为加权数的平均值 $\bar{x}$ 既有区别又有联系,它们的关系如同事件 A 的概率 $P(A)$ 与频率 $f_n(A)$ 的关系那样. 首先,它们有本质的区别: $\mathrm{E}(X)$ 是一种随机现象所固有的数字特征,它是客观存在的理论值,不随个别试验而变动;而 $\bar{x}$ 是一个试验值,具有随机性,各次试验结果平均值 $\bar{x}$ 可能不一样. 它们又紧密联系:都反映随机变量 X 的"平均状态"这一特性. 可以粗略地说,在大量试验中，随机变量取值的平均值稳定在数学期望上，因此通常可以用 $\bar{x}$ 作为期望的近似值.

（4）连续型随机变量数学期望引入的思路：将 X“离散化”，利用离散型随机变量的期望来定义，然后再取极限.

设连续型随机变量 X 有概率密度 $f(x)$，已知

$$P\{x < X \leqslant x + \Delta x\} \approx f(x)\Delta x.$$

以 x 作为 X 在 $(x, x+\Delta x]$ 上取值的代表，相应于离散型随机变量情形，作和式 $\sum\limits_{-\infty}^{+\infty} xf(x)\Delta x$. 此为“离散化”了的 X 的期望. 若 $\Delta x \to 0$ 时，和式极限存在，即广义积分收敛，自然此极限 $\int_{-\infty}^{+\infty} xf(x)\mathrm{d}x$ 为连续型随机变量 X 的数学期望(定义见“内容提要”部分).

（5）并不是所有的随机变量都有数学期望.

例如，随机变量 X 服从柯西分布，其概率密度为

$$f(x) = \frac{1}{\pi(1 + x^2)} \quad (x \in \mathbf{R}).$$

因 $\int_{-\infty}^{+\infty} \frac{|x|}{\pi(1 + x^2)}\mathrm{d}x$ 不存在，即 $\int_{-\infty}^{+\infty} xf(x)\mathrm{d}x$ 不绝对收敛，所以 X 的数学期望不存在.

2. 关于方差的引入

随机变量的数学期望体现了随机变量取值的平均的大小，是随机变量的重要数字特征. 但只知道期望是不够的，还应知道随机变量的取值如何在均值周围变化. 如有两批电子元件，使用寿命分别为随机变量 X_1, X_2，且知 $\mathrm{E}(X_1) = \mathrm{E}(X_2)$，但第一批使用寿命比较稳定，$X_1$ 取值集中在 $\mathrm{E}(X_1)$ 附近，第二批使用寿命 X_2 取值比较分散，故仅由期望还不能完全反映电子元件的质量，还需刻画使用寿命与期望的偏离程度. 实际工作中，数据的偏离程度是反映客观现象的一种指标. 产品的某种特性(如硬度、强度)偏离程度大，说明生产不够稳定；生物的某种特性偏离程度大，表明该生物处于病态. 因此有必要研究随机变量取值与其均值的偏离程度. 用怎样的量来描述偏离程度呢？不能用某一 x_k 与 $\mathrm{E}(X)$ 的偏差即 $x_k - \mathrm{E}(X)$ 来描述整个偏离状况，应该考虑 X 的所有取值的偏差 $x_k - \mathrm{E}(X)$ $(k = 1, 2, \cdots)$，即用

$X-\mathrm{E}(X)$的均值来描述. 但由于 $X-\mathrm{E}(X)$可正,也可负,因此把偏差直接相加是不合理的,因为这样会使符号相反,绝对值相近的数(偏差)相互抵消. 我们可以考虑 $\mathrm{E}|X-\mathrm{E}(X)|$,但计算绝对值麻烦,故用$[X-\mathrm{E}(X)]^2$ 的期望 $\mathrm{E}[X-\mathrm{E}(X)]^2$ 来描述,称其为 X 的方差,记为 $\mathrm{D}(X)$(定义见"内容提要"部分).

$\mathrm{D}(X)$是刻画 X 取值的集中(或分散)程度的一个量,若 $\mathrm{D}(X)$较小,则 X 的取值较集中; 若 $\mathrm{D}(X)$较大,则 X 的取值较分散.

3. 关于协方差与相关系数的引入.

二维随机变量(X,Y)的概率分布全面地描述了(X,Y)的统计规律,其中包含 X 与 Y 的相互关系的内容,但如何用数字特征在某种意义下来刻画这种联系呢? 因为当随机变量 X 与 Y 相互独立时,有 $\mathrm{E}[X-\mathrm{E}(X)][Y-\mathrm{E}(Y)]=0$,所以若 $\mathrm{E}[X-\mathrm{E}(X)][Y-\mathrm{E}(Y)]\neq 0$,则 X 与 Y 不相互独立. 这说明 $\mathrm{E}[X-\mathrm{E}(X)][Y-\mathrm{E}(Y)]$在一定程度上反映了 X 与 Y 之间的联系,称这个量为协方差.

相关系数 ρ_{XY}是反映二维随机变量的两个分量相关程度的数字特征. 以离散型为例,当 $|\rho_{XY}|=1$ 时,$P\{X=x_i,Y=y_j\}\neq 0$ 的点(x_i,y_j)几乎全部落在某直线 $Y=aX+b$ 上(其中 a,b 为常数);当 $\rho_{XY}=0$ 时,X 与 Y 无线性关系,(X,Y)的分布不在一条直线上. $|\rho_{XY}|$越接近 1,(X,Y)的分布越接近一条直线,当 $a>0$ 时,该直线斜率为正;当 $a<0$ 时,直线斜率为负. $|\rho_{XY}|$接近 0 时,(X,Y)的分布不在一条直线上.

要指出的是,ρ_{XY} 仅反映了随机变量 X 与 Y 的线性关系. 当 X 与 Y 具有非线性关系(如 X 与 Y 的点分布在一条抛物线上),ρ_{XY} 的值会接近于 0.

随机变量 X 与 Y 相互独立和 X 与 Y 不相关是两个不同概念. X 与 Y 相互独立则必有 X 与 Y 不相关,而 X 与 Y 不相关则说明 X 与 Y 无线性关系,X 与 Y 不一定相互独立.

【四】方法指导

例 1 设有离散型随机变量 X,其分布律为

X	-3	-2	-1	0	1	2
P	1/8	1/8	1/4	1/4	1/8	1/8

试求 X 的数学期望和方差,并求 $\mathrm{D}(2X-3)$.

分析 这是一个基本的题,但要注意计算方法.

解 (1) 求期望可直接用定义式计算.

$$\mathrm{E}(X)=\sum_{k=1}^{6}x_kP\{X=x_k\}$$
$$=(-3)\times\frac{1}{8}+(-2)\times\frac{1}{8}+(-1)\times\frac{1}{4}$$
$$+0\times\frac{1}{4}+1\times\frac{1}{8}+2\times\frac{1}{8}=-\frac{1}{2}.$$

(2) 求方差有 3 种解法.

解法 1 直接用方差定义式.

$$\mathrm{D}(X)=\mathrm{E}[X-\mathrm{E}(X)]^2=\sum_{k=1}^{6}[x_k-\mathrm{E}(X)]^2P\{X=x_k\}$$
$$=\left(-3+\frac{1}{2}\right)^2\times\frac{1}{8}+\left(-2+\frac{1}{2}\right)^2\times\frac{1}{8}$$
$$+\left(-1+\frac{1}{2}\right)^2\times\frac{1}{4}+\left(0+\frac{1}{2}\right)^2\times\frac{1}{4}$$
$$+\left(1+\frac{1}{2}\right)^2\times\frac{1}{8}+\left(2+\frac{1}{2}\right)^2\times\frac{1}{8}=\frac{9}{4}.$$

解法 2 利用方差的计算公式.

$$\mathrm{D}(X)=\mathrm{E}(X^2)-\mathrm{E}^2(X)=\sum_{k=1}^{6}x_k^2P\{X=x_k\}-\left(-\frac{1}{2}\right)^2$$
$$=(-3)^2\times\frac{1}{8}+(-2)^2\times\frac{1}{8}+(-1)^2\times\frac{1}{4}$$
$$+0^2\times\frac{1}{4}+1^2\times\frac{1}{8}+2^2\times\frac{1}{8}-\frac{1}{4}=\frac{9}{4}.$$

解法 3 由于 $\mathrm{D}(X)=\mathrm{E}(X^2)-\mathrm{E}^2(X)$,为求 $\mathrm{E}(X^2)$,设 $Y=X^2$,求出 Y 分布律为

Y	0	1	4	9
P	1/4	3/8	1/4	1/8

于是

$$\begin{aligned}E(Y)&=\sum_{j=1}^{4}y_jP\{Y=y_j\}\\&=0\times\frac{1}{4}+1\times\frac{3}{8}+4\times\frac{1}{4}+9\times\frac{1}{8}=\frac{10}{4},\end{aligned}$$

$$\begin{aligned}D(X)&=E(X^2)-E^2(X)=E(Y)-E^2(X)\\&=\frac{10}{4}-\frac{1}{4}=\frac{9}{4}.\end{aligned}$$

(3) $D(2X-3)=2^2D(X)=4\times\frac{9}{4}=9.$

例 2 设对目标进行射击，命中率为 $p(0<p<1)$，射击直到命中为止. 求射击次数 X 的数学期望及方差.

分析 此题为求几何分布的数学期望与方差，关键是求无穷级数 $\sum\limits_{k=1}^{\infty}kp(1-p)^{k-1}$ 及 $\sum\limits_{k=1}^{\infty}k^2p(1-p)^{k-1}$ 的和.

解 X 的分布律为

$$P\{X=k\}=pq^{k-1}\quad(k=1,2,\cdots;q=1-p),$$

则

$$E(X)=\sum_{k=1}^{\infty}kpq^{k-1}=p\sum_{k=1}^{\infty}kq^{k-1}\quad(q=1-p).$$

又

$$E(X^2)=\sum_{k=1}^{\infty}k^2pq^{k-1}=p\sum_{k=1}^{\infty}k^2q^{k-1}.$$

记

$$\begin{aligned}\varphi(q)&=\sum_{k=1}^{\infty}kq^{k-1}=\sum_{k=1}^{\infty}(q^k)'=\left(\sum_{k=1}^{\infty}q^k\right)'\\&=\left(\frac{q}{1-q}\right)'=\frac{1}{(1-q)^2}=\frac{1}{p^2},\end{aligned}$$

$$\begin{aligned}\psi(q)&=\sum_{k=1}^{\infty}k^2q^{k-1}=\sum_{k=1}^{\infty}k(q^k)'=\left(\sum_{k=1}^{\infty}kq^k\right)'=\left(q\sum_{k=1}^{\infty}kq^{k-1}\right)'\\&=[q\varphi(q)]'=\varphi(q)+q\varphi'(q)=\frac{1}{(1-q)^2}+q\left[\frac{1}{(1-q)^2}\right]'\\&=\frac{1}{(1-q)^2}+\frac{2q}{(1-q)^3}=\frac{1+q}{(1-q)^3}=\frac{2-p}{p^3},\end{aligned}$$

则

$$E(X) = p\varphi(q) = p \cdot \frac{1}{p^2} = \frac{1}{p},$$

$$E(X^2) = p\psi(q) = p \cdot \frac{2-p}{p^3} = \frac{2-p}{p^2}.$$

所以

$$D(X) = E(X^2) - [E(X)]^2 = \frac{2-p}{p^2} - \left(\frac{1}{p}\right)^2 = \frac{1-p}{p^2}.$$

例 3 设掷骰子 100 次,求出现的点数之和的数学期望与方差.

分析 这是一个利用随机变量之和求数学期望与方差的例子.

解 设 $X_i(i=1,2,\cdots,100)$表示第 i 次掷骰子出现的点数,则

$$P\{X_i = k\} = \frac{1}{6} \quad (k = 1,2,3,4,5,6).$$

于是

$$\left.\begin{aligned} E(X_i) &= \sum_{k=1}^{6} \frac{1}{6}k = \frac{7}{2}, \\ D(X_i) &= \sum_{k=1}^{6} \frac{1}{6}\left(k - \frac{7}{2}\right)^2 = \frac{35}{12} \end{aligned}\right. \quad (i = 1,2,\cdots,100).$$

由题意知 $X_1,X_2,\cdots,X_{100}$相互独立. 设 X 表示掷骰子 100 次出现的点数之和,则 $X = \sum\limits_{i=1}^{100} X_i$. 所以

$$E(X) = E\left(\sum_{i=1}^{100} X_i\right) = \sum_{i=1}^{100} E(X_i) = 100 \times \frac{7}{2} = 350,$$

$$D(X) = D\left(\sum_{i=1}^{100} X_i\right) = \sum_{i=1}^{100} D(X_i) = 100 \times \frac{35}{12} = \frac{875}{3}.$$

例 4 已知甲、乙两箱中装有同种产品,其中甲箱中装有 3 件合格品和 3 件次品;乙箱中仅装有 3 件合格品. 从甲箱中任取 3 件产品放入乙箱后,求:

(1) 乙箱中次品件数 X 的数学期望;

(2) 从乙箱中任取一件产品是次品的概率.

分析 $\{X=k\}(k=0,1,2,3)$构成一划分事件组,再由离散型随机变量的数学期望公式和全概率公式即得所求结果.

解 (1) 解法 1 X 的分布律为

$$P\{X=k\}=\frac{C_3^k C_3^{3-k}}{C_6^3}\quad(k=0,1,2,3),$$

即

X	0	1	2	3
P	1/20	9/20	9/20	1/20

故

$$\mathrm{E}(X)=0\times\frac{1}{20}+1\times\frac{9}{20}+2\times\frac{9}{20}+3\times\frac{1}{20}=\frac{30}{20}=\frac{3}{2}.$$

解法 2　设

$$X_i=\begin{cases}1, & \text{从甲箱中取出的第 } i \text{ 件产品是次品},\\ 0, & \text{从甲箱中取出的第 } i \text{ 件产品是合格品},\end{cases}$$

则 X_i 的分布律为

X_i	0	1
P	1/2	1/2

$(i=1,2,3)$.

于是 $\mathrm{E}(X_i)=\frac{1}{2}\ (i=1,2,3)$. 因为 $X=X_1+X_2+X_3$,所以

$$\begin{aligned}\mathrm{E}(X)&=\mathrm{E}(X_1+X_2+X_3)\\&=\mathrm{E}(X_1)+\mathrm{E}(X_2)+\mathrm{E}(X_3)=\frac{3}{2}.\end{aligned}$$

(2) 设 A 表示从乙箱中任取一件是次品,则

$$\begin{aligned}P(A)&=\sum_{k=0}^{3}P\{X=k\}P\{A\,|\,X=k\}\\&=\frac{1}{20}\times\frac{0}{6}+\frac{9}{20}\times\frac{1}{6}+\frac{9}{20}\times\frac{2}{6}+\frac{1}{20}\times\frac{3}{6}\\&=\frac{1}{4}.\end{aligned}$$

例 5　已知 X 服从正态分布 $N(1,2)$,Y 服从泊松分布 $P(3)$,且 X 与 Y 相互独立. 求 $\mathrm{D}(XY)$.

解　由题设知 $\mathrm{E}(X)=1,\mathrm{D}(X)=2,\mathrm{E}(Y)=3,\mathrm{D}(Y)=3$, 故

$$\begin{aligned}\mathrm{D}(XY)&=\mathrm{E}(XY)^2-[\mathrm{E}(XY)]^2\\&=\mathrm{E}(X^2)\mathrm{E}(Y^2)-[\mathrm{E}(X)]^2[\mathrm{E}(Y)]^2\\&=\{\mathrm{D}(X)+[\mathrm{E}(X)]^2\}\{\mathrm{D}(Y)+[\mathrm{E}(Y)]^2\}\end{aligned}$$

$$- [\mathrm{E}(X)]^2[\mathrm{E}(Y)]^2$$
$$= (2+1^2)(3+3^2) - 1^2 \times 3^2 = 27.$$

例 6 设随机变量 X 服从参数为 1 的指数分布，且 $Y=X+\mathrm{e}^{-2X}$. 求 $\mathrm{E}(Y)$与 $\mathrm{D}(Y)$.

分析 利用数学期望与方差的定义及性质计算.

解 由于 $X\sim e(1)$，因此 X 的概率密度为

$$f(x) = \begin{cases} \mathrm{e}^{-x}, & x > 0, \\ 0, & x \leqslant 0, \end{cases}$$

且 $\mathrm{E}(X)=1,\mathrm{D}(X)=1,\mathrm{E}(X^2)=\mathrm{D}(X)+[\mathrm{E}(X)]^2=2$. 所以

$$\begin{aligned} \mathrm{E}(Y) &= \mathrm{E}(X+\mathrm{e}^{-2X}) = \mathrm{E}(X) + \mathrm{E}(\mathrm{e}^{-2X}) \\ &= 1 + \int_{-\infty}^{+\infty} \mathrm{e}^{-2x} f(x)\mathrm{d}x = 1 + \int_{0}^{+\infty} \mathrm{e}^{-2x}\mathrm{e}^{-x}\mathrm{d}x \\ &= 1 + \frac{1}{3} = \frac{4}{3}, \end{aligned}$$

$$\begin{aligned} \mathrm{E}(Y^2) &= \mathrm{E}(X+\mathrm{e}^{-2X})^2 = \mathrm{E}(X^2) + \mathrm{E}(2X\mathrm{e}^{-2X} + \mathrm{e}^{-4X}) \\ &= 2 + \int_{-\infty}^{+\infty} (2x\mathrm{e}^{-2x} + \mathrm{e}^{-4x}) f(x)\mathrm{d}x \\ &= 2 + \int_{0}^{+\infty} (2x\mathrm{e}^{-2x} + \mathrm{e}^{-4x})\mathrm{e}^{-x}\mathrm{d}x \\ &= 2 + \frac{2}{9} + \frac{1}{5} = \frac{109}{45}, \end{aligned}$$

$$\mathrm{D}(Y) = \mathrm{E}(Y^2) - [\mathrm{E}(Y)]^2 = \frac{109}{45} - \left(\frac{4}{3}\right)^2 = \frac{29}{45}.$$

例 7 设随机变量 X 在区间$[-1,2]$上服从均匀分布；随机变量

$$Y = \mathrm{sgn}X = \begin{cases} 1, & X > 0, \\ 0, & X = 0, \\ -1, & X < 0. \end{cases}$$

求方差 $\mathrm{D}(Y)$.

解 X 的概率密度为

$$f(x) = \begin{cases} 1/3, & -1 \leqslant x \leqslant 2, \\ 0, & \text{其他}, \end{cases}$$

而

$$P\{Y=-1\}=P\{X<0\}=\int_{-1}^{0}\frac{1}{3}\mathrm{d}x=\frac{1}{3},$$

$$P\{Y=0\}=P\{X=0\}=0,$$

$$P\{Y=1\}=P\{X>0\}=\int_{0}^{2}\frac{1}{3}\mathrm{d}x=\frac{2}{3},$$

故 Y 的分布律为

Y	-1	0	1
P	$1/3$	0	$2/3$

从而

$$\mathrm{E}(Y)=-\frac{1}{3}+\frac{2}{3}=\frac{1}{3},\quad \mathrm{E}(Y^2)=\frac{1}{3}+\frac{2}{3}=1,$$

$$\mathrm{D}(Y)=\mathrm{E}(Y^2)-[\mathrm{E}(Y)]^2=1-\left(\frac{1}{3}\right)^2=\frac{8}{9}.$$

例 8 设二维随机变量(X,Y)的概率密度为

$$f(x,y)=\begin{cases}8xy, & 0\leqslant y\leqslant x,0\leqslant x\leqslant 1,\\ 0, & \text{其他}.\end{cases}$$

试求数学期望 $\mathrm{E}(X),\mathrm{E}(Y)$,方差 $\mathrm{D}(X),\mathrm{D}(Y)$, 并求 $\mathrm{E}(X+Y)^2$.

分析 这是一个基本题, 可以先求出边缘分布,再求数学期望、方差, 也可以直接由 X 与 Y 的联合分布求数学期望、方差. 这里采用后者.

解 $f(x,y)$在图 4-1 中阴影区域非零,

于是有

$$\mathrm{E}(X)=\int_0^1\left(\int_0^x x\cdot 8xy\mathrm{d}y\right)\mathrm{d}x=\frac{4}{5},$$

$$\mathrm{E}(Y)=\int_0^1\left(\int_0^x y\cdot 8xy\mathrm{d}y\right)\mathrm{d}x=\frac{8}{15},$$

$$\mathrm{E}(X^2)=\int_0^1\left(\int_0^x x^2\cdot 8xy\mathrm{d}y\right)\mathrm{d}x=\frac{2}{3},$$

$$\mathrm{E}(Y^2)=\int_0^1\left(\int_0^x y^2\cdot 8xy\mathrm{d}y\right)\mathrm{d}x=\frac{1}{3}.$$

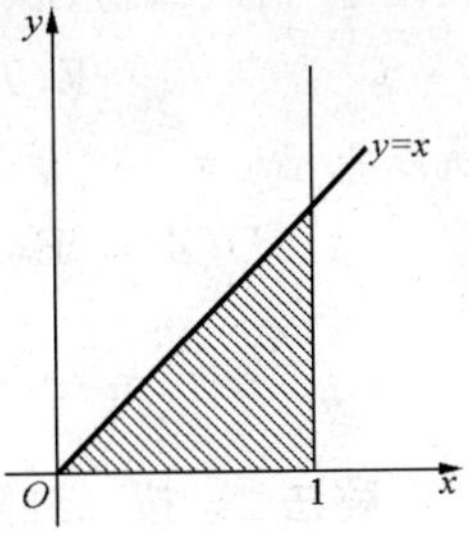

图 4-1

所以

$$D(X) = E(X^2) - [E(X)]^2 = \frac{2}{3} - \left(\frac{4}{5}\right)^2 = \frac{2}{75},$$

$$D(Y) = E(Y^2) - [E(Y)]^2 = \frac{1}{3} - \left(\frac{8}{15}\right)^2 = \frac{11}{225}.$$

又由 $E(XY) = \int_0^1 \left(\int_0^x xy \cdot 8xy\mathrm{d}y\right)\mathrm{d}x = \frac{4}{9}$，得

$$\begin{aligned} E(X+Y)^2 &= E(X^2 + 2XY + Y^2) = E(X^2) + E(Y^2) + 2E(XY) \\ &= \frac{2}{3} + \frac{1}{3} + 2 \times \frac{4}{9} = \frac{17}{9}. \end{aligned}$$

例 9 设 X,Y 是两个相互独立且同服从正态分布 $N\left(0,\frac{1}{2}\right)$ 的随机变量，$Z=|X-Y|$. 求 $E(Z)$,$D(Z)$.

解法 1 按一维随机变量处理.

因为 $X\sim N\left(0,\frac{1}{2}\right)$,$Y\sim N\left(0,\frac{1}{2}\right)$，且相互独立，故 $T=X-Y\sim N\left(0,\frac{1}{2}+\frac{1}{2}\right)$，即 $T\sim N(0,1)$，T 的概率密度为

$$\varphi(t) = \frac{1}{\sqrt{2\pi}}e^{-\frac{t^2}{2}} \quad (t\in\mathbf{R}).$$

由 $Z=|X-Y|=|T|$，有

$$\begin{aligned} E(Z) &= \int_{-\infty}^{+\infty} \frac{|t|}{\sqrt{2\pi}}e^{-\frac{t^2}{2}}\mathrm{d}t = \frac{2}{\sqrt{2\pi}}\int_0^{+\infty} te^{-\frac{t^2}{2}}\mathrm{d}t \\ &= \sqrt{\frac{2}{\pi}}\int_0^{+\infty} e^{-\frac{t^2}{2}}\mathrm{d}\left(\frac{t^2}{2}\right) = \sqrt{\frac{2}{\pi}}\left(-e^{-\frac{t^2}{2}}\right)\Big|_0^{+\infty} = \sqrt{\frac{2}{\pi}}. \end{aligned}$$

又因 $T\sim N(0,1)$，$E(T)=0$，$D(T)=1$，从而

$$E(T^2) = D(T) + [E(T)]^2 = 1,$$

所以

$$\begin{aligned} D(Z) &= E(Z^2) - [E(Z)]^2 = E(T^2) - [E(Z)]^2 \\ &= 1 - \left(\sqrt{\frac{2}{\pi}}\right)^2 = 1 - \frac{2}{\pi}. \end{aligned}$$

解法 2 按二维随机变量处理.

设 $X,Y,(X,Y)$ 的概率密度分别为 $f_X(x)$，$f_Y(y)$，$f(x,y)$. 因为 $X\sim N\left(0,\frac{1}{2}\right)$,$Y\sim N\left(0,\frac{1}{2}\right)$，且 X 与 Y 相互独立，所以

$$f_X(x)=\frac{1}{\sqrt{2\pi}\sqrt{1/2}}\mathrm{e}^{-\frac{x^2}{2\times\frac{1}{2}}}=\frac{1}{\sqrt{\pi}}\mathrm{e}^{-x^2}\quad(x\in\mathbf{R}),$$

$$f_Y(y)=\frac{1}{\sqrt{\pi}}\mathrm{e}^{-y^2}\quad(y\in\mathbf{R}),$$

$$f(x,y)=f_X(x)f_Y(y)=\frac{1}{\pi}\mathrm{e}^{-(x^2+y^2)}\quad((x,y)\in\mathbf{R}^2).$$

所以

$$\begin{aligned}\mathrm{E}(Z)=\mathrm{E}|X-Y|&=\int_{-\infty}^{+\infty}\int_{-\infty}^{+\infty}|x-y|\frac{1}{\pi}\mathrm{e}^{-(x^2+y^2)}\mathrm{d}x\mathrm{d}y\\&=\int_0^{2\pi}\int_0^{+\infty}r|\cos\theta-\sin\theta|\frac{1}{\pi}\mathrm{e}^{-r^2}r\mathrm{d}r\mathrm{d}\theta\quad(\text{取极坐标系})\\&=\left(\int_0^{2\pi}|\cos\theta-\sin\theta|\mathrm{d}\theta\right)\left(\int_0^{+\infty}\frac{1}{\pi}r^2\mathrm{e}^{-r^2}\mathrm{d}r\right)\\&=4\sqrt{2}\cdot\frac{1}{4\sqrt{\pi}}=\sqrt{\frac{2}{\pi}}.\end{aligned}$$

又因为

$$\mathrm{E}(X)=\mathrm{E}(Y)=0,\quad \mathrm{E}(XY)=\mathrm{E}(X)\mathrm{E}(Y)=0,$$

$$\mathrm{D}(X)=\mathrm{D}(Y)=\frac{1}{2},\quad \mathrm{E}(X^2)=\mathrm{D}(X)+[\mathrm{E}(X)]^2=\frac{1}{2},$$

$$\mathrm{E}(Y^2)=\mathrm{D}(Y)+[\mathrm{E}(Y)]^2=\frac{1}{2},$$

所以

$$\begin{aligned}\mathrm{E}|X-Y|^2&=\mathrm{E}(X-Y)^2=\mathrm{E}(X^2+Y^2-2XY)\\&=\mathrm{E}(X^2)+\mathrm{E}(Y^2)-2\mathrm{E}(XY)\\&=\frac{1}{2}+\frac{1}{2}-2\times0=1,\end{aligned}$$

$$\mathrm{D}(Z)=\mathrm{E}(Z^2)-[\mathrm{E}(Z)]^2=\mathrm{E}|X-Y|^2-\frac{2}{\pi}=1-\frac{2}{\pi}.$$

例 10 设由自动线加工的某种零件内径 X(单位: mm)服从正态分布 $N(\mu,1)$,小于 10 mm 或大于 12 mm 为不合格品,其余为合格品. 销售合格品获利,销售不合格品亏损. 已知销售利润 T(单位:元)与被销售零件的内径 X 有如下关系:

$$T=\begin{cases}-10, & X<10,\\ 200, & 10\leqslant X\leqslant 12,\\ -50, & X>12.\end{cases}$$

问：μ取何值时，销售一个零件的平均利润最大？

分析　因为$X\sim N(\mu,1)$，故$X-\mu\sim N(0,1)$，从而

$$P\{T=-10\}=P\{X<10\}=\Phi(10-\mu),$$

$$P\{T=200\}=P\{10\leqslant X\leqslant 12\}=\Phi(12-\mu)-\Phi(10-\mu),$$

$$P\{T=-50\}=P\{X>12\}=1-P\{X\leqslant 12\}=1-\Phi(12-\mu),$$

其中$\Phi(x)$为标准正态分布函数. 由此求得$\mathrm{E}(T)$，再求$\mathrm{E}(T)$的最大值点$\mu=\mu_0$.

解　销售一个零件的平均利润为

$$\begin{aligned}\mathrm{E}(T)&=-10P\{T=-10\}+200P\{T=200\}-50P\{T=-50\}\\&=-10\Phi(10-\mu)+200[\Phi(12-\mu)-\Phi(10-\mu)]\\&\quad-50[1-\Phi(12-\mu)]\\&=250\Phi(12-\mu)-210\Phi(10-\mu)-50,\end{aligned}$$

故有

$$\frac{\mathrm{dE}(T)}{\mathrm{d}\mu}=-250\varphi(12-\mu)+210\varphi(10-\mu),$$

其中$\varphi(x)$为标准正态分布的概率密度. 因此由$\frac{\mathrm{dE}(T)}{\mathrm{d}\mu}=0$有

$$-\frac{250}{\sqrt{2\pi}}\mathrm{e}^{-\frac{(12-\mu)^2}{2}}+\frac{210}{\sqrt{2\pi}}\mathrm{e}^{-\frac{(10-\mu)^2}{2}}=0,$$

即

$$\ln 25-\frac{(12-\mu)^2}{2}=\ln 21-\frac{(10-\mu)^2}{2},$$

得

$$\mu=11-\frac{1}{2}\ln\frac{25}{21}\approx 10.913.$$

因为

$$\begin{aligned}&\left.\frac{\mathrm{d}^2\mathrm{E}(T)}{\mathrm{d}\mu^2}\right|_{\mu=10.913}\\&=\left[\frac{-250\times(12-\mu)}{\sqrt{2\pi}}\mathrm{e}^{-\frac{(12-\mu)^2}{2}}+\frac{210\times(10-\mu)}{\sqrt{2\pi}}\mathrm{e}^{-\frac{(10-\mu)^2}{2}}\right]_{\mu=10.913}\\&<0,\end{aligned}$$

所以,当 $\mu=10.913$ mm 时，销售一个零件的平均利润最大.

例 11 设有两台同样的自动记录仪，每台无故障工作的时间是相互独立的随机变量，且均服从参数为 5 的指数分布. 首先开动其中一台，当其发生故障时停用,而另一台自行开动. 求两台记录仪无故障工作的总时间 T 的概率密度、数学期望和方差.

分析 两台记录仪无故障工作的总时间 T 是每台记录仪无故障工作时间之和,根据独立性,利用卷积公式可求得 T 的概率密度;利用数学期望和方差的性质可求得 $\mathrm{E}(T)$和 $\mathrm{D}(T)$.

解 设 X 与 Y 分别表示先后开动的记录仪无故障工作的时间,则 X 与 Y 的概率密度均为

$$f(x)=\begin{cases}5\mathrm{e}^{-5x}, & x>0,\\ 0, & x\leqslant 0.\end{cases}$$

X 与 Y 相互独立,且 $T=X+Y$,从而 T 的概率密度为

$$f_T(t)=\int_{-\infty}^{+\infty} f(x)f(t-x)\mathrm{d}x.$$

由于当 $t>x>0$ 时,被积函数不为零，其余均为零,因此

当 $t>0$ 时,

$$f_T(t)=\int_0^t 5\mathrm{e}^{-5x}\cdot 5\mathrm{e}^{-5(t-x)}\mathrm{d}x=25\mathrm{e}^{-5t}\int_0^t \mathrm{d}x=25t\mathrm{e}^{-5t};$$

当 $t\leqslant 0$ 时，$f_T(t)=0$.

故

$$f_T(t)=\begin{cases}25t\mathrm{e}^{-5t}, & t>0,\\ 0, & t\leqslant 0.\end{cases}$$

因为 $X\sim e(5)$,$Y\sim e(5)$,所以

$$\mathrm{E}(X)=\mathrm{E}(Y)=\frac{1}{5},\quad \mathrm{D}(X)=\mathrm{D}(Y)=\frac{1}{25}.$$

故

$$\mathrm{E}(T)=\mathrm{E}(X+Y)=\mathrm{E}(X)+\mathrm{E}(Y)=\frac{2}{5},$$

$$\mathrm{D}(T)=\mathrm{D}(X)+\mathrm{D}(Y)=\frac{2}{25}.$$

例 12 设 X 是具有数学期望和方差的连续型随机变量，c 是常数. 证明：

$$\mathrm{E}(cX)=c\mathrm{E}(X),\quad \mathrm{D}(cX)=c^2\mathrm{D}(X).$$

证 设 X 的概率密度为 $f(x)$，则

$$\mathrm{E}(cX)=\int_{-\infty}^{+\infty}cxf(x)\mathrm{d}x=c\int_{-\infty}^{+\infty}xf(x)\mathrm{d}x=c\mathrm{E}(X),$$

$$\mathrm{D}(cX)=\mathrm{E}[cX-\mathrm{E}(cX)]^2=c^2\mathrm{E}[X-\mathrm{E}(X)]^2=c^2\mathrm{D}(X).$$

例 13 设离散型随机变量 X 与 Y 的联合分布律为

X \ Y	-1	0	1
0	0.07	0.18	0.15
1	0.08	0.32	0.20

求 X 与 Y 的相关系数 ρ.

解 因为

$$\begin{aligned}\mathrm{E}(X)&=0\times(0.07+0.18+0.15)\\&\quad+1\times(0.08+0.32+0.20)=0.60,\\ \mathrm{E}(Y)&=(-1)\times(0.07+0.08)+0\times(0.18+0.32)\\&\quad+1\times(0.15+0.20)=0.20,\\ \mathrm{E}(XY)&=0\times(-1)\times0.07+0\times0\times0.18\\&\quad+0\times1\times0.15+1\times(-1)\times0.08\\&\quad+1\times0\times0.32+1\times1\times0.20=0.12,\end{aligned}$$

所以

$$\begin{aligned}\mathrm{cov}(X,Y)&=\mathrm{E}(XY)-\mathrm{E}(X)\mathrm{E}(Y)\\&=0.12-0.60\times0.20=0,\end{aligned}$$

从而 X 与 Y 的相关系数 $\rho=0$.

例 14 设 X,Y 为两随机变量，且已知 $\mathrm{E}(X)=2,\mathrm{E}(Y)=4$，$\mathrm{D}(X)=4,\mathrm{D}(Y)=9,\rho_{XY}=-0.5$. 求：

(1) 协方差 $\mathrm{cov}(X,Y)$；

(2) $Z=3X^2-2XY+Y^2-3$ 的数学期望；

(3) $Z=3X-Y+5$ 的方差.

解 (1) $\mathrm{cov}(X,Y)=\rho_{XY}\sqrt{\mathrm{D}(X)}\sqrt{\mathrm{D}(Y)}$

$$=-0.5\times\sqrt{4\times9}=-3;$$

(2) $\mathrm{E}(Z)=3\mathrm{E}(X^2)-2\mathrm{E}(XY)+\mathrm{E}(Y^2)-3$

$$=3\{D(X)+[E(X)]^2\}-2[\text{cov}(X,Y)+E(X)E(Y)]$$
$$+\{D(Y)+[E(Y)]^2\}-3$$
$$=3\times(4+2^2)-2\times(-3+2\times4)+(9+4^2)-3$$
$$=36;$$

(3) $D(Z)=D(3X-Y)=D(3X)+D(-Y)+2\text{cov}(3X,-Y)$
$$=9D(X)+D(Y)-6\text{cov}(X,Y)$$
$$=9\times4+9-6\times(-3)=63.$$

例 15 设二维随机变量(X,Y)的概率密度为

$$f(x,y)=\begin{cases}1/\pi, & x^2+y^2<1,\\ 0, & \text{其他}.\end{cases}$$

证明：(1) X与Y不相关；　(2) X与Y不独立.

证 关于X与Y的两个边缘概率密度分别为

$$f_X(x)=\int_{-\infty}^{+\infty}f(x,y)\mathrm{d}y=\begin{cases}\dfrac{1}{\pi}\displaystyle\int_{-\sqrt{1-x^2}}^{\sqrt{1-x^2}}\mathrm{d}y, & |x|<1,\\ 0, & |x|\geqslant 1\end{cases}$$

$$=\begin{cases}\dfrac{2\sqrt{1-x^2}}{\pi}, & |x|<1,\\ 0, & |x|\geqslant 1,\end{cases}$$

$$f_Y(y)=\int_{-\infty}^{+\infty}f(x,y)\mathrm{d}x=\begin{cases}\dfrac{1}{\pi}\displaystyle\int_{-\sqrt{1-y^2}}^{\sqrt{1-y^2}}\mathrm{d}x, & |y|<1,\\ 0, & |y|\geqslant 1\end{cases}$$

$$=\begin{cases}\dfrac{2\sqrt{1-y^2}}{\pi}, & |y|<1,\\ 0, & |y|\geqslant 1,\end{cases}$$

于是　$E(X)=\displaystyle\int_{-\infty}^{+\infty}xf_X(x)\mathrm{d}x=\int_{-1}^{1}\frac{2x\sqrt{1-x^2}}{\pi}\mathrm{d}x=0,$

同理$E(Y)=0$. 故

$$\text{cov}(X,Y)=E(XY)-E(X)E(Y)=E(XY)$$
$$=\frac{1}{\pi}\iint\limits_{x^2+y^2<1}xy\mathrm{d}x\mathrm{d}y=0.$$

从而有

(1) $\rho_{XY}=\dfrac{\operatorname{cov}(X,Y)}{\sqrt{\mathrm{D}(X)}\sqrt{\mathrm{D}(Y)}}=0$, 即 X 与 Y 不相关；

(2) $f(x,y)\neq f_X(x)f_Y(y)$, 即 X 与 Y 不独立.

例 16 设随机变量 X 的概率密度为

$$f(x)=\frac{1}{2}\mathrm{e}^{-|x|}\quad(x\in\mathbf{R}).$$

(1) 求 X 的数学期望 $\mathrm{E}(X)$和方差 $\mathrm{D}(X)$；

(2) 求 X 与$|X|$的协方差,并问：X 与$|X|$是否不相关？

(3) 问：X 与$|X|$是否相互独立？为什么？

解 (1) $\mathrm{E}(X)=\displaystyle\int_{-\infty}^{+\infty}xf(x)\mathrm{d}x=\frac{1}{2}\int_{-\infty}^{+\infty}x\mathrm{e}^{-|x|}\mathrm{d}x=0$,

$$\begin{aligned}\mathrm{D}(X)&=\mathrm{E}(X^2)-[\mathrm{E}(X)]^2=\mathrm{E}(X^2)\\&=\frac{1}{2}\int_{-\infty}^{+\infty}x^2\mathrm{e}^{-|x|}\mathrm{d}x=\int_0^{+\infty}x^2\mathrm{e}^{-x}\mathrm{d}x=2.\end{aligned}$$

(2) 由 $\mathrm{E}(X)=0$,得

$$\begin{aligned}\operatorname{cov}(X,|X|)&=\mathrm{E}\{[X-\mathrm{E}(X)][|X|-\mathrm{E}(|X|)]\}\\&=\mathrm{E}\{X[|X|-\mathrm{E}(|X|)]\}\\&=\mathrm{E}(X|X|)-\mathrm{E}(X)\mathrm{E}(|X|)=\mathrm{E}(X|X|)\\&=\int_{-\infty}^{+\infty}x|x|f(x)\mathrm{d}x=\frac{1}{2}\int_{-\infty}^{+\infty}x|x|\mathrm{e}^{-|x|}\mathrm{d}x=0,\end{aligned}$$

从而 $\rho_{X|X|}=0$,即 X 与$|X|$不相关.

(3) 由 X 的概率密度知

$$0<P\{|X|<1\}<P\{X<1\}<1,$$

所以

$$P\{X<1\}P\{|X|<1\}<P\{|X|<1\}=P\{X<1,|X|<1\},$$

即
$$P\{X<1\}P\{|X|<1\}\neq P\{X<1,|X|<1\}.$$

这说明 X 与$|X|$不独立.

【五】同步训练

A 级

1. 已知箱内装有 5 个零件,其中有 2 个次品. 每次从箱中不放

回地任取一个零件检查，直到查出全部次品为止. 求所需检查次数的数学期望.

2. 假设在奶油面包中葡萄干的颗数服从泊松分布，试问：在奶油面包中平均应含多少颗葡萄干才能使每个奶油面包中至少有一颗葡萄干的概率为 0.99？

3. 设校对某书时，在 500 页内更正了 500 个. 如果每页错字数服从泊松分布，求一页内不少于 3 个错字的概率.

4. 设某轮船在第一次航行后必须进行检修的概率为 0.4，并且在以后的两次航行中的每一次后其检修的概率各增加 0.1. 求 3 次航行后修理次数的数学期望.

5. 设自动生产线在正常调整情况下，生产出废品的概率为 p，且在出现一个废品后立即进行重新调整. 求在两次重新调整之间所生产的平均产品数.

6. 设进行逐批检查产品时对于一批产品采取如下检查方案：若检查到第 4 件仍未发现次品，则停止检查而认为这批产品质量合格；若未查到第 4 件就已发现次品，或查到第 4 件才发现次品，则立即停止检查而认为这批产品质量不合格. 设产品的次品率 p，且批量很大，因而可以认为每次检查到次品的概率都是 p. 问：平均每批产品要检查多少件？

7. 设随机变量 X,Y 相互独立，且其概率密度分别为

$$f_X(x)=\begin{cases}3x^2, & 0<x<1,\\ 0, & x\leqslant 0,x\geqslant 1,\end{cases}\qquad f_Y(y)=\begin{cases}2\mathrm{e}^{-2y}, & y>0,\\ 0, & y\leqslant 0.\end{cases}$$

求 $\mathrm{E}(XY)$.

8. 设二维随机变量 (X,Y) 的概率密度为

$$f(x,y)=\begin{cases}\dfrac{x+y}{8}, & 0<x<2,0<y<2,\\ 0, & \text{其他}.\end{cases}$$

求 X 的数学期望.

9. 填空题：

(1) 设 X 为随机变量，且 $\mathrm{E}(X)=\mu,\mathrm{D}(X)=\sigma^2$，则 $\mathrm{E}(3X+2)=$ __________，$\mathrm{D}(3X+2)=$ __________.

(2) 设随机变量 $X \sim B(100, 0.4)$，则 $\mathrm{E}(X)=$ __________，$\mathrm{D}(X)=$ ________.

(3) 设 X 为随机变量，且 $\mathrm{E}(X)=4$，$\mathrm{D}(X)=5$，则 $\mathrm{E}(X^2)=$ ________，$\mathrm{D}(-2X)=$ ________.

(4) 设 c 是常数，则 $\mathrm{E}(c+5)=$ ________，$\mathrm{D}(c+5)=$ ________.

10. 已知随机变量 X 与 Y 相互独立，且 $\mathrm{D}(X)=8$，$\mathrm{D}(Y)=4$. 求 $\mathrm{D}(2X-Y)$.

11. 设随机变量 X_1, X_2, X_3 相互独立，其中 X_1 服从 $[0,6]$ 上的均匀分布，X_2 服从正态分布 $N(0, 2^2)$，X_3 服从参数 $\lambda=3$ 的泊松分布. 记 $Y=X_1-2X_2+3X_3$，求 $\mathrm{D}(Y)$.

12. 设随机变量 X 的概率密度为

$$f(x)=\begin{cases} 1-|x|, & |x|<1, \\ 0, & \text{其他}. \end{cases}$$

试求 $\mathrm{D}(X)$.

13. 已知随机变量 X_1, X_2, X_3, X_4 相互独立，且服从同样的分布，其概率密度为

$$f(x)=\begin{cases} 1, & 0<x<1, \\ 0, & \text{其他}. \end{cases}$$

试求它们的线性组合 $\dfrac{1}{\sqrt{5}}\sum\limits_{k=1}^{4} kX_k$ 的方差.

14. 设随机变量 X 与 Y 相互独立，它们的概率密度分别为

$$f_X(x)=\begin{cases} 1, & 0<x<1, \\ 0, & \text{其他}, \end{cases} \qquad f_Y(y)=\begin{cases} \mathrm{e}^{-y}, & y>0, \\ 0, & y\leqslant 0. \end{cases}$$

试求 $X+Y$ 的数学期望和方差.

15. 设随机变量 X 的分布函数为

$$F(x)=\begin{cases} 0, & x<-1, \\ a+b\arcsin x, & -1\leqslant x<1, \\ 1, & x\geqslant 1. \end{cases}$$

试确定常数 a 及 b，并求 $\mathrm{E}(X)$ 及 $\mathrm{D}(X)$.

16. 已知 100 台收录机中有两台次品. 现从中随意取出 3 台进行检验. 试求取得次品数的期望和方差.

17. 设航海雷达的环视扫描显示器是半径为 R 的一个圆，由方位物(灯塔)反射回来的信号按均匀分布律可能用光点的形式呈现在这个圆内的任一点. 求光点中心到圆心的距离的数学期望和方差.

18. 设离散型随机变量 X 仅取二值 x_1 及 x_2，且知 $x_1<x_2$，$P\{X=x_1\}=0.6$，$\mathrm{E}(X)=1.4$，$\mathrm{D}(X)=0.24$. 试求 x_1 与 x_2.

19. 设随机变量 $X_i(i=1,2,\cdots,n)$ 相互独立，且都服从正态分布 $N(\mu,\sigma^2)$. 求证 $\frac{1}{n}\sum_{i=1}^{n}X_i\sim N\left(\mu,\frac{\sigma^2}{n}\right)$.

20. 设机器包装面包，16 个装一个盒子，标签上注明总质量为 800 g，且已知每个面包的质量服从正态分布 $N(50,5^2)$. 若一顾客买到一盒面包，问：这盒面包 (1) 少于 800 g；(2) 少于 750 g；(3) 多于 825 g 的概率分别为多少？

21. (接 20 题) (1) 假如希望改变制造过程使得面包的平均质量是这样：如果 100 个顾客中仅有一个顾客买到少于 800 g 的面包，但均方差保持不变，那么新的制造过程中，每个面包的平均质量应是多少？

(2) 如果均方差减少到 2.5 g，按(1)的条件每个面包的平均质量应是多少？

22. 设 X,Y 为两随机变量，判断下列命题的正确性：

(1) 若 $\mathrm{D}(X)=\mathrm{D}(Y)=30$，$\rho_{XY}=0.4$，则 $\mathrm{cov}(X,Y)=12$；(　　)

(2) 若 $\mathrm{D}(X)=32$，$\mathrm{D}(Y)=23$，则 $\mathrm{D}(X+Y)=55$.　　(　　)

23. 设随机变量 X 与 Y 相互独立，$X\sim N(0,1)$，$Y\sim N(1,2)$. 记 $Z=X+2Y$，求 X 与 Z 的协方差和相关系数.

24. 设随机变量 X 与 Y 的相关系数为 0.5，且 $\mathrm{E}(X)=\mathrm{E}(Y)=0$，$\mathrm{E}(X^2)=\mathrm{E}(Y^2)=2$. 求 $\mathrm{E}(X+Y)^2$.

B　级

1. 假设随机变量 X 服从柯西分布，其概率密度为

$$f(x)=\frac{1}{\pi(1+x^2)}\quad(x\in\mathbf{R}).$$

求 $\mathrm{E}(\min\{|X|,1\})$.

2. 设某产品的次品率为 0.1. 检验员每天检验 4 次，每次随机地取 10 件产品进行检验，如发现其中的次品数多于 1，就去调整设备. 以 X 表示一天中调整设备的次数，试求 $\mathrm{E}(X)$. (设诸产品是否为次品是相互独立的)

3. 设有 3 个球，4 个盒子，盒子的编号为 1，2，3，4. 将球逐个独立随机地放入 4 个盒子中去，以 X 表示其中至少有一个球的盒子的最小号码(例如 $X=3$ 表示第 1 号和第 2 号盒子是空的，第 3 号盒子至少有一个球). 试求 $\mathrm{E}(X)$.

4. 设随机变量 X 的分布律为

$$P\left\{X=(-1)^{j+1}\frac{3^j}{j}\right\}=\frac{2}{3^j}\quad(j=1,2,\cdots).$$

说明 X 的数学期望不存在.

5. 设在某一规定的时间间隔里，某电器设备用于最大负荷的时间 X(单位：min)是一个随机变量，其概率密度为

$$f(x)=\begin{cases}\dfrac{1}{1500^2}x, & 0\leqslant x\leqslant 1500,\\ \dfrac{-1}{1500^2}(x-3000), & 1500<x\leqslant 3000,\\ 0, & \text{其他}.\end{cases}$$

求 $\mathrm{E}(X)$.

6. 已知一微波线路有两个中间站，其中任何一个出现故障都要引起线路故障. 假设两个中间站无故障工作的时间都服从指数分布，平均无故障工作的时间分别为 1 和 0.5(单位：kh). 试求线路无故障工作时间 X 的数学期望.

7. 设随机变量 X 的概率密度为 $f(x)=\begin{cases}\mathrm{e}^{-x}, & x>0,\\ 0, & x\leqslant 0.\end{cases}$ 求：

(1) $Y=2X$ 的数学期望；　　(2) $Y=\mathrm{e}^{-2X}$ 的数学期望.

8. 设二维随机变量 (X,Y) 的分布律为

Y \ X	1	2	3
-1	0.2	0.1	0
0	0.1	0	0.3
1	0.1	0.1	0.1

(1) 求 $E(X), E(Y)$；　　(2) 设 $Z=(X-Y)^2$，求 $E(Z)$.

9. 设二维随机变量 (X,Y) 的概率密度为

$$f(x,y)=\begin{cases}12y^2, & 0\leqslant y\leqslant x\leqslant 1,\\ 0, & \text{其他}.\end{cases}$$

求 $E(X), E(Y), E(XY)$.

10. 设一工厂生产的某种设备的寿命 X（单位：年）服从指数分布，概率密度为

$$f(x)=\begin{cases}\dfrac{1}{4}e^{-\frac{x}{4}}, & x>0,\\ 0, & x\leqslant 0.\end{cases}$$

工厂规定，出售的设备若在售出一年之内损坏可予以调换. 若工厂售出一台设备赢利 100 元，调换一台设备厂方需花费 300 元，试求厂方出售一台设备净赢利的数学期望.

11. 设独立地重复进行某项试验，直到成功为止. 假设每次试验成功的概率为 p，前 5 次试验每次的试验费用为 10 元，从第 6 次起每次的试验费用为 5 元. 试求这项试验的总费用的期望值 a.

12. 假设随机变量 $X_1, X_2, \cdots, X_m$ 相互独立，各分别以概率 p 和 q 取 1 和 -1 为值 $(p+q=1)$. 求随机变量 $Y=X_1X_2\cdots X_m$ 的概率分布.

13. 设随机变量 X_1, X_2 的概率密度分别为

$$f_1(x)=\begin{cases}2e^{-2x}, & x>0,\\ 0, & x\leqslant 0,\end{cases}\qquad f_2(x)=\begin{cases}4e^{-4x}, & x>0,\\ 0, & x\leqslant 0.\end{cases}$$

(1) 求 $E(X_1+X_2), E(2X_1-3X_2^2)$；

(2) 又设 X_1, X_2 相互独立，求 $E(X_1X_2)$.

14. 设将 n 个球（$1\sim n$ 号）随机地放进 n 个盒子（$1\sim n$ 号）中去，一个盒子装一个球. 若一个球装入与球同号的盒子中，称为一个配对，记 X 为总的配对数，求 $E(X)$.

15. 设有 n 把看上去样子相同的钥匙，其中只有一把能打开门上的锁. 用它们去试开门上的锁，设取到每只钥匙是等可能的. 若每把钥匙试开一次后除去，求试开次数 X 的数学期望.

16. 已知随机变量 X 的分布函数为

$$F(x)=\begin{cases}0, & x<-1,\\ 0.25, & -1\leqslant x<0,\\ 0.75, & 0\leqslant x<1,\\ 1, & x\geqslant 1.\end{cases}$$

试求 $D\left(\dfrac{X}{1+X^2}\right)$.

17. 设 X 为随机变量，c 是常数，证明：对于 $c\neq E(X)$，

$$D(X)<E(X-c)^2.$$

(由于 $D(X)=E[X-E(X)]^2$,因此上式表明 $E(X-c)^2$ 当 $c=E(X)$ 时取到最小值)

18. 设随机变量 X 服从瑞利分布,其概率密度为

$$f(x)=\begin{cases}\dfrac{x}{\sigma^2}e^{-\frac{x^2}{2\sigma^2}}, & x>0,\\ 0, & x\leqslant 0,\end{cases}$$

其中 $\sigma>0$ 是常数. 求 $E(X)$,$D(X)$.

19. 设随机变量 X 服从 Γ 分布,其概率密度为

$$f(x)=\begin{cases}\dfrac{1}{\beta^{\alpha}\Gamma(\alpha)}x^{\alpha-1}e^{-\frac{x}{\beta}}, & x>0,\\ 0, & x\leqslant 0,\end{cases}$$

其中 $\alpha>0,\beta>0$ 是常数. 求 $E(X)$,$D(X)$.

20. 设长方形的高(单位：m)$X\sim U(0,2)$,且已知长方形的周长为 20 m. 求长方形面积 A 的数学期望和方差.

21. (1) 设随机变量 X_1,X_2,X_3,X_4 相互独立，且有 $E(X_i)=i$，$D(X_i)=5-i(i=1,2,3,4)$. 记 $Y=2X_1-X_2+3X_3-\frac{1}{2}X_4$,求 $E(Y)$，$D(Y)$.

(2) 设随机变量 X,Y 相互独立，且 $X\sim N(720,30^2)$,$Y\sim N(640,25^2)$. 求 $Z_1=2X+Y$,$Z_2=X-Y$ 的分布,并求 $P\{X>Y\}$，$P\{X+Y>1400\}$.

22. 设有 5 家商店联营,它们每两周售出的某种农产品量(单位：kg)分别为 X_1,X_2,X_3,X_4,X_5. 已知

$$X_1\sim N(200,225),\quad X_2\sim N(240,240),$$

$X_3 \sim N(180,225)$， $X_4 \sim N(260,265)$， $X_5 \sim N(320,270)$，且 X_1, X_2, X_3, X_4, X_5 相互独立.

(1) 求 5 家商店两周的总销售量的均值和方差；

(2) 商店每隔两周进货一次，为了使新的供货到达商店前不会脱销的概率大于 0.99，问：商店的仓库应至少储存多少该产品？

23. 设用卡车装运水泥，每袋水泥的质量 X(单位：kg)服从正态分布 $N(50, 2.5^2)$. 问：最多装多少袋水泥使总的质量超过 2000 kg 的概率不大于 0.05？

24. 假设随机变量 $X_1, X_2, \cdots, X_n$ 相互独立，且都有有穷方差. 令

$$Y_n = a_1 X_1 + a_2 X_2 + \cdots + a_n X_n,$$

其中 $a_i \geqslant 0 (i=1,2,\cdots,n)$，$a_1 + a_2 + \cdots + a_n = 1$. 问：$a_1, a_2, \cdots, a_n$ 取何值时 $\mathrm{D}(Y_n)$ 取最小值？求出 $\mathrm{D}(Y_n)$ 的最小值.

25. 设二维随机变量 (X,Y) 的分布律为

$Y \backslash X$	-1	0	1
-1	$1/8$	$1/8$	$1/8$
0	$1/8$	0	$1/8$
1	$1/8$	$1/8$	$1/8$

验证：X 和 Y 是不相关的，但 X 和 Y 不是相互独立的.

26. 设 A 和 B 是试验 E 的两个事件，且 $P(A) > 0$，$P(B) > 0$. 定义随机变量 X, Y 如下：

$$X = \begin{cases} 1, & \text{若 } A \text{ 发生}, \\ 0, & \text{若 } A \text{ 不发生}, \end{cases} \qquad Y = \begin{cases} 1, & \text{若 } B \text{ 发生}, \\ 0, & \text{若 } B \text{ 不发生}. \end{cases}$$

证明：若 $\rho_{XY} = 0$，则 X 和 Y 必定相互独立.

27. 设二维随机变量 (X,Y) 具有概率密度

$$f(x,y) = \begin{cases} 1, & |y| < x, 0 < x < 1, \\ 0, & \text{其他}. \end{cases}$$

求 $\mathrm{E}(X)$，$\mathrm{E}(Y)$，$\mathrm{cov}(X,Y)$.

28. 设随机变量 $X \sim N(\mu, \sigma^2)$，$Y \sim N(\mu, \sigma^2)$，且 X, Y 相互独立. 试求 $Z_1 = \alpha X + \beta Y$ 和 $Z_2 = \alpha X - \beta Y$ 的相关系数(其中 α, β 是不为零

的常数).

29. (1) 设 X,Y 为两随机变量，$W=(aX+3Y)^2$，$\mathrm{E}(X)=\mathrm{E}(Y)=0$，$\mathrm{D}(X)=4$，$\mathrm{D}(Y)=16$，$\rho_{XY}=-0.5$. 求常数 a 使 $\mathrm{E}(W)$ 为最小，并求 $\mathrm{E}(W)$ 的最小值.

(2) 设二维随机变量 (X,Y) 服从二维正态分布，且 $\mathrm{D}(X)=\sigma_X^2$，$\mathrm{D}(Y)=\sigma_Y^2$. 证明：当 $a^2=\dfrac{\sigma_X^2}{\sigma_Y^2}$ 时，随机变量 $W=X-aY$ 与 $V=X+aY$ 相互独立.

30. 设二维随机变量 (X,Y) 服从二维正态分布，且 $X\sim N(0,3)$，$Y\sim N(0,4)$，相关系数 $\rho_{XY}=-\dfrac{1}{4}$. 试写出 X 和 Y 的联合概率密度.

31. 对于两个随机变量 V,W，若 $\mathrm{E}(V^2)$，$\mathrm{E}(W^2)$ 存在，证明：

$$[\mathrm{E}(VW)]^2\leqslant \mathrm{E}(V^2)\mathrm{E}(W^2).$$

这一不等式称为**柯西-施瓦兹**(Cauchy-Schwarz)**不等式**.

学习札记

学习札记

专题五　大数定律及中心极限定理

【一】内容提要

1. 契比雪夫大数定律

设随机变量 $X_1,X_2,\cdots,X_n,\cdots$ 相互独立，且具有相同的数学期望和方差：$E(X_i)=\mu, D(X_i)=\sigma^2 (i=1,2,\cdots)$. 作前 n 个随机变量的算术平均 $\overline{X}=\frac{1}{n}\sum_{i=1}^{n}X_i$，则对于任意正数 ε，有

$$\lim_{n\to\infty}P\{|\overline{X}-\mu|<\varepsilon\}=\lim_{n\to\infty}P\left\{\left|\frac{1}{n}\sum_{i=1}^{n}X_i-\mu\right|<\varepsilon\right\}=1.$$

2. 伯努利大数定律

设 n_A 是 n 次独立重复试验中事件 A 发生的频数，p 是事件 A 在每次试验中发生的概率，则对于任意正数 ε，有

$$\lim_{n\to\infty}P\left\{\left|\frac{n_A}{n}-p\right|<\varepsilon\right\}=1 \quad 或 \quad \lim_{n\to\infty}P\left\{\left|\frac{n_A}{n}-p\right|\geqslant\varepsilon\right\}=0.$$

3. 辛钦大数定律

设随机变量 $X_1,X_2,\cdots,X_n,\cdots$ 相互独立，服从同一分布，且具有数学期望 $E(X_i)=\mu (i=1,2,\cdots)$，则对于任意正数 ε，有

$$\lim_{n\to\infty}P\left\{\left|\frac{1}{n}\sum_{i=1}^{n}X_i-\mu\right|<\varepsilon\right\}=1.$$

4. 独立同分布的中心极限定理

设随机变量 $X_1,X_2,\cdots,X_n,\cdots$ 相互独立，服从同一分布，且具有相同的数学期望和方差：$E(X_i)=\mu, D(X_i)=\sigma^2 (i=1,2,\cdots)$，则随机变量之和 $\sum_{i=1}^{n}X_i$ 的标准化变量

$$Y_n = \frac{\sum_{i=1}^{n} X_i - \mathrm{E}\left(\sum_{i=1}^{n} X_i\right)}{\sqrt{\mathrm{D}\left(\sum_{i=1}^{n} X_i\right)}} = \frac{\sum_{i=1}^{n} X_i - n\mu}{\sqrt{n}\,\sigma}$$

的分布函数 $F_n(x)$ 对于任意 x 满足：

$$\lim_{n\to\infty} F_n(x) = \lim_{n\to\infty} P\left\{\frac{\sum_{i=1}^{n} X_i - n\mu}{\sqrt{n}\,\sigma} \leqslant x\right\}$$

$$= \int_{-\infty}^{x} \frac{1}{\sqrt{2\pi}} \mathrm{e}^{-t^2/2} \mathrm{d}t = \Phi(x).$$

5. 李雅普诺夫定理

设随机变量 $X_1, X_2, \cdots, X_n, \cdots$ 相互独立，且具有数学期望和方差：$\mathrm{E}(X_i) = \mu_i, \mathrm{D}(X_i) = \sigma_i^2 > 0 (i = 1, 2, \cdots)$. 记 $B_n^2 = \sum_{i=1}^{n} \sigma_i^2$. 若存在正数 δ，使得当 $n \to \infty$ 时，

$$\frac{1}{B_n^{2+\delta}} \sum_{i=1}^{n} \mathrm{E}(|X_i - \mu_i|^{2+\delta}) \to 0,$$

则随机变量之和 $\sum_{i=1}^{n} X_i$ 的标准化变量

$$Z_n = \frac{\sum_{i=1}^{n} X_i - \mathrm{E}\left(\sum_{i=1}^{n} X_i\right)}{\sqrt{\mathrm{D}\left(\sum_{i=1}^{n} X_i\right)}} = \frac{\sum_{i=1}^{n} X_i - \sum_{i=1}^{n} \mu_i}{B_n}$$

的分布函数 $F_n(x)$ 对于任意 x 满足：

$$\lim_{n\to\infty} F_n(x) = \lim_{n\to\infty} P\left\{\frac{\sum_{i=1}^{n} X_i - \sum_{i=1}^{n} \mu_i}{B_n} \leqslant x\right\}$$

$$= \int_{-\infty}^{x} \frac{1}{\sqrt{2\pi}} \mathrm{e}^{-t^2/2} \mathrm{d}t = \Phi(x).$$

6. 棣莫弗-拉普拉斯定理

设随机变量 $\eta_n(n=1,2,\cdots)$服从参数为 $n,p(0<p<1)$的二项分布,则对于任意 x,有

$$\lim_{n\to\infty}P\left\{\frac{\eta_n-np}{\sqrt{np(1-p)}}\leqslant x\right\}=\int_{-\infty}^{x}\frac{1}{\sqrt{2\pi}}\mathrm{e}^{-t^2/2}\mathrm{d}t=\Phi(x).$$

7. 随机变量序列依概率收敛的概念及性质

设 $Y_1,Y_2,\cdots,Y_n,\cdots$是一个随机变量序列,$a$ 是一个常数.若对于任意正数 ε,有

$$\lim_{n\to\infty}P\{|Y_n-a|<\varepsilon\}=1,$$

则称序列 $Y_1,Y_2,\cdots,Y_n,\cdots$依概率收敛于 a,记为 $Y_n\xrightarrow{P}a$.

依概率收敛的序列具有以下性质:

设随机变量序列 $X_n\xrightarrow{P}a,Y_n\xrightarrow{P}b$,又设函数 $g(x,y)$在点(a,b)处连续,则

$$g(X_n,Y_n)\xrightarrow{P}g(a,b).$$

【二】基本要求

1. 理解随机变量序列依概率收敛的含义.
2. 了解契比雪夫大数定律、伯努利大数定律及辛钦大数定律.
3. 了解独立同分布的中心极限定理、李雅普诺夫定理、棣莫弗-拉普拉斯定理,并会用中心极限定理的结论做概率的近似计算.

【三】释疑解难

1. 如何理解随机变量序列依概率收敛的概念?

答 设随机变量序列 $Y_n\xrightarrow{P}a$,由收敛的定义知,对任意的 $\varepsilon>0$,n 充分大时的 Y_n 几乎以 100%的概率在区间$(a-\varepsilon,a+\varepsilon)$内取值.换句话说,对任意的正数 ε(不论 ε 多小),只要 n 充分大,Y_n 在$(a-\varepsilon,a+\varepsilon)$内取值的概率可以充分大.

2. 大数定律的基础是什么？

答 许多大数定律都是以契比雪夫不等式为基础的，利用该不等式可以证明很多大数定律.

3. 伯努利大数定律的意义是什么？

答 伯努利大数定律的含义是：当试验次数充分大时，事件发生的频率几乎以概率 1 取值在该事件发生的概率邻近. 因此伯努利大数定律为概率的统计性定义的正确性提供了理论保证，并在实际应用中，为以频率代替概率的可靠性提供了保证.

4. 在"内容提要"中所述三个大数定律本质上是什么结论？

答 其本质结论是：在满足定律条件下，当 n 充分大时，随机变量序列的算术平均值几乎是一个常数，这个数就是它的数学期望.

5. 中心极限定理的意义是什么？

答 一般地，n 个随机变量和的分布是很难确定的，因此概率 $P\left\{\left|\frac{1}{n}\sum_{i=1}^{n}X_i-\mu\right|\leqslant\varepsilon\right\}$ 难以计算，而中心极限定理指出当 n 充分大时 $\frac{1}{n}\sum_{i=1}^{n}X_i$ 近似服从正态分布，从而使

$$P\left\{\left|\frac{1}{n}\sum_{i=1}^{n}X_i-\mu\right|\leqslant\varepsilon\right\}\approx 2\Phi\left(\frac{\sqrt{n}\,\varepsilon}{\sigma}\right)-1,$$

其中 $\Phi(x)$ 是标准正态分布的分布函数，$\sigma=\sqrt{\mathrm{D}(X_i)}\,(i=1,2,\cdots,n,\cdots)$.

6. 中心极限定理的结论有哪些表述形式？

答 (1) 独立同分布的中心极限定理：当 n 充分大时，近似地有：

① $\dfrac{\sum_{i=1}^{n}X_i-n\mu}{\sqrt{n}\,\sigma}\sim N(0,1)$；

② $\dfrac{\frac{1}{n}\sum_{i=1}^{n}X_i-\mu}{\sigma/\sqrt{n}}\sim N(0,1)$；

③ $\frac{1}{n}\sum_{i=1}^{n}X_i\sim N\left(\mu,\frac{\sigma^2}{n}\right)$.

(2) 李雅普诺夫定理：当 n 充分大时，近似地有：

① $Z_n=\dfrac{\sum\limits_{i=1}^{n}X_i-\sum\limits_{i=1}^{n}\mu_i}{B_n}\sim N(0,1)$；

② $\sum\limits_{i=1}^{n}X_i = B_nZ_n + \sum\limits_{i=1}^{n}\mu_i \sim N\left(\sum\limits_{i=1}^{n}\mu_i, B_n^2\right)$.

这里符号的意义及满足的条件同“内容提要”中相应的中心极限定理.

7. 如何使用中心极限定理?

答 设 Y 为随机变量，用中心极限定理计算 $P\{a<Y\leqslant b\}$，关键需将 Y 看做 n 个随机变量 $X_i(i=1,2,\cdots,n)$的和，在满足定理条件下算出 $\mathrm{E}(X_i)$及 $\mathrm{D}(X_i)$就可以利用中心极限定理计算 $P\{a<Y\leqslant b\}$.

8. 服从二项分布的随机变量其概率近似计算有什么方法?

答 设随机变量 $Y\sim B(n,p)$，则

(1) 当 n 很大，而 $np<10$ 时，可用泊松分布近似计算概率 $P\{a<Y\leqslant b\}$；

(2) 当 n 很大，而 p 不是很小时，可用棣莫弗-拉普拉斯定理近似计算概率 $P\{a<Y\leqslant b\}$.

【四】方法指导

例 1 设 $X_1,X_2,\cdots,X_n,\cdots$ 是独立同分布的随机变量序列，且 $\mathrm{E}(X_i)=\mu,\mathrm{D}(X_i)=\sigma^2(i=1,2,\cdots)$存在. 令

$$Y_n = \frac{2}{n(n+1)}\sum_{i=1}^{n}iX_i \quad (n=1,2,\cdots).$$

证明随机变量序列$\{Y_n\}$依概率收敛于 μ.

分析 契比雪夫不等式是大数定律的基础，常用此不等式证明依概率收敛问题.

证 因为

$$\mathrm{E}(Y_n)=\frac{2}{n(n+1)}\sum_{i=1}^{n}i\mathrm{E}(X_i) = \frac{2\mu}{n(n+1)}\sum_{i=1}^{n}i = \mu,$$

$$\begin{aligned} D(Y_n) &= \frac{4}{n^2(n+1)^2}\sum_{i=1}^{n} i^2 D(X_i) \\ &= \frac{4\sigma^2}{n^2(n+1)^2}\cdot\frac{n(n+1)(2n+1)}{6} \\ &= \frac{2(2n+1)\sigma^2}{3n(n+1)}, \end{aligned}$$

所以由契比雪夫不等式知，对任意的正数 ε，有

$$\begin{aligned} P\{|Y_n - E(Y_n)| \geqslant \varepsilon\} &= P\{|Y_n - \mu| \geqslant \varepsilon\} \\ &\leqslant \frac{D(Y_n)}{\varepsilon^2} = \frac{2(2n+1)\sigma^2}{3n(n+1)\varepsilon^2} \to 0 \quad (n \to \infty), \end{aligned}$$

即 $P\{|Y_n-\mu|<\varepsilon\}\geqslant 1-\dfrac{2(2n+1)\sigma^2}{3n(n+1)\varepsilon^2}\to 1(n\to\infty)$. 所以 $Y_n \xrightarrow{P} \mu$.

例 2 设$\{\xi_n\}$为一列独立同分布的随机变量，其概率密度为

$$f(x) = \begin{cases} 1/\beta, & 0 < x < \beta, \\ 0, & \text{其他}, \end{cases}$$

其中 $\beta>0$ 为常数. 令 $\eta_n=\max\{\xi_1,\xi_2,\cdots,\xi_n\}$，试证 $\eta_n \xrightarrow{P} \beta(n\to\infty)$.

分析 容易求出 η_n 的分布函数，由此计算出 $P\{|\eta_n-\beta|>\varepsilon\}$，从而说明结论.

证 对任意 n，显然 η_n 只有在$(0,\beta)$内取值时概率非零.

当 $x\leqslant 0$ 时，$P\{\eta_n\leqslant x\}=0$;

当 $0<x<\beta$ 时，

$$\begin{aligned} P\{\eta_n \leqslant x\} &= P\{\xi_1 \leqslant x, \xi_2 \leqslant x, \cdots, \xi_n \leqslant x\} \\ &= \prod_{i=1}^{n} P\{\xi_i \leqslant x\} = \prod_{i=1}^{n}\int_0^x \frac{1}{\beta}dx = \left(\frac{x}{\beta}\right)^n; \end{aligned}$$

当 $x\geqslant\beta$ 时，$P\{\eta_n\leqslant x\}=1$.

因此，对任意 $\varepsilon>0(\varepsilon<\beta)$有

$$\begin{aligned} P\{|\eta_n - \beta| > \varepsilon\} &= P\{\eta_n < \beta - \varepsilon\} \\ &= \left(\frac{\beta-\varepsilon}{\beta}\right)^n \to 0 \quad (n \to \infty). \end{aligned}$$

所以 $\eta_n \xrightarrow{P} \beta$.

例 3 设$\{X_n\}$为相互独立的随机变量序列，且 $P\{X_n=\pm 2^n\}=$

$\frac{1}{2^{2n+1}}$，$P\{X_n=0\}=1-\frac{1}{2^{2n}}$ $(n=1,2,\cdots)$. 证明$\{X_n\}$服从大数定律.

分析 要证 $\lim\limits_{n\to\infty}P\{|Y_n-\mathrm{E}(Y_n)|<\varepsilon\}=1$，其中

$$Y_n=\frac{1}{n}\sum_{i=1}^{n}X_i \quad (n=1,2,\cdots),$$

注意到 Y_n 的数学期望及方差可计算，用契比雪夫不等式即可证明.

证 对 $n=1,2,\cdots$有

$$\mathrm{E}(X_n)=2^n\times\frac{1}{2^{2n+1}}-2^n\times\frac{1}{2^{2n+1}}+0\times\left(1-\frac{1}{2^{2n}}\right)=0,$$

$$\begin{aligned}\mathrm{D}(X_n)&=\mathrm{E}(X_n^2)-[\mathrm{E}(X_n)]^2\\&=2^{2n}\times\frac{1}{2^{2n+1}}+2^{2n}\times\frac{1}{2^{2n+1}}+0\times\left(1-\frac{1}{2^{2n}}\right)=1.\end{aligned}$$

令 $Y_n=\frac{1}{n}\sum\limits_{i=1}^{n}X_i(n=1,2,\cdots)$，则

$$\mathrm{E}(Y_n)=0,\quad \mathrm{D}(Y_n)=\frac{1}{n}.$$

对于任意 $\varepsilon>0$，由契比雪夫不等式知

$$P\{|Y_n-\mathrm{E}(Y_n)|<\varepsilon\}\geqslant 1-\frac{1}{n\varepsilon^2},$$

故有 $\lim\limits_{n\to\infty}P\{|Y_n-\mathrm{E}(Y_n)|<\varepsilon\}=1$，即$\{X_n\}$服从大数定律.

例 4 设 $X_1,X_2,\cdots,X_n,\cdots$是相互独立且同服从$[a,b]$上均匀分布的随机变量，$g(x)$是$[a,b]$上的连续函数. 试证：

$$\frac{b-a}{n}\sum_{i=1}^{n}g(X_i)\xrightarrow{P}\int_a^b g(x)\mathrm{d}x.$$

分析 注意到 $\frac{1}{n}(b-a)\sum\limits_{i=1}^{n}g(X_i)$ 为算术平均值，$\int_a^b g(x)\mathrm{d}x$ 为该平均值的数学期望，用辛钦大数定律可以证明.

证 由题设知 $g(X_1),g(X_2),\cdots,g(X_n)$是相互独立同分布随机变量.

因 $X_i(i=1,2,\cdots)$的概率密度为

$$f(x)=\begin{cases}\frac{1}{b-a}, & a<x<b,\\ 0, & 其他,\end{cases}$$

所以

$$\mathrm{E}[(b-a)g(X_i)]=\int_{-\infty}^{+\infty}(b-a)g(x)f(x)\mathrm{d}x=\int_a^b g(x)\mathrm{d}x.$$

因此，由辛钦大数定律有

$$\frac{b-a}{n}\sum_{i=1}^{n}g(X_i)\xrightarrow{P}\int_a^b g(x)\mathrm{d}x.$$

例 5 设 $X_1,X_2,\cdots,X_n,\cdots$ 为相互独立的随机变量序列，且有

$$P\{X_i=\sqrt{\ln i}\}=P\{X_i=-\sqrt{\ln i}\}=\frac{1}{2}\quad(i=1,2,\cdots).$$

试证此随机变量序列满足大数定律.

分析 要证

$$\lim_{n\to\infty}P\left\{\left|\frac{1}{n}\sum_{i=1}^{n}X_i-\frac{1}{n}\sum_{i=1}^{n}\mathrm{E}(X_i)\right|\geqslant\varepsilon\right\}=0,$$

注意到 X_i 的分布为已知，由此可计算 $\frac{1}{n}\sum_{i=1}^{n}X_i$ 的数学期望及方差，从而可利用契比雪夫不等式证明.

证 令 $\overline{X}=\frac{1}{n}\sum_{i=1}^{n}X_i$. 因为

$$\mathrm{E}(X_i)=\sqrt{\ln i}\times\frac{1}{2}+(-\sqrt{\ln i})\times\frac{1}{2}=0,$$

$$\mathrm{D}(X_i)=(\sqrt{\ln i})^2\times\frac{1}{2}+(-\sqrt{\ln i})^2\times\frac{1}{2}-0=\ln i$$

$$(i=1,2,\cdots),$$

所以

$$\mathrm{E}(\overline{X})=\frac{1}{n}\sum_{i=1}^{n}X_i=0,$$

$$\mathrm{D}(\overline{X})=\frac{1}{n^2}\sum_{i=1}^{n}\mathrm{D}(X_i)=\frac{1}{n^2}(\ln 1+\ln 2+\cdots+\ln n)<\frac{1}{n^2}n\ln n.$$

由契比雪夫不等式，对任意 $\varepsilon>0$，有

$$P\{|\overline{X}-\mathrm{E}(\overline{X})|\geqslant\varepsilon\}\leqslant\frac{\mathrm{D}(\overline{X})}{\varepsilon^2}\leqslant\frac{\ln n}{\varepsilon^2 n},$$

所以 $$\lim_{n\to\infty}P\left\{\frac{1}{n}\sum_{i=1}^{n}X_i-\frac{1}{n}\sum_{i=1}^{n}\mathrm{E}(X_i)\geqslant\varepsilon\right\}=0.$$

例 6 设 n 次伯努利实验中，每次实验事件 A 出现的概率均为 0.70. 要使事件 A 出现的频率在 0.68 到 0.72 之间的概率不小于 0.90，问：至少要进行多少次实验？

分析 设 μ_n 为 n 次试验中事件 A 发生的次数，$\frac{\mu_n}{n}$ 即为频率. 问题为求适当的 n，使 $P\left\{0.68<\frac{\mu_n}{n}<0.72\right\}\geqslant 0.90$.

解 由契比雪夫不等式有

$$\begin{aligned}P\left\{0.68<\frac{\mu_n}{n}<0.72\right\}&=P\{0.68n<\mu_n<0.72n\}\\&=P\{0.68n-0.70n<\mu_n-0.70n<0.72n-0.70n\}\\&=P\{|\mu_n-0.70n|<0.02n\}\geqslant 1-\frac{D(\mu_n)}{(0.02n)^2}\\&=1-\frac{0.21n}{(0.02n)^2}=1-\frac{525}{n}\end{aligned}$$

（注：$D(\mu_n)=np(1-p)=n\times 0.70(1-0.70)=0.21n$）.

欲使 $P\left\{0.68<\frac{\mu_n}{n}<0.72\right\}\geqslant 0.90$，只要 $1-\frac{525}{n}\geqslant 0.90$，解得 $n\geqslant 5250$，即至少要进行 5250 次试验才能满足要求.

例 7 设某种产品的废品率为 0.01. 现从一大批这种产品中任取 500 件，求其中正好有 5 件废品的概率.

分析 设抽得产品的废品数为 X，则易知 $X\sim B(500,0.01)$. 要求 $P\{X=5\}$，可以由分布结论求解.

解法 1 用二项分布计算：

$$P\{X=5\}=C_{500}^{5}\times 0.01^{5}\times 0.99^{495}\approx 0.1764.$$

解法 2 用泊松分布计算：

$$P\{X=5\}\approx\frac{\lambda^5 e^{-\lambda}}{5!}\approx\frac{5^5 e^{-5}}{5!}\approx 0.1755.$$

解法 3 用中心极限定理计算：

$$E(X)=np=5,\quad D(X)=np(1-p)=4.95,$$

$$P\{X=5\}\approx\frac{1}{\sqrt{2\pi\times 4.95}}e^{-\frac{(5-5)^2}{2\times 4.95}}\approx 0.1793.$$

注 解法 1 的结果计算较繁,解法 2 和解法 3 的结果计算较简单.

例 8 设有一大批种子,其中良种占$\frac{1}{6}$.现从中任取 6000 粒,试估算这 6000 粒种子中良种所占的比例与 $\frac{1}{6}$ 之差的绝对值不超过 0.01 的概率.

分析 设这 6000 粒种子中良种数为 X,则 $X \sim B\left(6000, \frac{1}{6}\right)$.用此分布可以计算所求的概率 $P\left\{\left|\frac{X}{6000}-\frac{1}{6}\right|<\frac{1}{100}\right\}$.

解法 1 用契比雪夫不等式估算.

据上述分析有

$$\mathrm{E}(X) = np = 6000 \times \frac{1}{6} = 1000,$$

$$\mathrm{D}(X) = np(1-p) = 6000 \times \frac{1}{6} \times \frac{5}{6} = \frac{5}{6} \times 1000.$$

由契比雪夫不等式有

$$P\left\{\left|\frac{X}{6000} - \frac{1}{6}\right| < \frac{1}{100}\right\} = P\{|X - 1000| < 60\} \geqslant 1 - \frac{\mathrm{D}(X)}{60^2},$$

而

$$1 - \frac{\mathrm{D}(X)}{60^2} = 1 - \frac{5}{6} \times 1000 \times \frac{1}{3600} = 1 - 0.2315 = 0.7685,$$

所以所求概率不小于 0.7685.

解法 2 用棣莫弗-拉普拉斯中心定理估算:

$$\begin{aligned} P\left\{\left|\frac{X}{6000} - \frac{1}{6}\right| < \frac{1}{100}\right\} &= P\{|X - 1000| < 60\} \\ &= P\left\{\left|\frac{X - 1000}{\sqrt{1000 \times 5/6}}\right| < \frac{60}{\sqrt{1000 \times 5/6}}\right\} \\ &\approx 2\Phi(2.0785) - 1 = 2 \times 0.98124 - 1 \approx 0.9625. \end{aligned}$$

注 解法 1 是对所求概率下限的估计,解法 2 是对所求概率的近似计算.由估计结果看出,用契比雪夫不等式估计概率比较粗糙,若有可能,一般不用此法.

例 9 已知计算机进行数字计算时遵守四舍五入原则.为了简

单计算,现对小数点后的第一位进行舍入运算,则误差可以认为服从$[-0.5,0.5]$上的均匀分布.假定各次运算误差是相互独立的.

(1) 若进行 n 次运算,求误差总和的绝对值不超过给定正数 a 的概率,并计算当 $n=27,a=2$ 时,此概率的近似值;

(2) 最多进行多少次运算可使误差总和的绝对值不超过 10 的概率不小于 95%?

(3) 若进行 n 次运算,求平均误差的绝对值小于给定正数 ε 的概率,并计算当 $n=75,\varepsilon=0.05$ 时,此概率的近似值.

分析 要计算误差总和取值的概率,需知其分布.由独立同分布的中心极限定理可知分布,并利用该分布作出计算.

解 设 X_i 为第 $i(i=1,2,\cdots,n)$次计算所产生的随机误差,则

$$X_i \sim U[-0.5,0.5],\quad \mathrm{E}(X_i)=0,\quad \mathrm{D}(X_i)=\frac{1}{12}$$
$$(i=1,2,\cdots,n).$$

由 $X_1,X_2,\cdots,X_n$ 独立同分布及独立同分布的中心极限定理知,近似地有

$$\frac{\sum\limits_{i=1}^{n}X_i - n\mathrm{E}(X_i)}{\sqrt{n\mathrm{D}(X_i)}} = \frac{\sum\limits_{i=1}^{n}X_i - n\times 0}{\sqrt{n/12}} \sim N(0,1).$$

(1) 所求概率为

$$\begin{aligned}
&P\left\{\left|\sum_{i=1}^{n}X_i\right| \leqslant a\right\}\\
&\quad = P\left\{\frac{-a-n\times 0}{\sqrt{n/12}} \leqslant \frac{\sum\limits_{i=1}^{n}X_i - n\times 0}{\sqrt{n/12}} \leqslant \frac{a-n\times 0}{\sqrt{n/12}}\right\}\\
&\quad \approx \Phi\left(\frac{2\sqrt{3}a}{\sqrt{n}}\right) - \Phi\left(\frac{-2\sqrt{3}a}{\sqrt{n}}\right) = 2\Phi\left(\frac{2\sqrt{3}a}{\sqrt{n}}\right) - 1.
\end{aligned}$$

当 $n=27,a=2$ 时,对应的概率为

$$\begin{aligned}
P\left\{\left|\sum_{i=1}^{27}X_i\right| \leqslant 2\right\} &\approx 2\Phi\left(\frac{2\sqrt{3}\times 2}{\sqrt{27}}\right) - 1\\
&= 2\Phi(1.33) - 1 = 0.8164.
\end{aligned}$$

(2) 要使

$$P\left\{\left|\sum_{i=1}^{n} X_i\right| \leqslant 10\right\} \geqslant 95/100,$$

由(1)可知

$$2\Phi\left(\frac{2\sqrt{3}\times 10}{\sqrt{n}}\right)-1 \geqslant 0.95, \quad 即 \quad \Phi\left(\frac{20\sqrt{3}}{\sqrt{n}}\right) \geqslant 0.975.$$

查表可得 $\frac{20\times\sqrt{3}}{\sqrt{n}} \geqslant 1.96$,即 $n \leqslant 312.3$. 故最多进行 312 次运算可使误差总和的绝对值小于 10 的概率不小于 95%.

(3) 所求的概率为

$$P\left\{\left|\frac{1}{n}\sum_{i=1}^{n} X_i\right| < \varepsilon\right\} = P\left\{\left|\sum_{i=1}^{n} X_i\right| < n\varepsilon\right\}$$

$$= P\left\{\left|\frac{\sum_{i=1}^{n} X_i}{\sqrt{n/12}}\right| < 2\varepsilon\sqrt{3n}\right\} \approx 2\Phi(2\varepsilon\sqrt{3n}) - 1.$$

当 $n=75, \varepsilon=0.05$ 时,有

$$P\left\{\left|\frac{1}{75}\sum_{i=1}^{75} X_i\right| < 0.05\right\} \approx 2\Phi(2\times 0.05\sqrt{3\times 75}) - 1$$

$$= 2\Phi(1.5) - 1 = 0.8664.$$

例 10 设掷均匀硬币 4000 次,求正面出现频率在 $\frac{1}{2}$ 的差异不超过 0.01 的概率.

分析 要计算频率取值的概率,由棣莫弗-拉普拉斯定理可知其近似分布,利用该分布可计算相应的概率.

解 令 $X_i = \begin{cases} 1, & 当第 i 次出现正面, \\ 0, & 当第 i 次出现反面, \end{cases}$ $S_n = X_1 + X_2 + \cdots + X_n$,

$n=4000$,则 $\frac{S_n}{n}$ 为正面出现的频率,所求的概率为

$$P\left\{\left|\frac{S_n}{n} - \frac{1}{2}\right| \leqslant 0.01\right\}.$$

由棣莫弗-拉普拉斯定理得

$$P\left\{\left|\frac{S_n}{n} - \frac{1}{2}\right| \leqslant 0.01\right\} = P\left\{\left|\frac{S_n - np}{\sqrt{np(1-p)}}\right|\right.$$

$$\leqslant 0.01\sqrt{\frac{n}{p(1-p)}}\Bigg\} \approx 2\Phi(0.02\sqrt{4000})-1$$

$$= 2\Phi(1.2649)-1 = 0.7924,$$

其中 p 为掷一均匀硬币正面出现的概率.

【五】同步训练

A 级

1. 已知正常男性成年人的 1 ml 血液中含白细胞的平均数为 7300 个,均方差为 700 个.估计白细胞数在 5200 到 9400 个之间的概率 p.

2. 设某校学生的考试成绩是均值为 80 分,标准差为 5 分的随机变量.当多名学生参加考试时,要使他们的平均分数在 75 到 85 分之间的概率不低于 90%,问:至少要有多少个学生参加考试?

3. 设 $X_1,X_2,\cdots,X_n,\cdots$ 是相互独立的随机变量序列,它们均服从参数为 1 的泊松分布.求当 $n\to\infty$ 时,$\frac{1}{n}\sum\limits_{i=1}^{n}X_i$ 依概率收敛的极限.

4. 设 $X_1,X_2,\cdots,X_n,\cdots$ 是相互独立的随机变量序列,且 $X_i\sim B(1,p_i)(0<p_i<1,i=1,2,\cdots)$.问:$X_1,X_2,\cdots,X_n,\cdots$ 是否服从大数定理?

5. 设 $X_1,X_2,\cdots,X_n,\cdots$ 是独立同分布的随机变量序列,且 $X_i\sim U[0,2](i=1,2,\cdots)$.当 n 足够大时,求 $\sum\limits_{i=1}^{n}X_i$ 的近似分布.

6. 设 $X_1,X_2,\cdots,X_n,\cdots$ 是相互独立的随机变量序列且它们的期望为 0,方差为 σ^2.求当 n 足够大时,随机变量 $Y_n=\sum\limits_{i=1}^{n}\frac{X_i}{2}$ 的近似分布.

7. 设一批产品的废品率 p 未知,问:从这批产品中至少抽出多少件产品,才能认为废品出现的频率与 p 相差不超过 $\frac{1}{10}$ 的概率不小于 95%?

8. 已知生男孩的概率是 0.515，求 10000 个新生婴儿中女孩不少于男孩的概率 p.

B 级

1. 设 $X_1, X_2, \cdots, X_n, \cdots$ 为一列独立同分布的随机变量，它们的数学期望均为 0，方差为 σ^2. 证明 $\frac{1}{n}\sum_{i=1}^{n} X_i^2 \to \sigma^2 (n \to \infty)$.

2. 设在分析天平上独立地 n 次重复称量一质量为 a 的物品. 试证明：在无系统误差（指试验结果的均值为 a）的情形下，当 $n \to \infty$ 时称量结果的平均值依概率收敛于 a.

3. 设某商店负责供应某地区 1000 人商品. 已知某种产品在一段时间内每人需要一件的概率为 0.6. 假定在这段时间内，个人购买与否彼此无关，且每人最多可以买一件. 问：商店应预备多少件这种商品，才能以 99.7%的概率，保证不会脱销？

4. 设某保险公司的老人寿保险一年有 1 万人参加，每人每年交 40 元. 若老人死亡，保险公司付给家属 2000 元. 设老人死亡率为 0.017，试求保险公司在这次保险中亏损的概率.

5. 设随机变量 $X_1, X_2, \cdots, X_n, \cdots$ 相互独立同分布，且 $\mathrm{E}(X_i) = 1, \mathrm{D}(X_i) = 16 (i = 1, 2, \cdots, 100)$. 求 $P\{|\overline{X} - 1| \leqslant 1\}$，其中 $\overline{X} = \frac{1}{100}\sum_{i=1}^{100} X_i$.

6. 设某种电子器件的使用寿命服从参数为 $\lambda = 0.1$ 的指数分布，其使用情况是：第一个损坏第二个立即使用，第二个损坏第三个立即使用，等等. 已知每个器件的价格为 a（单位：元），那么在年计划中一年至少需要多少元才能有 95%的概率保证够用（一年有 365 个工作日，每个工作日为 8 小时）？

7. 设函数 $g(x)$ 在区间[0.1]上连续，并记 $I = \int_0^1 g(x)\mathrm{d}x$ ；随机变量 X 服从[0,1]上的均匀分布，$X_1, X_2, \cdots, X_n, \cdots$ 相互独立且与 X 同分布；$\eta_n = \frac{1}{n}\sum_{k=1}^{n} g(X_k)$.

(1) 求 $\mathrm{E}(\eta_n), \mathrm{D}(\eta_n)$；

(2) 若 $D(g(X))=\sigma^2<c$（c 为大于零的常数），证明 $\eta_n \xrightarrow{P} I$.

8. 某保险公司多年统计资料表明，在索赔户中，被盗索赔户占到 20%. 以 X 表示在随机抽查的 100 个索赔户中，因被盗向保险公司索赔的户数.

(1) 写出 X 的概率分布；

(2) 利用中心极限定理求被盗索赔户不少于 14 户且不多于 30 户的概率近似值.

9. 设 $X_1, X_2, \cdots, X_{100}$ 是独立同分布的随机变量，且 $E(X_i)=\mu$，$\sqrt{D(X_i)}=2\ (i=1,2,\cdots,100)$. 试用中心极限定理求出一个界限 ε，使 $|\overline{X}-\mu|\leqslant\varepsilon$ 的概率近似地为 0.90，其中 $\overline{X}=\frac{1}{100}\sum_{i=1}^{100}X_i$.

学习札记

专题六　抽样及抽样分布

【一】内容提要

1. 总体与个体

试验的全部的可能观察值称为**总体**，每一个可能观察值称为**个体**. 总体中所包含的个体的个数叫**总体的容量**，而容量为有限的称为**有限总体**，容量为无限的称为**无限总体**.

2. 简单随机样本与样本值

设 X 是具有分布函数 F 的随机变量. 若 $X_1,X_2,\cdots,X_n$ 是具有同一分布函数 F 且相互独立的随机变量，则称 $X_1,X_2,\cdots,X_n$ 为从分布函数 F(或总体 F，或总体 X)得到的容量为 n 的**简单随机样本**(简称样本)，它们的观察值 $x_1,x_2,\cdots,x_n$ 称为**样本值**. 本书主要讨论简单随机样本. 为了便于讨论，以后默认所提到的样本均指简单随机样本.

3. 统计量定义

设 $X_1,X_2,\cdots,X_n$ 是来自总体 X 的样本，$g(X_1,X_2,\cdots,X_n)$是 $X_1,X_2,\cdots,X_n$ 的函数. 若 g 中不含未知参数，则称 $g(X_1,X_2,\cdots,X_n)$ 为**统计量**.

4. 几个常用统计量

样本平均值：$\overline{X}=\dfrac{1}{n}\sum\limits_{i=1}^{n}X_i$；

样本方差：$S^2=\dfrac{1}{n-1}\sum\limits_{i=1}^{n}(X_i-\overline{X})^2=\dfrac{1}{n-1}\left(\sum\limits_{i=1}^{n}X_i^2-n\overline{X}^2\right)$；

样本标准差：$S=\sqrt{S^2}=\sqrt{\dfrac{1}{n-1}\sum\limits_{i=1}^{n}(X_i-\overline{X})^2}$；

样本 k 阶原点距：$A_k=\dfrac{1}{n}\sum\limits_{i=1}^{n}X_i^k\ (k=1,2,\cdots)$；

样本 k 阶中心距：$B_k=\frac{1}{n}\sum_{i=1}^{n}(X_i-\overline{X})^k\ (k=2,3,\cdots)$.

5. 经验分布函数

设 $x_1,x_2,\cdots,x_n$ 是总体 F 一个容量为 n 的样本值. 将 $x_1,x_2,\cdots,x_n$ 按自小到大的次序排列,并重新编号,设为 $x_{(1)}\leqslant x_{(2)}\leqslant\cdots\leqslant x_{(n)}$,则**经验分布函数** $F_n(x)$ 为

$$F_n(x)=\begin{cases}0, & x<x_{(1)},\\ \vdots & \vdots\\ \frac{k}{n}, & x_{(k)}\leqslant x\leqslant x_{(k+1)},\\ \vdots & \vdots\\ 1, & x\geqslant x_{(n)}.\end{cases}$$

6. 抽样分布

统计量的分布称为**抽样分布**.

7. χ^2 分布

若 $X_1,X_2,\cdots,X_n$ 是来自总体 $X\sim N(0,1)$ 的样本,则称随机变量 $\chi^2=X_1^2+X_2^2+\cdots+X_n^2$ 服从自由度为 n 的 **χ^2 分布**,记为 $\chi^2\sim\chi^2(n)$.

8. t 分布

若随机变量 $X\sim N(0,1)$,$Y\sim\chi^2(n)$,且 X,Y 独立,则称随机变量 $T=\frac{X}{\sqrt{Y/n}}$ 服从自由度为 n 的 **t 分布**,记为 $t\sim t(n)$.

9. F 分布

若随机变量 $U\sim\chi^2(n_1)$,$V\sim\chi^2(n_2)$,且 U,V 独立,则称随机变量 $F=\frac{U/n_1}{V/n_2}$ 服从自由度为 (n_1,n_2) 的 **F 分布**,记为 $F\sim F(n_1,n_2)$.

10. 正态总体的样本均值与样本方差的分布

定理 1 设 $X_1,X_2,\cdots,X_n$ 是来自总体 $X\sim N(\mu,\sigma^2)$ 的样本,$\overline{X}$ 是样本均值,则有

$$\overline{X}\sim N\left(\mu,\frac{\sigma^2}{n}\right).$$

定理 2 设 $X_1,X_2,\cdots,X_n$ 是来自总体 $X\sim N(\mu,\sigma^2)$ 的样本,$\overline{X}$,S^2 分别是样本均值和样本方差,则有

(1) $\dfrac{(n-1)S^2}{\sigma^2} \sim \chi^2(n-1)$;

(2) $\overline{X}$ 与 S^2 相互独立.

定理 3 设 $X_1, X_2, \cdots, X_n$ 是来自总体 $X \sim N(\mu, \sigma^2)$ 的样本, $\overline{X}$, S^2 分别是样本均值和样本方差,则有

$$\frac{\overline{X}-\mu}{S/\sqrt{n}} \sim t(n-1).$$

定理 4 设 $X_1, X_2, \cdots, X_{n_1}$ 与 $Y_1, Y_2, \cdots, Y_{n_2}$ 分别是来自总体 $X \sim N(\mu_1, \sigma_1^2)$ 和 $Y \sim N(\mu_2, \sigma_2^2)$ 的样本,且这两样本相互独立,又分别记这两个样本的均值和方差为

$$\overline{X} = \frac{1}{n_1}\sum_{i=1}^{n_1} X_i, \quad \overline{Y} = \frac{1}{n_2}\sum_{i=1}^{n_2} Y_i,$$

$$S_1^2 = \frac{1}{n_1-1}\sum_{i=1}^{n_1}(X_i-\overline{X})^2, \quad S_2^2 = \frac{1}{n_2-1}\sum_{i=1}^{n_2}(Y_i-\overline{Y})^2,$$

则有

(1) $\dfrac{S_1^2/S_2^2}{\sigma_1^2/\sigma_2^2} \sim F(n_1-1, n_2-1)$;

(2) 当 $\sigma_1^2=\sigma_2^2=\sigma^2$ 时,

$$\frac{(\overline{X}-\overline{Y})-(\mu_1-\mu_2)}{S_w\sqrt{\dfrac{1}{n_1}+\dfrac{1}{n_2}}} \sim t(n_1+n_2-2),$$

其中 $S_w^2 = \dfrac{(n_1-1)S_1^2+(n_2-1)S_2^2}{n_1+n_2-2}, \quad S_w = \sqrt{S_w^2}.$

【二】基本要求

1. 理解总体、个体、样本及样本值的概念.
2. 理解统计量的概念;记住几个常用统计量.
3. 了解经验分布函数.
4. 了解几个常用统计量的分布.
5. 掌握正态总体的样本均值与样本方差的分布.

【三】释疑解难

1. 如何理解总体与个体？

答 一方面，总体可理解为研究对象的全体，每一个研究对象称为个体；另一方面，由于人们关心研究对象的某一数量指标 X，因此 X 的所有可能取值为总体，每一个可能取值为个体，也称随机变量 X 为总体.

2. 如何理解简单随机样本？

答 从总体中抽取一个个体就是对总体的一次观察，由于在抽取前无法预知将抽到那个个体，因此该个体应理解为随机变量. 在相同条件下对总体 X 进行 n 次重复独立观察，结果 $X_1,X_2,\cdots,X_n$ 即为总体 X 的简单随机样本，$X_1,X_2,\cdots,X_n$ 是相互独立的且与 X 同分布.

3. 为什么要提出样本？

答 在数理统计中，要通过从总体中抽取一部分个体，再根据从这一部分个体获得的信息来对总体进行推断，而这一部分个体即一个样本.

4. 统计量的意义是什么？

答 由于在应用系统推断方法时，一旦测量的样本数据得到以后，应当做出推断结论，因此统计推断是对样本数据的整理，即样本数据的函数，而不能包含其他未知的参数. 所以称不含其他未知参数的样本的函数为统计量.

5. 对于 χ^2 分布，t 分布及 F 分布应掌握哪些内容？

答 熟悉 χ^2 分布，t 分布，F 分布的定义；知道这三个分布概率密度的图形，不必记忆其表达式；掌握 χ^2 分布的数字特征及性质；熟练应用分位点做出相应计算.

【四】方法指导

例 1 为研究一批灯泡的寿命 X，随机抽取 5 个做寿命试验，测得寿命值(单位：h)为 105,150,125,280,250. 试求样本均值、样本方差、样本标准差及样本二阶中心矩.

分析 样本均值、样本方差、样本标准差及样本二阶中心矩均是样本的函数,是随机变量,由给定的样本值计算相应随机变量的值(用相应的小写字母表示)即可.

解 样本均值：$\bar{x}=\frac{1}{5}\times(105+150+125+280+250)=182$；

样本方差：

$$s^2=\frac{1}{5-1}\sum_{i=1}^{5}(x_i-\bar{x})^2$$

$$=\frac{1}{4}\times[(105-182)^2+\cdots+(250-182)^2]=6107.5;$$

样本标准差：

$$s=\sqrt{s^2}=\sqrt{6107.5}\approx 78.15;$$

样本二阶中心矩：

$$b_2=\frac{1}{5}\sum_{i=1}^{5}(x_i-\bar{x})^2=\frac{4}{5}s^2=\frac{4}{5}\times 6107.5=4886.$$

例 2 设总体 $X\sim N(\mu_0,\sigma^2)$,μ_0 已知,σ^2 为未知数,$X_1,X_2,\cdots,X_n$ 为来自总体 X 的样本. 试问：下列各量哪些是统计量?

(1) $A_2=\frac{1}{n}\sum_{i=1}^{n}X_i^2$；　　(2) $B_2=\frac{1}{n}\sum_{i=1}^{n}(X_i-\bar{X})^2$；

(3) $K^2=\sum_{i=1}^{n}(X_i-\mu_0)^2$；　　(4) $W=\sum_{i=1}^{n}\left(\frac{X_i-\mu_0}{\sigma}\right)$.

分析 由统计量的定义进行判断.

解 由于样本容量 n 为已知,μ_0 已知,σ 未知,所以 A_2,B_2,K^2 是统计量.

例 3 从一大批产品中随机地抽出 5 个,检查每个产品上的缺陷数,测得样本值为 0,3,2,1,1. 试求经验分布函数.

解 频率分布如下表：

X	0	3	2	1	1
频率	1/5	1/5	1/5	1/5	1/5

或

X	0	1	2	3
频率	1/5	2/5	1/5	1/5

所以经验分布函数为

$$F(x)=\begin{cases}0, & x<0,\\ 0.2, & 0\leqslant x<1,\\ 0.6, & 1\leqslant x<2,\\ 0.8, & 2\leqslant x<3,\\ 1, & x\geqslant 3.\end{cases}$$

例 4 设 X_1,X_2,X_3,X_4 是来自总体 $X\sim N(0,2^2)$的样本,$Y=a(X_1-2X_2)^2+b(3X_3-4X_4)^2$ 服从 $\chi^2(n)$分布.求 a,b,n.

分析 由 $\chi^2(n)$分布定义求 a,b,n 的值.

解 由于 $X_1-2X_2\sim N(0,20)$,$3X_3-4X_4\sim N(0,100)$且相互独立,因此由 $\chi^2(n)$分布定义得

$$\left(\frac{X_1-2X_2}{\sqrt{20}}\right)^2+\left(\frac{3X_3-4X_4}{10}\right)^2\sim\chi^2(2).$$

由此可有 $n=2,a=\dfrac{1}{20},b=\dfrac{1}{100}$.

例 5 设有两个独立的样本 $X_1,X_2,\cdots,X_{21}$与 $Y_1,Y_2,\cdots,Y_5$ 分别来自总体 $X\sim N(1,2^2)$与 $Y\sim N(2,1)$,S_1^2 与 S_2^2 分别是两个样本的方差.令 $K_1=aS_1^2,K_2=(a+b)S_2^2$,且已知 $K_1\sim\chi^2(20)$,$K_2\sim\chi^2(4)$.求 a,b 的值.

分析 已知正态总体的样本方差的分布,即 K_1 与 K_2 的分布,所以应由样本方差的分布来求 a,b 的值.

解 设 $n_1=21,n_2=5,\sigma_1^2=2^2,\sigma_2^2=1$.由 $\dfrac{(n_1-1)S_1^2}{\sigma_1^2}\sim\chi^2(n_1-1)$,$\dfrac{(n_2-1)S_2^2}{\sigma_2^2}\sim\chi^2(n_2-1)$,有

$$K_1=\frac{20S_1^2}{2^2}=5S_1^2\sim\chi^2(20),\quad K_2=\frac{4S_2^2}{1^2}=4S_2^2\sim\chi^2(4).$$

所以 $a=5,a+b=4$,即 $a=5,b=-1$.

例 6 设随机变量 X,Y 相互独立且都服从正态分布 $N(0,3^2)$,

而 $X_1,X_2,\cdots,X_9$ 和 $Y_1,Y_2,\cdots,Y_9$ 分别是来自总体 X 和 Y 的样本.
求统计量 $U=\dfrac{X_1+X_2+\cdots+X_9}{\sqrt{Y_1^2+Y_2^2+\cdots+Y_9^2}}$ 的分布.

分析 先讨论 $X_1+X_2+\cdots+X_9$ 的分布及 $Y_1+Y_2+\cdots+Y_9$ 的分布,再由定义或定理结论得出所需结果.

解 由于 $X_1+X_2+\cdots+X_9\sim N(0,81)$,即

$$\frac{1}{9}(X_1+X_2+\cdots+X_9)\sim N(0,1),$$

而 $\frac{1}{3}Y_1,\frac{1}{3}Y_2,\cdots,\frac{1}{3}Y_9\sim N(0,1)$,由 $\chi^2(n)$的分布定义

$$\frac{1}{9}(Y_1^2+Y_2^2+\cdots+Y_n^2)\sim\chi^2(9),$$

又 $\frac{1}{9}(Y_1^2+Y_2^2+\cdots+Y_n^2)$ 与 $\frac{1}{9}(X_1+X_2+\cdots+X_n)$ 相互独立,因此由 t 分布定义知

$$\frac{X_1+X_2+\cdots+X_9}{\sqrt{Y_1^2+Y_2^2+\cdots+Y_9^2}}\sim t(9).$$

例 7 设总体 $X\sim N(0,1)$,$X_1,X_2,\cdots,X_n$ 为来自总体 X 的样本.求下列统计量的分布:

(1) $\dfrac{\sqrt{n-1}X_1}{\sqrt{\sum\limits_{i=2}^{n}X_i^2}}$; (2) $\left(\dfrac{X_1-X_2}{X_3+X_4}\right)^2$.

分析 由分子与分母的分布入手,按定义和定理写出结论.

解 (1) 因为 $X_i\sim N(0,1)$ $(i=1,2,\cdots,n)$所以

$$X_1\sim N(0,1),\quad \sum_{i=2}^{n}X_i^2\sim\chi^2(n-1).$$

故

$$\frac{\sqrt{n-1}X_1}{\sqrt{\sum\limits_{i=2}^{n}X_i^2}}=\frac{X_1}{\sqrt{\sum\limits_{i=2}^{n}X_i^2\Big/(n-1)}}\sim t(n-1).$$

(2) 因为 $X_1-X_2\sim N(0,2)$, $X_3+X_4\sim N(0,2)$,所以

$$\left(\frac{X_1-X_2}{\sqrt{2}}\right)^2\sim\chi^2(1),\quad \frac{X_1-X_2}{\sqrt{2}}\sim N(0,1),$$

$$\frac{X_3+X_4}{\sqrt{2}} \sim N(0,1), \quad \left(\frac{X_3+X_4}{\sqrt{2}}\right)^2 \sim \chi^2(1).$$

故
$$\left(\frac{X_1-X_2}{X_3+X_4}\right)^2 = \frac{\left(\frac{X_1-X_2}{\sqrt{2}}\right)^2}{\left(\frac{X_3+X_4}{\sqrt{2}}\right)^2} \sim F(1,1).$$

例 8 若随机变量 $X \sim t(n)$，证明：

(1) $X^2 \sim F(1,n)$；　(2) $\frac{1}{X^2} \sim F(n,1)$.

分析 已知 X 服从 $t(n)$ 分布，所以由 $t(n)$ 分布的定义推导随机变量的分布.

证 (1) 因为 $X \sim t(n)$，所以 $X = \frac{U}{\sqrt{V/n}}$，其中 $U \sim N(0,1)$，$V \sim \chi^2(n)$，且 U, V 相互独立. 故 $X^2 = \frac{U^2}{V/n} \sim F(1,n)$.

(2) 由(1)有 $\frac{1}{X^2} = \frac{V/n}{U^2} \sim F(n,1)$.

例 9 设总体 $X \sim N(\mu, 4^2)$，$X_1, X_2, \cdots, X_{10}$ 是来自总体 X 的样本，S^2 为样本方差. 若已知 $P\{S^2 > a\} = 0.1$，求 a.

分析 欲求出 a 值，需要知道 S^2 的分布，所以由 S^2 的分布及分位点概念求出 a 值.

解 由 $n=10, \sigma^2 = 4^2$，有 $\frac{9S^2}{4^2} \sim \chi^2(9)$. 因为

$$P\{S^2 > a\} = P\left\{\frac{9S^2}{4^2} > \frac{9a}{4^2}\right\} = 0.1,$$

所以 $\frac{9a}{4^2} = \chi^2_{0.1}(9) \approx 14.684$(查附表 4)，从而

$$a \approx 14.684 \times \frac{16}{9} \approx 26.105.$$

例 10 设样本 $X_1, X_2, \cdots, X_5$ 和 $Y_1, Y_2, \cdots, Y_5$ 分别来自两个独立总体 $X \sim N(10, 2^2)$ 与 $Y \sim N(20, 2^2)$. 令

$$F = \frac{\sum_{k=1}^{5}(X_k - 10)^2}{\sum_{k=1}^{5}(Y_k - 20)^2}.$$

若已知 $P\{F\leqslant a\}=0.05$，求 a.

分析 由 F 的分子与分母的分布推测 F 的分布，利用分位点概念求 a.

解 由 $\chi^2(n)$分布定义有

$$\sum_{k=1}^{5}\left(\frac{X_k-10}{2}\right)^2\sim\chi^2(5),\quad \sum_{k=1}^{5}\left(\frac{Y_k-20}{2}\right)^2\sim\chi^2(5),$$

所以 $F\sim F(5,5)$，且$\dfrac{1}{F}\sim F(5,5)$.

由 $P\{F\leqslant a\}=P\left\{\dfrac{1}{F}>\dfrac{1}{a}\right\}=0.05$，有$\dfrac{1}{a}=F_{0.05}(5,5)\approx5.05$(查附表 5)，故 $a\approx0.198$.

例 11 设从总体 $N(\mu,\sigma^2)$中抽取容量为 16 的样本，这里 μ,σ^2 是均为未知.

(1) 求 $P\left\{\dfrac{S^2}{\sigma^2}\leqslant2.041\right\}$，其中 S^2 为样本方差；

(2) 求 $D(S^2)$.

分析 这两个问题都与样本方差有关，根据样本方差的分布求解问题.

解 (1) 由题设有 $\dfrac{15S^2}{\sigma^2}\sim\chi^2(15)$，于是

$$\begin{aligned}P\left\{\frac{S^2}{\sigma^2}\leqslant2.041\right\}&=P\left\{\frac{15S^2}{\sigma^2}\leqslant15\times2.041\right\}\\&=1-P\left\{\frac{15S^2}{\sigma^2}>30.615\right\}\\&\approx1-0.01\quad(\text{查附表 4 知 }\chi^2_{0.01}(15)=30.578)\\&=0.09.\end{aligned}$$

(2) 由于 $\dfrac{(n-1)S^2}{\sigma^2}=\chi^2(n-1)$且 $D(\chi^2(n-1))=2(n-1)$，故

$$D\left(\frac{(n-1)S^2}{\sigma^2}\right)=\frac{(n-1)^2}{\sigma^4}D(S^2)=2(n-1),$$

即

$$D(S^2)=\frac{2\sigma^4}{n-1}.$$

例 12 设 $\overline{X}$ 和 $\overline{Y}$ 是来自总体 $X\sim N(\mu,\sigma^2)$的容量为 n 的两个样本均值. 试确定 n，使得两个样本平均值差的绝对值超过 σ 的概率

大约为 0.01.

分析 由正态总体的样本均值的分布推断 $\overline{X}-\overline{Y}$ 的分布，再根据它的分布求 n.

解 由题设知 $\overline{X}\sim N\left(\mu,\frac{\sigma^2}{n}\right)$，$\overline{Y}\sim N\left(\mu,\frac{\sigma^2}{n}\right)$，从而

$$\overline{X}-\overline{Y}\sim N\left(0,\frac{2\sigma^2}{n}\right),\quad 即\quad \frac{|\overline{X}-\overline{Y}|}{\sigma\sqrt{2/n}}\sim N(0,1),$$

故由 $P\{|\overline{X}-\overline{Y}|\geqslant\sigma\}=P\left\{\frac{|\overline{X}-\overline{Y}|}{\sigma\sqrt{2/n}}>\sqrt{\frac{n}{2}}\right\}=0.01$，所以 $n\approx 10.4178$（查附表 2 得 $\sqrt{n/2}\approx 2.33$），即 n 不小于 11.

【五】同步训练

A　级

1. 设 $X_1,X_2,\cdots,X_n$ 为独立同分布的随机变量，且 $X_k\sim N(0,1)$ $(k=1,2,\cdots,n)$，则 $\sum_{k=1}^{n}X_k^2\sim$__________，$\mathrm{E}\left(\sum_{k=1}^{n}X_k^2\right)=$__________.

2. 设 $X_1,X_2,\cdots,X_n$ 为来自正态总体 $N(\mu,\sigma^2)$ 的样本，S^2 为样本方差，则 $\frac{(n-1)S^2}{\sigma^2}\sim$__________.

3. 设随机变量 $X\sim N(\mu,1)$，$Y\sim\chi^2(n)$，$T=\frac{X-\mu}{\sqrt{Y}}\sqrt{n}$，则 (　　)

(A) $T\sim t(n-1)$；　　(B) $T\sim t(n)$；

(C) $T\sim N(0,1)$；　　(D) $T\sim F(1,n)$.

4. 设 $X_1,X_2,\cdots,X_8$ 和 $Y_1,Y_2,\cdots,Y_{10}$ 分别是来自总体 $X\sim N(-1,2^2)$ 和 $Y\sim N(2,5)$ 的样本，且相互独立，S_1^2 和 S_2^2 分别是两样本的样本方差，则服从 $F(7,9)$ 分布的统计量为(　　).

(A) $\frac{2S_1^2}{5S_2^2}$；　(B) $\frac{4S_2^2}{5S_1^2}$；　(C) $\frac{5S_1^2}{2S_2^2}$；　(D) $\frac{5S_1^2}{4S_2^2}$.

5. 设 X_1,X_2,X_3 为来自总体 $X\sim N(\mu,\sigma^2)$ 的样本，其中 μ 已知，

σ^2 未知. 指出随机变量$\frac{1}{3}(X_1+X_2+X_3)$, $X_1+2\mu$, $\max\{X_1,X_2,X_3\}$, $\frac{1}{\sigma^2}(X_1^2+X_2^2+X_3^2)$之中,哪些不是统计量.

6. 设 $X_1,X_2,\cdots,X_n$ 是来自于总体 $N(\mu,4)$的样本,$\overline{X}$ 为样本均值, 问样本容量 n 应取多大就能使

(1) $\mathrm{E}(|\overline{X}-\mu|)\leqslant 0.1$;　　(2) $P\{|\overline{X}-\mu|\leqslant 0.1\}\geqslant 0.95$.

7. 设 $X_1,X_2,\cdots,X_n$ 是来自于正态总体 $N(\mu,\sigma^2)$的样本,S^2 为样本方差,求满足不等式 $P\left\{\frac{S^2}{\sigma^2}\leqslant 1.5\right\}\geqslant 0.95$ 的最小 n.

B 级

1. 设 $X_1,X_2,\cdots,X_n$ 相互独立,且 $X_k\sim N(\mu_k,\sigma_k^2)(k=1,2,\cdots,n)$. 试证:

$$\sum_{k=1}^{n}\left[\frac{(X_k-\mu_k)^2}{\sigma_k}\right]\sim\chi^2(n).$$

2. 设 $X_1,X_2,\cdots,X_n$ 是来自正态总体 $N(\mu,\sigma^2)$的样本, S^2 为样本方差. 求样本容量 n 的最小值,使其满足不等式

$$P\left\{\frac{(n-1)S^2}{\sigma^2}\leqslant 15\right\}\geqslant 0.95.$$

3. 设自由度为 9 的 t 分布的概率密度图像如图 6-1 所示,求 t 的值,使其满足:

(1) 右边阴影面积=0.05;

(2) 全部阴影面积=0.05;

(3) 全部非阴影面积=0.99;

(4) 左边阴影面积=0.01.

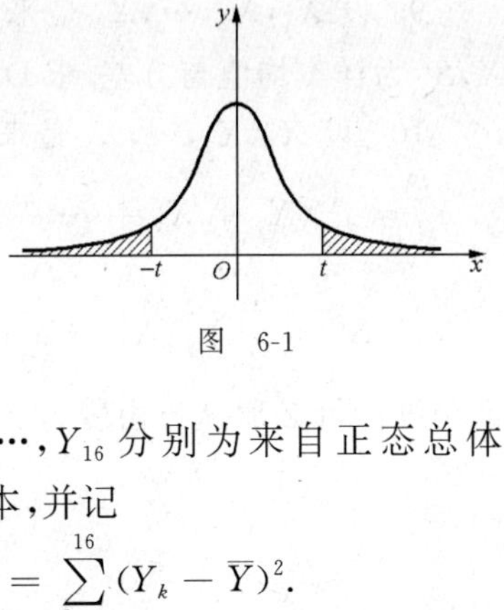

图 6-1

4. 设 $X_1,X_2,\cdots,X_9$ 和 $Y_1,Y_2,\cdots,Y_{16}$ 分别为来自正态总体 $N(a,2^2)$和 $N(b,2^2)$的两个独立的样本,并记

$$\theta_1=\sum_{k=1}^{9}(X_k-\overline{X})^2,\quad \theta_2=\sum_{k=1}^{16}(Y_k-\overline{Y})^2.$$

求满足下列等式的各常数 α_k,β_k 和 $\gamma_k(k=1,2)$:

(1) $P\{\alpha_1<\theta_1<\alpha_2\}=0.9$； (2) $P\{|\overline{X}-a|<\beta_1\}=0.9$；

(3) $P\left\{\dfrac{|\overline{Y}-b|}{\sqrt{\theta_2}}<\beta_2\right\}=0.9$； (4) $P\left\{\gamma_1<\dfrac{\theta_2}{\theta_1}<\gamma_2\right\}=0.9$.

5. 设 $X\sim N(1,4)$，$Y\sim N(0,16)$，$Z\sim N(4,9)$，且 X,Y,Z 相互独立，则 $U=4X+3Y-Z$ 的概率密度为________；$\mathrm{E}(2U-3)=$________，$\mathrm{D}(4U-7)=$________.

6. 设 X_1,X_2,X_3,X_4 是来自总体 $X\sim N(0,\sigma^2)$ 的样本，则 $U=\dfrac{\sqrt{3}\,X_1}{\sqrt{X_2^2+X_3^2+X_4^2}}\sim$________，$\mathrm{E}(U)=$________，$\mathrm{D}(U)=$________.

7. 设 $X_1,X_2,\cdots,X_{16}$ 是来自总体 $X\sim N(0,1)$ 的样本，并记

$$Y=\left(\sum_{k=1}^{4}X_k\right)^2+\left(\sum_{k=5}^{8}X_k\right)^2+\left(\sum_{k=9}^{12}X_k\right)^2+\left(\sum_{k=13}^{16}X_k\right)^2,$$

则当常数 $c=$________时，cY 服从 χ^2 分布，$\mathrm{E}(cY)=$________，$\mathrm{D}(cY)=$________.

8. 设总体 X 的概率密度为 $f(x)=\begin{cases}|x|, & |x|<1,\\ 0, & \text{其他},\end{cases}$ $X_1,X_2,\cdots,X_{50}$ 为来自总体 X 的样本. 试求：

(1) $\overline{X}$ 的数学期望与方差； (2) S^2 的数学期望；

(3) $P\{|\overline{X}|>0.02\}$.

9. 设 $X_1,X_2,\cdots,X_n$ 是来自参数为 a 的泊松分布总体的样本，$\overline{X},S^2$ 为样本均值与方差. 求 $\mathrm{D}(\overline{X})$，$\mathrm{E}(S^2)$.

10. 设 $X_1,X_2,\cdots,X_n$ 是来自正态总体 X 的样本，而

$$Y_1=\frac{1}{6}(X_1+X_2+\cdots+X_6),\quad Y_2=\frac{1}{3}(X_7+X_8+X_9),$$

$$S^2=\frac{1}{2}\sum_{k=7}^{9}(X_k-Y_2)^2,\qquad Z=\frac{\sqrt{2}\,(Y_1-Y_2)}{S}.$$

证明统计量 Z 服从自由度为 2 的 t 分布.

学习札记

学习札记

专题七 参数估计

【一】内容提要

1. 矩估计法

设 X 为连续型随机变量，其概率密度为 $f(x;\theta_1,\theta_2,\cdots,\theta_k)$，或 X 为离散型随机变量，其分布律为 $P\{X=x\}=p(x;\theta_1,\theta_2,\cdots,\theta_k)$，其中 $\theta_1,\theta_2,\cdots,\theta_k$ 为待估参数；又设 $X_1,X_2,\cdots,X_n$ 是来自 X 的样本. 假设由总体的前 k 阶矩

$$\begin{cases}\mu_1=\mu_1(\theta_1,\theta_2,\cdots,\theta_k),\\ \mu_2=\mu_2(\theta_1,\theta_2,\cdots,\theta_k),\\ \vdots\\ \mu_k=\mu_k(\theta_1,\theta_2,\cdots,\theta_k)\end{cases}\quad \text{可得到}\quad \begin{cases}\theta_1=\theta_1(\mu_1,\mu_2,\cdots,\mu_k),\\ \theta_2=\theta_2(\mu_1,\mu_2,\cdots,\mu_k),\\ \vdots\\ \theta_k=\theta_k(\mu_1,\mu_2,\cdots,\mu_k),\end{cases}$$

以样本距 $A_i=\frac{1}{n}\sum_{k=1}^{n}X_k^i$ 分别代替上式中的 $\mu_i(i=1,2,\cdots,k)$，估计量 $\hat{\theta}_i=\theta_i(A_1,A_2,\cdots,A_k)$ 就称为 $\theta_i(i=1,2,\cdots,k)$ 的**矩估计量**. 若 $x_1,x_2,\cdots,x_n$ 为样本值，则称 $\hat{\theta}_i=\theta_i(a_1,a_2,\cdots,a_k)$ 为 θ_i 的**矩估计值**，其中 $a_i=\frac{1}{n}\sum_{k=1}^{n}x_k^i(i=1,2,\cdots,k)$. 矩估计量与矩估计值统称为矩估计.

2. 极大似然法

设总体 X 为连续型随机变量，其概率密度 $f(x;\theta)$ 的形式已知，$\theta\in\Theta$ 为待估参数；又设 $X_1,X_2,\cdots,X_n$ 是来自 X 的样本，$x_1,x_2,\cdots,x_n$ 为样本值. 若似然函数

$$L(\theta)=L(x_1,x_2,\cdots,x_n;\theta)=\prod_{i=1}^{n}f(x_i;\theta)$$

的最大值为 $L(x_1,x_2,\cdots,x_n;\hat{\theta})=\max_{\theta\in\Theta}L(x_1,x_2,\cdots,x_n;\theta)$，则称 $\hat{\theta}(x_1,x_2,\cdots,x_n)$ 为 θ 的**极大似然估计值**，而称 $\hat{\theta}(X_1,X_2,\cdots,X_n)$ 为 θ

的**极大似然估计量**，两者统称为 θ 的极大似然估计.

若总体 X 为离散型随机变量，且其分布律为

$$P\{X = x\} = P\{x;\theta\},$$

则似然函数为 $L(\theta) = \prod_{i=1}^{n} P\{x_i;\theta\}$. 同样可由似然函数的最大值确定 θ 的极大似然估计量 $\hat{\theta}$.

3. 估计量的评选标准

设 $X_1, X_2, \cdots, X_n$ 为来自总体 X 的样本，$\theta \in \Theta$ 是包含在总体 X 的分布中的待估计参数.

(1) **无偏性** 若 θ 的估计量 $\hat{\theta}=\hat{\theta}(X_1,X_2,\cdots,X_n)$ 的数学期望 $E(\hat{\theta})$ 存在，且对于任意 $\theta\in\Theta$ 有 $E(\hat{\theta})=\theta$，则称 $\hat{\theta}$ 是 θ 的**无偏估计量**.

(2) **有效性** 设 $\hat{\theta}_1=\hat{\theta}_1(X_1,X_2,\cdots,X_n)$ 与 $\hat{\theta}_2=\hat{\theta}_2(X_1,X_2,\cdots,X_n)$ 都是 θ 的无偏估计量. 若对于任意 $\theta\in\Theta$ 有 $D(\hat{\theta}_1)\leqslant D(\hat{\theta}_2)$，且至少对于某一个 $\theta\in\Theta$ 上式中的不等号成立，则称 $\hat{\theta}_1$ 较 $\hat{\theta}_2$ **有效**.

(3) **相合性** 设 $\hat{\theta}(X_1,X_2,\cdots,X_n)$ 为参数 θ 的估计量. 若对于任意 $\theta\in\Theta$，当 $n\to\infty$ 时，$\hat{\theta}(X_1,X_2,\cdots,X_n)$ 依概率收敛于 θ，则称 $\hat{\theta}$ 为 θ 的**相合估计量**.

4. 单个正态总体均值的区间估计

设已给定置信水平为 $1-\alpha$，并设 $X_1,X_2,\cdots,X_n$ 为来自总体 $X\sim N(\mu,\sigma^2)$ 的样本，$\overline{X}, S^2$ 分别是样本均值和样本方差.

(1) 当 σ^2 为已知时，得到 μ 的置信水平为 $1-\alpha$ 的置信区间为

$$\left(\overline{X}\pm\frac{\sigma}{\sqrt{n}}z_{\alpha/2}\right)^{①};$$

(2) 当 σ^2 为未知时，得到 μ 的置信水平为 $1-\alpha$ 的置信区间为

$$\left(\overline{X}\pm\frac{S}{\sqrt{n}}t_{\alpha/2}(n-1)\right).$$

这里 $z_{\alpha/2}, t_{\alpha/2}(n-1)$ 分别为标准正态分布及 $t(n-1)$ 分布的上 $\frac{\alpha}{2}$ 分位点.

---

① 此处区间的记法同：$(a\pm\varepsilon)=(a-\varepsilon,a+\varepsilon)$.

5. 两个正态总体均值差的区间估计

给定置信水平为 $1-\alpha$. 设 $X_1,X_2,\cdots,X_{n_1}$ 是来自总体 $X\sim N(\mu_1,\sigma_1^2)$ 的样本，$\overline{X}$，S_1^2 分别为样本均值和样本方差；$Y_1,Y_2,\cdots,Y_{n_2}$ 是来自总体 $Y\sim N(\mu_2,\sigma_2^2)$ 的样本，$\overline{Y}$，S_2^2 分别为样本均值和样本方差. 再设这两个样本相互独立.

(1) 当 σ_1^2,σ_2^2 均为已知时，得到 $\mu_1-\mu_2$ 的置信水平为 $1-\alpha$ 的置信区间为

$$\left(\overline{X}-\overline{Y}\pm z_{\alpha/2}\sqrt{\frac{\sigma_1^2}{n_1}+\frac{\sigma_2^2}{n_2}}\right);$$

(2) 当 $\sigma_1^2=\sigma_2^2=\sigma^2$，但 σ^2 为未知时，得到 $\mu_1-\mu_2$ 的置信水平为 $1-\alpha$ 的置信区间为

$$\left(\overline{X}-\overline{Y}\pm t_{\alpha/2}(n_1+n_2-2)S_\omega\sqrt{\frac{1}{n_1}+\frac{1}{n_2}}\right),$$

此处 $$S_\omega^2=\frac{(n_1-1)S_1^2+(n_2-1)S_2^2}{n_1+n_2-2},\quad S_\omega=\sqrt{S_\omega^2}.$$

6. 0-1 分布参数的区间估计

设有一容量为 $n(>50)$ 的大样本，它来自服从 0-1 分布的总体 X，又 X 的分布律为

$$P\{X=x\}=p^x(1-p)^{1-x}\quad (x=0,1),$$

其中 p 为未知参数，则 p 的一个近似的置信水平为 $1-\alpha$ 的置信区间为 (p_1,p_2)，其中

$$p_1=\frac{1}{2a}(-b-\sqrt{b^2-4ac}),$$

$$p_2=\frac{1}{2a}(-b+\sqrt{b^2-4ac}),$$

而 $a=n+z_{\alpha/2}^2$，$b=-(2n\overline{X}+z_{\alpha/2}^2)$，$c=n\overline{X}^2$.

7. 单侧置信区间

对于给定值 $\alpha(0<\alpha<1)$，若由样本 $X_1,X_2,\cdots,X_n$ 确定的统计量 $\underline{\theta}=\underline{\theta}(X_1,X_2,\cdots,X_n)$ 对于任意 $\theta\in\Theta$ 满足 $P\{\theta>\underline{\theta}\}\geqslant 1-\alpha$，则称随机区间 $(\underline{\theta},+\infty)$ 是 θ 的置信水平为 $1-\alpha$ 的**单侧置信区间**，$\underline{\theta}$ 称为 θ 的

置信水平为 $1-\alpha$ 的**单侧置信下限**；若统计量 $\bar{\theta}=\bar{\theta}(X_1,X_2,\cdots,X_n)$ 对于任意 $\theta\in\Theta$ 满足 $P\{\theta<\bar{\theta}\}\geqslant 1-\alpha$，则称随机区间 $(-\infty,\bar{\theta})$ 是 θ 的置信水平为 $1-\alpha$ 的单侧置信区间，$\bar{\theta}$ 称为 θ 的置信水平为 $1-\alpha$ 的**单侧置信上限**.

【二】基本要求

1. 理解参数的点估计、估计量及估计值的概念.

2. 了解矩估计和极大似然估计的方法.

3. 了解估计量的评选标准，并会验证.

4. 理解区间估计的概念，会求一个正态总体的均值与方差的置信区间以及两个正态总体的均值差的置信区间.

5. 了解非正态总体的区间估计及置信区间.

【三】释疑解难

1. 矩估计法的统计意义是什么？

答 经研究发现，当样本容量 $n\to\infty$ 时，经验分布函数 $F_n(x)$ 十分接近总体分布函数 $F(X)$，样本 k 阶原点矩 A_k 十分接近总体 k 阶原点矩 μ_k，严格地有

$$A_k \xrightarrow{P} \mu_k,$$

从而用 A_k 代替 μ_k 产生的矩估计法是合理的.

2. 极大似然估计的统计意义是什么？

答 由于取到的样本值为 $x_1,x_2,\cdots,x_n$，表明取到这一样本值的概率 $L(\theta)$ 极大，因而考虑用使样本值 $x_1,x_2,\cdots,x_n$ 出现且使 $L(\theta)$ 最大的 θ 作为 θ 的估计是合理的. 例如：

设盒内白球个数与黑球个数之比为 8∶2，但未知黑球和白球哪个多. 现有放回抽取 3 次，发现全是白球，则白球多，或：

令 $\{X=0\}=\{$取一次取到黑球$\}$，$\{X=1\}=\{$取一次取到白球$\}$，从而可设 X 的分布为

X	0	1
P	$1-\theta$	θ

由题设样本值$(x_1,x_2,x_3)=(1,1,1)$得似然函数

$$L(\theta)=P\{x_1=1,x_2=1,x_3=1\}=\theta^3.$$

当$\theta=0.8$时,$L(\theta)$最大,即白球多(注：$L(0.2)=0.008$,$L(0.8)=0.512$).

3. 矩估计与极大似然估计的区别是什么?

答 矩估计与极大似然估计是根据不同的统计思想得到的不同方法.在应用上,矩估计法简便易行,极大似然估计法解的形式比较复杂,甚至要借助于计算机计算,但大样本下极大似然估计优于矩估计.

4. 无偏性与有效性的意义是什么?

答 无偏性只是保证估计量θ没有系统误差,即使估计有偏差,该偏差也是随机的,在大量重复使用中保证了平均偏差为0,因而是好的估计的基本要求之一.有效性考虑了偏差的大小,即$\hat{\theta}_1$与$\hat{\theta}_2$均为θ的无偏估计,若$\mathrm{D}(\hat{\theta}_1)<\mathrm{D}(\hat{\theta}_2)$,则$\hat{\theta}_1$优于$\hat{\theta}_2$.

5. 如何理解置信区间?

答 设$X_1,X_2,\cdots,X_n$为来自总体X的样本,未知参数θ的置信水平为$1-\alpha$的双侧置信区间为$(\underline{\theta},\overline{\theta})$,即

$$P\{\underline{\theta}(X_1,X_2,\cdots,X_n)\leqslant\theta\leqslant\overline{\theta}(X_1,X_2,\cdots,X_n)\}=1-\alpha,$$

则区间$(\underline{\theta},\overline{\theta})$是随机区间,对于不同的样本值$(x_1,x_2,\cdots,x_n)$,区间$(\underline{\theta},\overline{\theta})$也是不同的,它可能包含$\theta$的真值,也可能不包含$\theta$的真值,$1-\alpha$表明$(\underline{\theta},\overline{\theta})$包含$\theta$的可信程度.

【四】方法指导

例1 设$X_1,X_2,\cdots,X_n$为来自总体X的样本,$x_1,x_2,\cdots,x_n$为相应的样本值.求下列总体的概率密度或分布律中的未知参数的矩估计量:

(1) $f(x)=\begin{cases}\theta c^{\theta}x^{-(\theta+1)}, & x>c,\\ 0, & 其他,\end{cases}$ 其中$c>0$已知,$\theta>1$为未知参数;

(2) $f(x)=\begin{cases}\sqrt{\theta}\,x^{\sqrt{\theta}-1}, & 0\leqslant x\leqslant 1,\\ 0, & 其他,\end{cases}$ 其中 $\theta>0$ 为未知参数；

(3) $P\{X=x\}=C_m^x p^x(1-p)^{m-x}(x=0,1,2,\cdots,m;0<p<1)$，其中 m 已知，p 为未知参数.

分析 总体分布中仅有一个未知参数，可用样本一阶矩代替总体的一阶矩，求出估计量.

解 (1) 由

$$E(X)=\int_c^{+\infty}x\cdot\theta c^\theta x^{-(\theta+1)}\mathrm{d}x=\frac{\theta c}{1-\theta}=\overline{X},$$

得 θ 的矩估计量 $\hat{\theta}=\dfrac{\overline{X}}{\overline{X}+c}$.

(2) 由

$$E(X)=\int_0^1 x\cdot\sqrt{\theta}\,x^{\sqrt{\theta}-1}\mathrm{d}x=\frac{\sqrt{\theta}}{\sqrt{\theta}+1}=\overline{X},$$

得 θ 的矩估计量 $\hat{\theta}=\left(\dfrac{\overline{X}}{1-\overline{X}}\right)^2$.

(3) 由

$$E(X)=\sum_{x=0}^{m}xC_m^x p^x(1-p)^{m-x}=mp=\overline{X},$$

得 p 的矩估计量 $\hat{p}=\dfrac{\overline{X}}{m}$.

例 2 设某种电子器件的寿命 X 服从双参数的指数分布，其概率密度为

$$f(x)=\begin{cases}\dfrac{1}{\theta}\mathrm{e}^{-(x-c)/\theta}, & x\geqslant c,\\ 0, & 其他,\end{cases}$$

其中 $c,\theta(c,\theta>0)$ 为未知参数. 从一批这种器件中随机地取 n 件进行寿命试验，设它们的寿命为 $X_1,X_2,\cdots,X_n$，对应的样本值依次为 $x_1\leqslant x_2\leqslant\cdots\leqslant x_n$. 求：

(1) θ 与 c 的极大似然估计；　　(2) θ 与 c 的矩估计.

分析 总体分布中有两个待估计参数，分别用样本一、二阶矩代替总体一、二阶矩求 θ 与 c 的矩估计；利用极大似然法，求 θ 与 c 的极大似然估计.

解 (1) 似然函数为

$$L(\theta,c)=\prod_{i=1}^{n}f(x_i,\theta,c)$$

$$=\begin{cases}\dfrac{1}{\theta^n}\mathrm{e}^{-\frac{1}{\theta}\sum\limits_{k=1}^{n}(x_i-c)}, & x_i\geqslant c\ (i=1,2,\cdots,n),\\ 0, & 其他\end{cases}$$

$$=\begin{cases}\dfrac{1}{\theta^n}\mathrm{e}^{-\frac{1}{\theta}\sum\limits_{k=1}^{n}(x_i-c)}, & c\leqslant\min\limits_{1\leqslant i\leqslant n}\{x_i\},\\ 0, & 其他.\end{cases}$$

由 $\dfrac{\partial\ln L(\theta,c)}{\partial\theta}=0$，有 $\theta=\bar{x}-c$；由 $\dfrac{\partial\ln L(\theta,c)}{\partial c}=\dfrac{n}{\theta}>0$ 知 $L(\theta,c)$关于 c 单调增加. 故 c 与 θ 的极大似然估计为

$$\hat{c}=\min_{1\leqslant i\leqslant n}\{x_i\}=x_1,\quad \hat{\theta}=\bar{x}-\hat{c}.$$

(2) 由

$$\mathrm{E}(X)=\int_{-\infty}^{+\infty}xf(x)\mathrm{d}x=c+\theta=\overline{X},$$

$$\mathrm{E}(X^2)=\int_{-\infty}^{+\infty}x^2f(x)\mathrm{d}x=c^2+2\theta c+2\theta^2=\frac{1}{n}\sum_{i=1}^{n}X_i^2$$

得 c 与 θ 的矩估计为

$$\hat{\theta}=\sqrt{\frac{1}{n}\sum_{i=1}^{n}(X_i-\overline{X})^2},\quad \hat{c}=\overline{X}-\sqrt{\frac{1}{n}\sum_{i=1}^{n}(X_i-\overline{X})^2}.$$

例 3 设 $X_1,X_2,\cdots,X_n$ 是来自均匀分布总体 $X\sim U[0,\theta]$的样本，其中 $\theta>0$ 未知. 求 θ 的极大似然估计.

分析 求未知参数的极大似然估计通常可按通用教材中介绍的一般方法进行，然而在本题的总体概率密度 $f(x,\theta)$中，它仅与 θ 有关，构造的似然函数 $L(\theta)=\dfrac{1}{\theta^n}$无法用通常的方法求解. 而 $L(\theta)$单调减少，可以有下面解法.

解 总体的概率密度

$$f(x,\theta)=\begin{cases}1/\theta, & 0\leqslant x\leqslant\theta,\\ 0, & 其他.\end{cases}$$

设 $x_1,x_2,\cdots,x_n$ 为该样本观察值,则似然函数为

$$L(\theta)=\begin{cases}\dfrac{1}{\theta^n}, & \theta\geqslant\max\limits_{1\leqslant i\leqslant n}\{x_i\}\geqslant 0,\\ 0, & \text{其他}.\end{cases}$$

由于 $x_1,x_2,\cdots,x_n$ 已取定,当 $\theta=\max\limits_{1\leqslant i\leqslant n}\{x_i\}$时,$L(\theta)$达到最大,故 θ 的极大似然故计为 $\hat{\theta}=\max\limits_{1\leqslant i\leqslant n}\{x_i\}$.

例 4 设总体 $X\sim N(\mu,\sigma^2)$,$X_1,X_2,\cdots,X_n$ 是来自总体 X 的样本,试确定常数 c,使 $c\sum\limits_{i=1}^{n-1}(X_{i+1}-X_i)^2$ 为 σ^2 的无偏估计.

分析 按无偏估计的定义求 c.

解 由于 $X_{i+1}-X_i\sim N(0,2\sigma^2)(i=1,2,\cdots,n-1)$,所以

$$\begin{aligned}\mathrm{E}\Big[c\sum_{i=1}^{n-1}(X_{i+1}-X_i)^2\Big]&=c\sum_{i=1}^{n-1}\mathrm{E}[(X_{i+1}-X_i)^2]\\&=c(n-1)2\sigma^2.\end{aligned}$$

令 $c(n-1)2\sigma^2=\sigma^2$, 解得 $c=\dfrac{1}{2(n-1)}$.

例 5 设总体 X 服从 $U(0,\theta)$上的均匀分布,θ 未知,X_1,X_2,X_3 是来自于总体 X 的样本.

(1) 试证 $\hat{\theta}_1=\dfrac{2(X_1+2X_2)}{3}$,$\hat{\theta}_2=\dfrac{4}{3}\max\limits_{1\leqslant i\leqslant 3}\{X_i\}$,$\hat{\theta}_3=4\min\limits_{1\leqslant i\leqslant 3}\{X_i\}$都是 θ 的无偏估计;

(2) 上述(1)中哪个估计方差最小?

分析 问题(1)中,由无偏估计的定义,求估计量 $\hat{\theta}_1,\hat{\theta}_2,\hat{\theta}_3$ 的数学期望,即得结论.

问题(2)中,求出估计量的方差,比较后即得结论.

解 (1) 因为 $\mathrm{E}(X)=\dfrac{\theta}{2}$,所以

$$\mathrm{E}(\hat{\theta}_1)=\mathrm{E}\Big[\frac{2(X_1+2X_2)}{3}\Big]=\theta,$$

即 $\hat{\theta}_1$ 为 θ 的无偏估计.

设 X 的分布函数为 $F(x)$,则

$$F(x)=\begin{cases}0, & x\leqslant 0,\\ x/\theta, & 0<x\leqslant\theta,\\ 1, & x>\theta.\end{cases}$$

于是 $Y=\max\limits_{1\leqslant i\leqslant 3}\{X_i\},Z=\min\limits_{1\leqslant i\leqslant 3}\{X_i\}$的分布函数分别为

$$F_Y(x)=[F(x)]^3,\quad F_Z(x)=1-[1-F(x)]^3,$$

它们的概率密度分别为

$$f_Y(x)=\begin{cases}\dfrac{3x^2}{\theta^3}, & 0<x<\theta,\\ 0, & \text{其他},\end{cases}$$

$$f_Z(x)=\begin{cases}3\left(\dfrac{\theta-x}{\theta}\right)^2\dfrac{1}{\theta}, & 0<x<\theta,\\ 0, & \text{其他}.\end{cases}$$

所以 $\mathrm{E}(Y)=\dfrac{3}{4}\theta,\mathrm{E}(Z)=\dfrac{1}{4}\theta$,从而 $\mathrm{E}(\hat{\theta}_2)=\theta,E(\hat{\theta}_3)=\theta$,即 $\hat{\theta}_2,\hat{\theta}_3$ 均为 θ 的无偏估计.

(2) $\mathrm{D}(\hat{\theta}_1)=\mathrm{D}\left[\dfrac{2(X_1+2X_2)}{3}\right]=\dfrac{5}{27}\theta^2.$

因为 $\mathrm{E}(Y^2)=\dfrac{3}{5}\theta^2,\mathrm{E}(Z^2)=\dfrac{1}{10}\theta^2$, 所以

$$\mathrm{D}(Y)=\mathrm{E}(Y^2)-[\mathrm{E}(Y)]^2=\frac{3}{80}\theta^2,$$

$$\mathrm{D}(Z)=\mathrm{E}(Z^2)-[\mathrm{E}(Z)]^2=\frac{3}{80}\theta^2.$$

故 $$\mathrm{D}(\hat{\theta}_2)=\mathrm{D}\left(\frac{4}{3}Y\right)=\frac{2}{30}\theta^2,\quad \mathrm{D}(\hat{\theta}_3)=\mathrm{D}(4Z)=\frac{6}{10}\theta^2.$$

经比较知 $\hat{\theta}_2$ 的方差最小.

例 6 已知某种产品的寿命(单位: h)$X\sim N(\mu,\sigma^2)$. 从这批产品中随机抽取 10 个,测得寿命(单位: h)为:

1051, 1023, 925, 845, 958,

1084, 1166, 1048, 789, 1021.

试用极大似然估计法估计这批产品能使用 1000 h 以上的概率.

分析 一般地我们可以用极大似然法估计总体分布中的未知参数,由于总体分布中的参数 μ,σ^2 未知,可以对 μ,σ^2 作极大似然估计,从而得到能使用 1000 h 以上的概率 p 的极大似然估计.

解 因为

$$p=P\{X>1000\}=P\left\{\frac{X-\mu}{\sigma}>\frac{1000-\mu}{\sigma}\right\}$$

$$= 1 - \Phi\left(\frac{1000 - \mu}{\sigma}\right),$$

所以

$$\hat{p} = 1 - \Phi\left(\frac{1000 - \hat{u}}{\hat{\sigma}}\right).$$

由于 μ,σ 的极大似然估计分别为

$$\hat{\mu} = \bar{x} = \frac{1}{10}(1051 + 1023 + \cdots + 1021) = 991,$$

$$\hat{\sigma} = \sqrt{\hat{\sigma}^2}$$

$$= \sqrt{\frac{1}{10}(1051^2 + 1023^2 + \cdots + 1021^2 - 10 \times 991^2)}$$

$$= \sqrt{11561.2} = 107.52,$$

从而

$$\hat{p} = 1 - \Phi\left(\frac{1000 - 991}{107.31}\right) = 1 - \Phi(0.082) = 0.4681.$$

例 7 已知某种材料的抗压强度 $X \sim N(\mu,\sigma^2)$. 现随机地抽取 10 个试件进行抗压试验，测得数据：

482，493，457，471，510，446，435，418，394，469.

(1) 求平均抗压强度 μ 的点估计值；

(2) 求平均抗压强度 μ 的置信水平为 95%的置信区间；

(3) 若已知 $\sigma=30$，求 μ 的置信水平为 95%的置信区间.

分析 按点估计及区间估计的方法进行估计，但注意到问题 (2)，(3)是用不同的估计量得到平均抗压强度的区间估计.

解 (1) $\hat{\mu}=\bar{x}=\frac{1}{10}\times(482+493+\cdots+469)=457.50$.

(2) 由题意 σ^2 未知，$1-\alpha=0.95$，$\frac{\alpha}{2}=0.025$，且

$$s^2 = \frac{1}{10-1}\sum_{k=1}^{10}(x_k - 457.50)^2 \approx 1240.28,$$

$$s \approx \sqrt{1240.28} \approx 35.22,$$

于是所求置信区间为

$$(\underline{\mu},\bar{\mu}) = \left(\bar{x} - t_{\alpha/2}(n-1)\frac{s}{\sqrt{n}},\bar{x} + t_{\alpha/2}(n-1)\frac{s}{\sqrt{n}}\right)$$

$$= (457.50 - 25.20, 457.50 + 25.20)$$
$$= (432.30, 482.70).$$

(3) 若 $\sigma=30$,则所求置信区间为

$$(\underline{\mu}, \overline{\mu}) = \left(\overline{x} - Z_{\alpha/2}\frac{\sigma}{\sqrt{n}}, \overline{x} + Z_{\alpha/2}\frac{\sigma}{\sqrt{n}}\right)$$
$$= (457.50 - 18.59, 457.50 + 18.59)$$
$$= (438.91, 476.09).$$

例 8 设总体 $X \sim N(\mu, \sigma^2)$. 如果 σ^2 已知,问:样本容量 n 取多大时方能保证 μ 的置信水平为 95%的置信区间的长度不大于 L?

分析 对 μ 作区间估计后,求出区间长度,按题设解出 n,值得注意的是此区间估计是 σ^2 已知时对 μ 的区间估计.

解 设样本容量为 n,则 μ 的置信水平为 95%的置信区间为 $\left(\overline{X} - Z_{\alpha/2}\frac{\sigma}{\sqrt{n}}, \overline{X} + Z_{\alpha/2}\frac{\sigma}{\sqrt{n}}\right)$,区间长度为 $2Z_{\alpha/2}\frac{\sigma}{\sqrt{n}}$. 由 $2Z_{\alpha/2}\frac{\sigma}{\sqrt{n}} = 2\times 1.96\frac{\sigma}{\sqrt{n}} \leqslant L$,解得

$$n \geqslant (2 \times 1.96)^2 \frac{\sigma^2}{L^2} = 15.37\frac{\sigma^2}{L^2}.$$

例 9 设随机地取某种炮弹 9 发做试验,炮口速度的样本标准差 $s=11$ m/s. 已知炮口速度服从正态分布. 求这种炮弹的炮口速度的标准差 σ 的置信水平为 0.95 的置信区间.

分析 此问题为正态总体的方差的区间估计. 由方差的区间估计得到标准差的区间估计.

解 依题意样本容量 $n=9$,样本标准差 $s=11$,$\alpha=0.05$. 又查附表 4 得

$$\chi^2_{\alpha/2}(n-1) = \chi^2_{0.025}(8) = 17.535,$$
$$\chi^2_{1-\alpha/2}(n-1) = \chi^2_{0.975}(8) = 2.18,$$

于是所求置信区间为

$$\left(\sqrt{\frac{(n-1)s^2}{\chi^2_{\alpha/2}(n-1)}}, \sqrt{\frac{(n-1)s^2}{\chi^2_{1-\alpha/2}(n-1)}}\right)$$
$$= \left(\sqrt{\frac{8\times 11^2}{17.535}}, \sqrt{\frac{8\times 11^2}{2.18}}\right) = (7.430, 21.072).$$

例 10 设有来自总体 $X \sim N(\mu_1, 16)$的一个容量为 15 的样本，其样本均值 $\bar{x}=14.6$;来自总体 $Y \sim N(\mu_2, 16)$的一个容量为 20 的样本,其样本平均值 $\bar{y}=13.2$. 已知两样本是独立的,试求 $\mu_1-\mu_2$ 的置信水平为 90%的置信区间.

分析 这是两个正态总体在 σ_1^2, σ_2^2 为已知时,均值差 $\mu_1-\mu_2$ 的区间估计.

解 依题意 $n_1=15, n_2=20, \alpha=0.1$,又查附表 2 得 $Z_{\alpha/2}=Z_{0.05}=1.645$,于是所求置信区间为

$$\left(\bar{x}-\bar{y}-Z_{\alpha/2}\sqrt{\frac{\sigma_1^2}{n_1}+\frac{\sigma_2^2}{n_2}}, \bar{x}-\bar{y}+Z_{\alpha/2}\sqrt{\frac{\sigma_1^2}{n_1}+\frac{\sigma_2^2}{n_2}}\right)$$

$$=(-0.85, 3.65).$$

例 11 设总体 $X \sim N(\mu_1, \sigma_1^2)$与 $Y \sim N(\mu_2, \sigma_2^2)$相互独立. 分别从 X 和 Y 中取容量 $n_1=25, n_2=16$ 的简单随机样本算出样本方差值 $s_1^2=63.96, s_2^2=49.05$. 试求两总体方差比的置信水平为 98%的置信区间.

分析 这是两个正态总体在 μ_1, μ_2 未知时方差比的区间估计.

解 依题意 $1-\alpha=0.98, \alpha=0.02, \alpha/2=0.01, n_1-1=24, n_2-1=15$,又查附表 5 得

$$F_{\alpha/2}(n_1-1, n_2-1)=F_{0.01}(24,15)=3.29,$$

$$\frac{1}{F_{1-\alpha/2}(n_1-1, n_2-1)}=F_{\alpha/2}(n_2-1, n_1-1)$$

$$=F_{0.01}(15,24)=2.89,$$

所以所求置信区间为

$$\left(\frac{s_1^2}{s_2^2}\cdot\frac{1}{F_{\alpha/2}(n_1-1, n_2-1)}, \frac{s_1^2}{s_2^2}\cdot\frac{1}{F_{1-\alpha/2}(n_1-1, n_2-1)}\right)$$

$$=(0.396, 3.768).$$

例 12 设在一批产品中随机地抽取 5 个产品,测得其长度分别为 150,105,125,250,280. 若产品长度 $X \sim N(\mu, \sigma^2)$,求产品的平均长度 μ 的置信水平为 0.95 的单侧置信区间.

分析 这是 μ, σ^2 均未知时,μ 的单侧置信区间问题.

解 依题意 $n=5, 1-\alpha=0.95, \alpha=0.05$,又

$$\bar{x} = \frac{1}{5} \times (150 + 105 + 125 + 250 + 280) = 182,$$

$$s^2 = \frac{1}{4}\sum_{k=1}^{5}(x_k - 182)^2 = 6107.5,$$

于是所求单侧置信区间为

$$\left(\bar{x} - t_\alpha(n-1)\frac{s}{\sqrt{n}}, +\infty\right) = \left(\bar{x} - t_{0.05}(4) \times \frac{s}{\sqrt{n}}, +\infty\right)$$

$$= \left(182 - 2.1318 \times \frac{\sqrt{6107.5}}{\sqrt{5}}, +\infty\right)$$

$$= (107.5, +\infty).$$

【五】同步训练

A　级

1. 若总体 $X \sim N(\mu, \sigma^2)$（μ, σ^2 均为未知参数），$X_1, X_2, \cdots, X_n$ 是来自该总体的样本，则 μ 的矩估计为__________，μ 的极大似然估计为__________；σ^2 的矩估计为__________，它是否是 σ^2 的无偏估计？σ^2 的极大似然估计为__________，它是否是 σ^2 的无偏估计？

2. 总体未知参数 θ 的极大似然估计 $\hat{\theta}$ 就是__________函数的极大值点.

3. 在未知参数 θ 的区间估计中概率表达式为 $P\{\theta \in (T_1, T_2)\} = 1-\alpha$，则称__________为 θ 的一个置信水平为 $1-\alpha$ 的置信区间.

4. 设总体 X 服从二项式分布 $B(k, p)$（k 是正整数，$0<p<1$，两者都是未知参数），$X_1, X_2, \cdots, X_n$ 是来自总体 X 的样本. 试求 k, p 的矩估计.

5. 设总体 X 的概率密度为

$$f(x,\theta) = \begin{cases} \dfrac{1}{\theta_2 - \theta_1}, & \theta_1 < x < \theta_2, \\ 0, & \text{其他}, \end{cases}$$

其中 $\theta_2 > \theta_1$ 为待估计参数，又 $X_1, X_2, \cdots, X_n$ 为来自总体 X 的样本.

求 θ_1,θ_2 的矩估计量和极大似然估计量.

6. 设总体 X 服从正态分布 $N(\mu,2)$（μ 为未知参数），X_1，$X_2,\cdots,X_n$ 为来自总体 X 的样本. 求：

(1) μ 的矩估计量；　　　(2) μ 的极大似然估计量.

7. 设 $X_1,X_2,\cdots,X_n$ 为来自总体 $X\sim N(0,\sigma^2)$ 的样本. 求 σ^2 的最大似然估计量 $\hat{\sigma}^2$，并证明 $\hat{\sigma}^2$ 是 σ^2 的无偏估计量.

8. 设有一批零件的长度 $X\sim N(\mu,\sigma^2)$. 从这批零件中随机抽取 10 件，测得其长度为：

50.9，49.7，50.6，51.8，52.4，48.8，51.1，51.0，51.2，51.5.

求这批零件长度的方差 σ^2 的置信水平为 90% 的置信区间.

9. 为确定某种液体的浓度，取样得 4 个独立测定值的平均值 $\bar{x}=8.38$，样本标准差 $s=0.03$. 设被测总体服从正态分布，求总体均值 μ 及方差 σ^2 的置信水平为 95% 的置信区间.

B　级

1. 设从总体 $X\sim N(\mu,8^2)$ 中抽取容量 $n=100$ 的样本可确定 μ 的估计区间为 (43.88, 46.52). 试问：这个估计区间的置信水平是多少?

2. 设 $X_1,X_2,\cdots,X_n$ 是来自总体 X 的样本，试求下列各总体 X 的概率密度中未知参数的矩估计量和极大似然估计量：

(1) $f(x)=\begin{cases}\theta c^{\theta}x^{-(\theta+1)}, & x>c,\\ 0, & \text{其他},\end{cases}$ 其中 $c>0$ 为已知常数，$\theta>1$ 为未知参数；

(2) $f(x)=\begin{cases}\dfrac{x}{\theta^2}\mathrm{e}^{-x^2/(2\theta^2)}, & x>0,\\ 0, & \text{其他},\end{cases}$ 其中 $\theta>0$ 为未知参数.

3. 设有射击方式：接连不断独立地对同一目标射击，直到命中为止. 假设共进行 $n(n\geqslant 1)$ 轮这样的射击，各轮射击的次数 n 为 k_1，$k_2,\cdots,k_n$. 试求命中率 p 的极大似然估计和矩估计.

4. 在一批货物容量为 100 的样本中，经检验发现 16 件次品. 试求这批货物次品率的置信水平为 0.95 的置信区间.

5. 设总体 X 服从指数分布，其概率密度为

$$f(x)=\begin{cases}\dfrac{1}{\theta}\mathrm{e}^{-x/\theta}, & x>0,\theta>0,\\ 0, & \text{其他}.\end{cases}$$

从总体中抽取容量为 n 的样本 $X_1,X_2,\cdots,X_n$.

(1) 证明：$\dfrac{2n\overline{X}}{\theta}\sim\chi^2(2n)$；

(2) 求 θ 的置信水平为 $1-\alpha$ 的单侧置信下限；

(3) 设某种元件的寿命(单位：h)服从上述指数分布. 现从中抽取得容量为 $n=16$ 的样本，测得样本均值为 5010 h. 试求元件的平均寿命的置信水平为 0.9 的单侧置信下限.

6. 设某车间生产的螺杆直径服从正态分布 $N(\mu,\sigma^2)$. 今随机地从中抽取 5 根测得直径为 22.3,21.5,20.0,21.8,21.4.

(1) 当 $\sigma=0.3$ 时，求 μ 的置信水平为 0.95 的置信区间；

(2) 当 σ 未知时，求 μ 的置信水平为 0.95 的置信区间.

7. 为了研究由机器 A 和机器 B 生产的钢管内径，随机地抽取机器 A 生产的管子 18 根，测得样本方差为 $s_1^2=0.34$；抽取机器 B 生产的管子 13 根，测得样本方差为 $s_2^2=0.29$. 设两样本独立且设由机器 A，机器 B 生产的管子的内径分别服从正态分布 $N(\mu_1,\sigma_1^2)$，$N(\mu_2,\sigma_2^2)$，这里 $\mu_i,\sigma_i^2(i=1,2)$ 均未知. 试求方差比 σ_1^2/σ_2^2 的置信水平为 0.90 的置信区间.

8. 为了研究两种固体燃料火箭推进器的燃烧率，假设两种燃烧率都服从正态分布并且已知燃烧率的标准差均近似为 0.05 cm/s. 若取样本容量为 $n_1=n_2=20$ 的燃料率的样本均值分别为 $\bar{x}_1=18$ cm/s，$\bar{x}_2=24$ cm/s，求两燃烧率总体均值差 $\mu_1-\mu_2$ 的置信水平为 0.99 的置信区间.

9. 设总体 X 的数学期望 μ 与方差 σ^2 存在，$X_1,X_2,\cdots,X_n$ 是来自 X 的样本. 证明：

(1) $Y=\sum\limits_{k=1}^{n}c_kX_k$ 是 μ 的无偏估计量，其中 $\sum\limits_{k=1}^{n}c_k=1$，$c_k>0$；

(2) S^2(样本方差)是 σ^2 的无偏估计量；

(3) $B_2=\frac{1}{n}\sum_{k=1}^{n}(X_k-\overline{X})^2$ 不是 σ^2 的无偏估计量.

10. 设总体 X 的数学期望为 μ,方差为 σ^2,$X_1,X_2,\cdots,X_n$ 和 $Y_1,Y_2,\cdots,Y_m$ 分别为来自 X 的样本. 证明 S^2 是 σ^2 的无偏估计,其中

$$S^2=\frac{(n-1)S_1^2+(m-1)S_2^2}{m+n-2},$$

而 $$S_1^2=\frac{\sum_{k=1}^{n}(X_k-\overline{X})^2}{n-1},\quad S_2^2=\frac{\sum_{k=1}^{m}(Y_k-\overline{Y})^2}{m-1}.$$

11. 设总体 X 服从参数为 $\frac{1}{\theta}$ 的指数分布,其概率密度为

$$f(x,\theta)=\begin{cases}\frac{1}{\theta}\mathrm{e}^{-x/\theta}, & x>0,\\ 0, & \text{其他},\end{cases}$$

其中参数 $\theta>0$ 为未知,又设 $X_1,X_2,\cdots,X_n$ 是来自 X 的样本. 试证 $\overline{X}$ 和 $nZ=n\min\limits_{1\leqslant i\leqslant n}\{X_i\}$都是 θ 的无偏估计量.

12. 已知总体 X 服从伯努利分布,其概率密度为

$$f(x,\theta)=\begin{cases}\frac{x}{\theta}\mathrm{e}^{-\frac{x^2}{2\theta}}, & x>0,\\ 0, & x\leqslant 0,\end{cases}$$

其中 $\theta>0$ 为未知参数,又设 $X_1,X_2,\cdots,X_n$ 为来自总体的样本. 求 θ 的极大似然估计量,并讨论这个估计量是不是无偏估计量.

学习札记

学习札记

专题八　假设检验

【一】内容提要

1. 显著性水平

显著性水平即犯弃真性错误的最大概率 $\alpha(0<\alpha<1)$.

2. 原假设与备择假设

根据问题的目的和要求提出的两个相互对立的假设 H_0 与 H_1，如果在显著性水平下，针对 H_1 检验 H_0，则 H_0 称为**原假设**，H_1 称为**备择假设**(即原假设被拒绝后可供选择的假设).

3. 检验统计量

用于检验目的的统计量称为**检验统计量**.

4. 拒绝域与临界点

当检验统计量取某个区域 C 中的值时，我们拒绝原假设 H_0，称区域 C 为**拒绝域**，拒绝域的边界点称为**临界点**.

5. 显著性检验

对犯第一类(即"弃真")错误的概率加以控制，而不考虑犯第二类(即"取伪")错误的概率的检验，称为**显著性检验**.

6. 一个正态总体均值的假设检验(Z 检验与 t 检验)

设总体 $X\sim N(\mu,\sigma^2)$. 对给定的显著性水平 α，检验假设 $H_0:\mu=\mu_0,H_1:\mu\neq\mu_0$，则

(1) 当 σ^2 已知时，由检验统计量 $Z=\dfrac{\overline{X}-\mu_0}{\sigma/\sqrt{n}}$ 确定拒绝区域为 $|z|=\left|\dfrac{\bar{x}-\mu_0}{\sigma/\sqrt{n}}\right|\geqslant z_{\alpha/2}$. 此检验法称为 Z **检验**.

(2) 当 σ^2 未知时，由检验统计量 $T=\dfrac{\overline{X}-\mu_0}{S/\sqrt{n}}$ 确定拒绝区域为

$|t|=\left|\frac{\bar{x}-\mu_0}{s/\sqrt{n}}\right|\geqslant t_{\alpha/2}(n-1)$. 此检验法称为 t **检验**.

7. 两个正态总体均值差的假设检验(t 检验)

设有两个总体: $X\sim N(\mu_1,\sigma^2)$, $Y\sim N(\mu_2,\sigma^2)$ (σ 未知), 且 X 与 Y 相互独立. 对给定的显著性水平 α, 检验假设 $H_0:\mu_1-\mu_2=\delta$, $H_1:\mu_1-\mu_2\neq\delta$ (δ 为已知常数), 则由检验统计量 $T=\frac{(\bar{X}-\bar{Y})-\delta}{S_\omega\sqrt{\frac{1}{n_1}+\frac{1}{n_2}}}$ 确定拒绝域为

$$\frac{|(\bar{x}-\bar{y})-\delta|}{s_\omega\sqrt{\frac{1}{n_1}+\frac{1}{n_2}}}\geqslant t_{\alpha/2}(n_1+n_2-2),$$

其中

$$s_\omega^2=\frac{(n_1-1)s_1^2+(n_2-1)s_2^2}{n_1+n_2-2},\quad s_\omega=\sqrt{s_\omega^2}.$$

此检验法也是 t 检验.

8. 一个正态总体方差的假设检验(χ^2 检验)

设总体 $X\sim N(\mu,\sigma^2)$, μ 均未知. 对给定的显著性水平 α, 检验假设 $H_0:\sigma^2=\sigma_0^2$, $H_1:\sigma^2\neq\sigma_0^2$ (σ_0^2 为已知常数), 则由检验统计量 $\chi^2=\frac{(n-1)S^2}{\sigma_0^2}$ 确定的拒绝域为

$$\{\chi^2\leqslant\chi^2_{1-\alpha/2}(n-1)\}\cup\{\chi^2\geqslant\chi^2_{\alpha/2}(n-1)\}.$$

类似地, 对给定的显著性水平 α, 右边检验假设: $H_0:\sigma^2\leqslant\sigma_0^2$, $H_1:\sigma^2>\sigma_0^2$ 的拒绝域为 $\chi^2\geqslant\chi^2_\alpha(n-1)$; 左边检验假设: $H_0:\sigma^2\geqslant\sigma_0^2$, $H_1:\sigma^2<\sigma_0^2$ 的拒绝域为 $\chi^2\leqslant\chi^2_{1-\alpha}(n-1)$.

上述检验法均称为 χ^2 **检验**.

9. 两个正态总体方差的假设检验(F 检验)

设有两个总体 $X\sim N(\mu_1,\sigma_1^2)$, $Y\sim N(\mu_2,\sigma_2^2)$, X 与 Y 相互独立, 且 μ_1,μ_2 均未知. 对给定的显著性水平为 α, 检验假设 $H_0:\sigma_1^2\leqslant\sigma_2^2$, $H_1:\sigma_1^2>\sigma_2^2$, 则由检验统计量 $F=\frac{S_1^2/S_2^2}{\sigma_1^2/\sigma_2^2}$ 确定的拒绝域为 $F\geqslant$

$F_\alpha(n_1-1, n_2-1)$. 此检验法称为 F **检验**.

10. 置信区间与假设检验的关系

对给定的显著性水平为 α，当要检验假设 $H_0: \theta=\theta_0, H_1: \theta\neq\theta_0$ 时，需先求出 θ 的置信水平为 $1-\alpha$ 的置信区间 $(\underline{\theta}, \overline{\theta})$，然后考查 θ_0 是否落在区间 $(\underline{\theta}, \overline{\theta})$ 内. 若 $\theta_0 \in (\underline{\theta}, \overline{\theta})$，则接受 H_0，否则拒绝 H_0.

反之，为了求出参数 θ 的置信水平为 $1-\alpha$ 置信区间，可先求出显著性水平为 α 的假设检验 $H_0: \theta=\theta_0, H_1: \theta\neq\theta_0$ 的接受域：$\underline{\theta}(x_1, \cdots, x_n) < \theta_0 < \overline{\theta}(x_1, \cdots, x_n)$，那么 $(\underline{\theta}(x_1, \cdots, x_n), \overline{\theta}(x_1, \cdots, x_n))$ 就是 θ 的置信水平为 $1-\alpha$ 的置信区间.

11. 样本容量的选取

在进行假设检验时，不仅要给出显著性水平以控制犯第一类(弃真)错误的概率，而且要适当选取样本的容量使得犯第二类(取伪)错误的概率控制在预先给定的限度之内，这是样本选取的原则.

【二】基本要求

1. 理解假设检验中显著性水平 、原假设与备择假设、拒绝域、检验统计量、显著性检验等概念.
2. 了解一个正态总体的均值与方差的假设检验.
3. 了解两个正态总体的均值差及方差比的假设检验.
4. 了解置信区间与假设检验的关系.
5. 了解样本容量的选取.

【三】释疑解难

1. 接受假设的含义是什么？

答 所谓接受假设是我们依据假设检验方法作出的一种决策，这并不意味着我们接受的假设是真的，无论是拒绝或接受假设都存在着错误的选择.

2. 对总体分布中未知参数的假设检验与点估计有何不同？

答　对总体中的未知参数而言，两者都是对未知参数的推测，但假设检验与点估计推测未知参数的角度不一样，点估计是由抽样推测出未知参数的一个合理的估计值，而假设检验是对未知参数取值的某种假设予以认同.

3. 假设检验有哪些问题？

答　(1) 为何作出原假设？

(2) 为何选取显著性水平？

(3) 按照什么标准选取拒绝域？

(4) 对所得结论如何合理地解释？

4. 如何由两类错误理解显著性假设检验？

答　一般地，对于确定的样本容量，犯第一类错误的概率小了，则犯第二类错误的概率就较大，所以使犯两类错误的概率都小是做不到的. 由于上述原因，我们更需要保证犯第一类错误的概率较小，例如，医生为就医者诊断时产生的错误：就医者有病而诊断为无病；就医者无病诊断为有病. 此两种诊断结果对就医者的影响是不一样的，前者错误会导致就医者病情更严重，甚至导致就医者死亡. 所以我们应该尽量使犯第一类错误的概率较小，此即显著性假设检验的基本思想和原理.

5. 区间估计与假设检验有什么不同？

答　区间估计与假设检验是统计推断的两种不同形式，但解决问题的途径是相同的. 下面以未知方差，关于正态总体均值的区间估计与假设检验为例说明.

设置信水平为 $1-\alpha$，样本值为 $x_1,x_2,\cdots,x_n$，则由 $T=\dfrac{\overline{X}-\mu}{S/\sqrt{n}}\sim t(n-1)$ 可以确定 μ 的置信水平为 $1-\alpha$ 的置信区间是 $\left(\overline{x}\pm\dfrac{s}{\sqrt{n}}t_{\alpha/2}(n-1)\right)$.

提出假设 $H_0:\mu=\mu_0$（μ_0 已知）；$H_1:\mu\neq\mu_0$.

若 H_0 成立，则 $T=\dfrac{\overline{X}-\mu_0}{S/\sqrt{n}}\sim t(n-1)$. 对于显著性水平 α，拒绝域为 $\left|\dfrac{\overline{x}-\mu_0}{s/\sqrt{n}}\right|\geqslant t_{\alpha/2}(n-1)$，而接受域为 $\left(\overline{x}\pm\dfrac{s}{\sqrt{n}}t_{\alpha/2}(n-1)\right)$.

通过上述两问题说明假设检验的接受域正是区间估计的置信区间,故区间估计与假设检验的统计处理是相通的.

但是区间估计中参数 μ 是未知的,要求 μ 的一个范围,而假设检验是给出 $\mu=\mu_0$ 或 $\mu\neq\mu_0$(μ_0 已知),从两个假设中选择一个,这就是它们的区别.

6. 假设检验中拒绝域合理形式是如何选择的?

答 假设检验的拒绝域一般都是按经验予以确定其形式,下面给出不同情况拒绝域的形式.(显著性水平为 α)

(1) σ^2 已知.

原假设:	拒绝域:
$\mu\leqslant\mu_0$;	$z\geqslant z_\alpha$;
$\mu\geqslant\mu_0$;	$z\leqslant z_\alpha$;
$\mu=\mu_0$.	$\lvert z\rvert\geqslant z_{\alpha/2}$.

(2) σ^2 未知.

原假设:	拒绝域:
$\mu\leqslant\mu_0$;	$t\geqslant t_\alpha(n-1)$;
$\mu\geqslant\mu_0$;	$t\leqslant -t_\alpha(n-1)$;
$\mu=\mu_0$.	$\lvert t\rvert\geqslant t_{\alpha/2}(n-1)$.

(3) σ_1^2,σ_2^2 已知.

原假设:	拒绝域:
$\mu_1-\mu_2\leqslant\delta$;	$z\geqslant z_\alpha$;
$\mu_1-\mu_2\geqslant\delta$;	$z\leqslant -z_\alpha$;
$\mu_1-\mu_2=\delta$.	$\lvert z\rvert\geqslant z_{\alpha/2}$.

(4) $\sigma_1^2=\sigma_2^2=\sigma^2$ 未知.

原假设:	拒绝域:
$\mu_1-\mu_2\leqslant\delta$;	$t\geqslant t_\alpha(n_1+n_2-2)$;
$\mu_1-\mu_2\geqslant\delta$;	$t\leqslant -t_\alpha(n_1+n_2-2)$;
$\mu_1-\mu_2=\delta$.	$\lvert t\rvert\geqslant t_{\alpha/2}(n_1+n_2-2)$.

(5) μ 未知.

原假设：	拒绝域：
$\sigma^2 \leqslant \sigma_0^2$；	$\chi^2 \geqslant \chi_\alpha^2(n-1)$；
$\sigma^2 \geqslant \sigma_0^2$；	$\chi^2 \leqslant \chi_{1-\alpha}^2(n-1)$；
$\sigma^2 = \sigma_0^2$.	$\{\chi^2 \geqslant \chi_{\alpha/2}^2(n-1)\} \cup \{\chi^2 \leqslant \chi_{1-\alpha/2}^2(n-1)\}$.

(6) μ_1, μ_2 未知.

原假设：	拒绝域：
$\sigma_1^2 \leqslant \sigma_2^2$；	$F \geqslant F_\alpha(n_1-1, n_2-1)$；
$\sigma_1^2 \geqslant \sigma_2^2$；	$F \leqslant F_{1-\alpha}(n_1-1, n_2-1)$；
$\sigma_1^2 = \sigma_2^2$.	$\{F \geqslant F_{\alpha/2}(n_1-1, n_2-1)\} \cup \{F \leqslant F_{1-\alpha/2}(n_1-1, n_2-1)\}$.

【四】方法指导

例 1 设总体 $X \sim N(\mu, \sigma^2)$(其中 σ^2 已知). 在显著性水平 $\alpha=0.05$ 下,对检验假设 $H_0: \mu \leqslant \mu_0, H_1: \mu > \mu_0$,作出接受 H_0 的结论,那么在显著性水平 $\alpha=0.01$,按上述检验方案的检验结论是(　　)

(A) 必接受 H_0； (B) 可能接受 H_0,也可能拒绝 H_0；

(C) 必拒绝 H_0； (D) 不接受 H_0,也不拒绝 H_0.

分析 这是显著性水平不同的相同假设检验问题,可以依接受域的包含关系得到结论.

解 选(A).

由于检验假设 $H_0: \mu \leqslant \mu_0, H_1: \mu > \mu_0$ 的拒绝域为 $z=\dfrac{\bar{x}-\mu_0}{\sigma/\sqrt{n}} \geqslant z_\alpha$,即 $\bar{x} \geqslant \mu_0 + \dfrac{\sigma}{\sqrt{n}} z_\alpha$,所以

在 $\alpha=0.05$ 下,接受域为 $\bar{x} < \mu_0 + \dfrac{\sigma}{\sqrt{n}} z_{0.05}$；

在 $\alpha=0.01$ 下,接受域为 $\bar{x} < \mu_0 + \dfrac{\sigma}{\sqrt{n}} z_{0.01}$.

而 $z_{0.05} < z_{0.01}$,所以 $\bar{x} < \mu_0 + \dfrac{\sigma}{\sqrt{n}} z_{0.05} < \mu_0 + \dfrac{\sigma}{\sqrt{n}} z_{0.01}$,故接受

H_0.

例 2 设 $X_1, X_2, \cdots, X_n$ 为来自总体 $N(\mu, \sigma^2)$ 的样本，其中 μ, σ^2 未知. 设

$$\overline{X} = \frac{1}{n}\sum_{k=1}^{n} X_k, \quad Q^2 = \sum_{k=1}^{n}(X_k - \overline{X})^2,$$

则假设 $H_0: \mu_0 = 0$ 的 t 检验使用的统计量是什么？试用 Q^2 与 $\overline{X}$ 来表示该统计量.

分析 这是方差未知的正态总体均值的检验，注意到 $\dfrac{\overline{X}-\mu_0}{S/\sqrt{n}} \sim t(n-1)$，由此可以得到检验统计量.

解 由于 $Q^2 = (n-1)S^2$，且 $T = \dfrac{\overline{X}-\mu_0}{S/\sqrt{n}} \sim t(n-1)$，所以

$$T = \frac{\overline{X}}{Q}\sqrt{n(n-1)} \sim t(n-1)$$

为检验统计量.

例 3 设某药品包装机在正常工作时，包装得每袋药品的质量(单位：g)$X \sim N(10.5, 0.15)^2$. 现从包装出来的一批产品中随机地抽取 15 袋分别进行称量，称得质量(单位：g)如下：

10.4, 10.6, 10.1, 10.4, 10.5, 10.3, 10.3, 10.2,

10.9, 10.6, 10.8, 10.5, 10.7, 10.2, 10.7.

问：包装机是否正常工作？($\alpha = 0.05$)

分析 包装机是否能够正常工作是指包装机包装的药品是否是标准质量 10.5 g，可以看做是 σ^2 已知的情况下，均值的双侧假设检验问题. 注意到 $\alpha = 0.05$.

解法 1 (1) 提出假设 $H_0: \mu = \mu_0 = 10.5, H_1: \mu \neq \mu_0$；

(2) 显著性水平 $\alpha = 0.05$，样本容量 $n = 15$；

(3) 检验统计量 $Z = \dfrac{\overline{X}-\mu_0}{\sigma/\sqrt{n}}$，拒绝域为 $|z| \geqslant z_{\alpha/2}$；

(4) $\overline{x} = 10.48$, $z_{\alpha/2} = z_{0.025} = 1.96$；

(5) 判定：$|z| = 0.5164 < 1.96$，故接受 H_0.

解法 2 检验假设 $H_0: \mu = \mu_0 = 10.5, H_1: \mu \neq \mu_0$. H_0 关于 $\overline{x}$ 的接受域为 $\left(\mu_0 - z_{\alpha/2}\dfrac{\sigma}{\sqrt{n}}, \mu_0 + z_{\alpha/2}\dfrac{\sigma}{\sqrt{n}}\right)$，即 (10.42, 10.58). 由于 $\overline{x} \in$

(10.42,10.58),故接受 H_0.

例 4 设学生某次考试的成绩服从正态分布.随机抽取 36 位考生的成绩算得平均成绩为 66.5 分,样本标准差为 15 分.问:在显著性水平为 $\alpha=0.05$ 下,是否可以认为这次考试全体考生的平均成绩为 70 分?

分析 这是正态总体方差 σ^2 未知的均值的双侧检验问题,采用 t 检验法.

解 检验假设 $H_0:\mu=\mu_0=70$,$H_1:\mu\neq\mu_0$.选择检验统计量 $T=\dfrac{\overline{X}-\mu_0}{S/\sqrt{n}}$,则 H_0 关于检验统计量 T 的拒绝域为

$$|t|=\left|\frac{\bar{x}-\mu_0}{s/\sqrt{n}}\right|\geqslant t_{\alpha/2}.$$

由 $\bar{x}=66.5$,$s=15$,$n=36$,$t_{0.025}(35)=2.0301$,可以有 $|t|=1.4<2.0301=t_{0.025}(35)$,故接受 H_0.

例 5 设某地区 10 年前普查身高时得到 12 岁的男孩平均身高为 1.50 m.现从该地区随机抽查 200 个 12 岁男孩,身高平均值 1.53 m,样本标准差 $s=0.069$ m.问:10 年来该地区男孩的平均身高是否有显著性变化?($\alpha=0.05$)

分析 由于 10 年来的生活水平的提高,经验告诉我们孩子的身高会增加,现在的问题是孩子的身高是否有显著性变化?注意到孩子的身高服从正态分布(方差未知),所以用单边的 t 检验法检验假设.

解 检验假设 $H_0:\mu=\mu_0=1.50$,$H_1:\mu>\mu_0$.选择检验统计量 $T=\dfrac{\overline{X}-\mu_0}{S/\sqrt{n}}$,则 H_0 关于检验统计量 T 的拒绝域为

$$t=\frac{\bar{x}-\mu_0}{s/\sqrt{n}}>t_\alpha.$$

由 $\bar{x}=1.53$,$s=0.069$,$n=200$,$\mu_0=1.50$,$t_{0.05}(199)=1.653$,可以有

$$t=\frac{1.53-1.50}{0.069/\sqrt{200}}=6.148>1.653=t_{0.05}(199),$$

故拒绝 H_0,即 10 年来该地区男孩的平均身高有显著性变化.

例 6 为对两种材料做强度试验,各取容量为 6 的样本,假设两种材料的测试总体 $X\sim N(\mu_1,\sigma_1^2)$,$Y\sim N(\mu_2,\sigma_2^2)$,测试结果为 $\bar{x}=$

174，$s_1^2=1575$，$\overline{y}=144$，$s_2^2=1923$. 试问：

(1) 两种材料的测试总体的方差是否相等？($\alpha=0.05$)

(2) 测试总体 X 的均值 μ_1 是否比 Y 的均值 μ_2 大？($\alpha=0.05$)

分析 问题(1)，(2)分别是方差比、期望差的假设检验问题，分别用 F 检验法及 t 检验法求解.

解 (1) 检验假设 $H_0:\sigma_1^2=\sigma_2^2$，$H_1:\sigma_1^2\neq\sigma_2^2$. 选择检验统计量 $F=\dfrac{S_1^2/S_2^2}{\sigma_1^2/\sigma_2^2}$，则 H_0 的接受域的形式为

$$F_{1-\alpha/2}(5,5)<F=\frac{s_1^2}{s_{2}{}^2}<F_{\alpha/2}(5,5).$$

由 $s_1^2=1575$，$s_2^2=1923$，$F_{0.025}(5,5)\approx 7.15$，$F_{0.975}(5,5)\approx 0.14$，可以有

$$F_{0.975}(5,5)=0.14<F=\frac{1575}{1923}=0.819<7.15=F_{0.025}(5,5),$$

故接受 H_0，即两总体方差相等.

(2) 检验假设 $H_0:\mu_1-\mu_2=0$，$H_1:\mu_1-\mu_2>0$. 选择检验统计量

$$T=\frac{(\overline{X}-\overline{Y})-(\mu_1-\mu_2)}{S_w\sqrt{\dfrac{1}{n_1}+\dfrac{1}{n_2}}},$$

则 H_0 的拒绝域为 $t>t_\alpha(n_1+n_2-2)$. 由

$$\overline{x}=174,\ \overline{y}=144,\ s_1^2=1575,\ s_2^2=1923,\ t_{0.05}(10)=1.8125,$$

可以有

$$t=\frac{\overline{x}-\overline{y}}{s_w\sqrt{\dfrac{1}{n_1}+\dfrac{1}{n_2}}}=\frac{174-144}{41.82\sqrt{\dfrac{1}{6}+\dfrac{1}{6}}}\approx 1.24$$

$$<1.8125=t_{0.05}(10)\quad (s_w^2=1749),$$

故接受 H_0，即 μ_1 不比 μ_2 大.

例 7 设有两批棉纱，为比较其断裂强度，从中各取一个样本，测试后有下面结果：

第一批：$n_1=200$，$\overline{x}=0.532$，$s_1=0.218$；

第二批：$n_2=100$，$\overline{y}=0.576$，$s_2=0.198$.

假定断裂强度服从正态分布，试检验两批棉纱断裂强度的均值有无显著差异？($\alpha=0.05$)

分析 由于 $\min\{n_1,n_2\}=100$ 足够大,所以有

$$\frac{(\overline{X}-\overline{Y})-(\mu_1-\mu_2)}{\sqrt{\frac{S_1^2}{n_1}+\frac{S_2^2}{n_2}}}\sim N(0,1).$$

因此有下面解法.

解 检验假设 $H_0:\mu_1-\mu_2=0$, $H_1:\mu_1-\mu_2\neq 0$. 选择检验统计量

$$Z=\frac{(\overline{X}-\overline{Y})-(\mu_1-\mu_2)}{\sqrt{\frac{S_1^2}{n_1}+\frac{S_2^2}{n_2}}},$$

则 H_0 的拒绝域为 $|z|\geqslant z_{\alpha/2}$. 由

$$\bar{x}=0.532,\quad \bar{y}=0.576,\quad s_1=0.218,$$

$$s_2=0.198,\quad n_1=200,\quad n_2=100,$$

可以有

$$|z|=\frac{|0.532-0.576|}{\sqrt{\frac{0.218^2}{200}+\frac{0.198^2}{100}}}=\frac{0.044}{0.251}=1.7530<z_{0.025}=1.96,$$

故接受 H_0,即两批棉纱断裂强度的均值无显著差异.

例 8 已知某种苹果的平均质量为 220 g,标准差 $\sigma=8.9$ g. 施用某种农药后,随机抽取 10 个苹果,质量(单位: g)分别为:

228, 225, 221, 218, 235, 220, 241, 214, 230, 240.

设苹果的质量服从正态分布,问: 这种农药对于苹果的质量是否有显著影响? ($\alpha=0.05$)

分析 1 可以视方差有无显著性变化,决定检验均值有无显著性变化的检验方法,所以先对方差进行假设检验后,再对均值进行假设检验.

解法 1 检验假设 $H_0^1:\sigma_0^2=8.9^2$, $H_1^1:\sigma_0^2\neq 8.9^2$. 选择检验统计量 $\chi^2=\frac{(n-1)S^2}{\sigma_0^2}$,则 H_0^1 的接受域为

$$\chi^2_{0.975}(9)<\chi^2=\frac{(n-1)s^2}{\sigma_0^2}<\chi^2_{0.025}(9).$$

经计算及查表得

$\bar{x} = 227.2$, $s^2 = 86.40$, $\chi^2_{0.975}(9) = 2.7$, $\chi^2_{0.025}(9) = 19.023$，于是有 $2.7 < \chi^2 = 9.817 < 19.023$，故接受 H_0^1，即用农药后不影响苹果重量的标准差.

又检验假设 $H_0: \mu = \mu_0 = 220$，$H_1: \mu \neq 220$. 选择检验统计量 $Z = \dfrac{\overline{X} - \mu_0}{\sigma/\sqrt{n}}$，则 H_0 的拒绝域为

$$|z| = \left|\frac{\bar{x} - \mu_0}{\sigma/\sqrt{n}}\right| > z_{\alpha/2}.$$

因为

$$|z| = \left|\frac{227.2 - 220}{8.9/\sqrt{10}}\right| = 2.558 > 1.96 = z_{0.025} = z_{\alpha/2},$$

故拒绝 H_0，即用药后对苹果的质量有显著性影响.

分析 2 此问题为将总体方差视为未知情形，对总体均值的检验问题，可以直接使用 t 检验法.

解法 2 检验假设 $H_0: \mu = \mu_0 = 220$，$H_1: \mu \neq \mu_0$. 选择检验统计量 $T = \dfrac{\overline{X} - \mu_0}{S/\sqrt{n}}$，则 H_0 的拒绝域为

$$|t| = \left|\frac{\bar{x} - \mu_0}{s/\sqrt{n}}\right| > t_{\alpha/2}(n-1).$$

因为

$$|t| = \left|\frac{227.2 - 220}{9.2952/\sqrt{10}}\right| = 2.449 > 2.262 = t_{0.025}(9),$$

故拒绝 H_0，即用药后对苹果的质量有显著性影响.

例 9 为了观察某条高速公路上发生车祸的次数 X，统计 200 天的记录得到以下数据：

车祸数	0	1	2	3	4
频数	109	65	22	3	1

试问：在显著性水平 $\alpha = 0.25$ 下，能否认为 X 服从泊松分布？

分析 因为泊松分布中参数 λ 未知，所以应先计算 λ 的极大似然估计值，然后检验 X 是否服从 $\pi(\lambda)$ 分布.

解 检验假设 H_0：$X\sim\pi(\lambda)$. 当 H_0 成立时，λ 的极大似然估计值 $\hat{\lambda}=\bar{x}=0.61$，此时假设 $X\sim\pi(0.61)$. 由

$$\hat{p}_i = P\{X=i\} = \mathrm{e}^{-0.61}\frac{0.61^i}{i!} \quad (i=0,1,2,3)$$

可以有

$$\hat{p}_0 = 0.543,\quad \hat{p}_1 = 0.331,\quad \hat{p}_2 = 0.101,\quad \hat{p}_3 = 0.021,$$

记 $\hat{p}_4=P\{X\geqslant 4\}$，则 $\hat{p}_4=0.004$. 由于 $n\hat{p}_4=0.8$ 太小，因此将 $\hat{p}_4$ 并入 $\hat{p}_3$ 中，此时选择检验统计量

$$\chi^2 = \sum_{i=0}^{3}\frac{(n_i-n\hat{p}_i)^2}{n\hat{p}_i}\sim\chi^2(k-r-1),$$

其中 $k=4$，$r=1$（k 指加和的项数，r 指 H_0 下未知参数的个数）.

由于检验统计量的值

$$\chi^2 = \frac{(109-108.6)^2}{108.6}+\frac{(65-66.2)^2}{66.2}+\frac{(22-20.2)^2}{20.2}+\frac{(4-5)^2}{5}=0.3837,$$

而 $\chi^2_{0.25}(4-1-1)=\chi^2_{0.25}(2)=2.77$，从而 $\chi^2=0.3837<2.77=\chi_{0.25}(2)$，所以接受 H_0，即 X 服从泊松分布.

注 在 H_0 下有一个未知参数 λ，故检验统计量

$$\chi^2\sim\chi^2(4-1-1)=\chi^2(2).$$

例 10 设从某工厂生产的某种型号的铆钉中随机地抽取 120 个，测得其直径的数据如下：

13.40，13.9，…，13.14，…，13.69，…，13.31，13.38

（其中 13.14 为最小值，13.69 为最大值）. 试分析这种铆钉的直径服从什么分布，并进行假设检验.（$\alpha=0.05$）

分析 这是总体分布函数的假设检验，可以用 χ^2 检验法.

解 求解步骤如下：

(1) 找出最大值 13.69，最小值 13.14，确定样本值的取值范围.

取 $b=13.69$，$a=13.14$，区间 $[a,b]$ 的长度 $b-a=0.6$.

(2) 确定分组数 k，把 $[a,b]$ 再分成 k 个小区间，使得每个小区间上至少有一个样本值. 组数 k 与样本容量 n 有经验规律：

$$n \leqslant 20, \qquad k \in [5,6);$$
$$n \in (20,60], \qquad k \in [6,8);$$
$$n \in (60,100], \qquad k \in [8,10);$$
$$n \in (100,500], \qquad k \in [10,20].$$

由于 $n=120$,因此可取 $k=10$.

(3) 定组距:

$$\Delta = \frac{b-a}{k} = \frac{13.73 - 13.13}{10} = 0.06.$$

(4) 列出样本值的分组频率分布表:

组限	频数 m_i	频率 $f_i=m_i/n$	频率密度 f_i/Δ
13.13～13.19	1	0.0083	0.1383
13.19～13.25	5	0.0417	0.6950
13.25～13.31	13	0.1083	1.8050
13.31～13.37	14	0.1167	1.9450
13.37～13.43	27	0.2250	3.7500
13.43～13.49	25	0.2083	3.4717
13.49～13.55	19	0.1584	2.6400
13.55～13.61	10	0.0833	1.3883
13.61～13.67	5	0.0417	0.6950
13.67～13.73	1	0.0083	0.1383
$\sum$	120	1.0000	

(5) 画出频率直方图(见图 8-1).

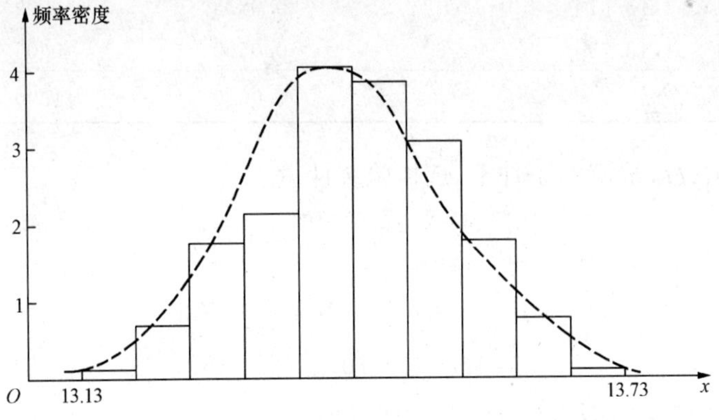

图 8-1

(6) 估计分布.

由频率直方图知,近似有总体 $X \sim N(\mu, \sigma^2)$.

(7) 假设检验.

检验假设 $H_0: X \sim N(\mu, \sigma^2)$. 用点估计法估计得

$$\hat{\mu} = \bar{x} = 13.43, \quad \hat{\sigma}^2 = s^2 = 0.11^2.$$

此时,X 的概率密度

$$f(x) \approx \frac{1}{\sqrt{2\pi} \times 0.11} \mathrm{e}^{\frac{-(x-13.43)^2}{2 \times 0.11^2}},$$

于是概率

$$\begin{aligned} \hat{p}_i &= P\{x_{i-1} < X \leqslant x_i\} \\ &\approx \Phi\left(\frac{x_i - 13.43}{0.11}\right) - \Phi\left(\frac{x_{i-1} - 13.43}{0.11}\right). \end{aligned}$$

由此列表如下:

区间 $(x_{i-1}, x_i]$	频数 m_i	频率 $f_i = m_i/n$	概率 p_i
(13.13,13.25]	6	0.0500	0.05
(13.25,13.31]	13	0.1083	0.09
(13.31,13.37]	14	0.1167	0.15
(13.37,13.43]	27	0.2250	0.21
(13.43,13.49]	25	0.2083	0.21
(13.49,13.55]	19	0.1584	0.15
(13.55,13.61]	10	0.0833	0.09
(13.61,13.73]	6	0.0500	0.05
$\sum$		1.0000	1.00

在 H_0 成立的条件下,选检验统计量

$$\chi^2 = \sum_{i=1}^{k} \left(\frac{m_i - n\hat{p}_i}{n\hat{p}_i}\right)^2 \sim \chi^2(k - r - 1),$$

其中 $k=8, r=2$,故 $\chi^2 \sim \chi^2(5)$. 代入样本值计算有

$$\chi^2 = 1.83 < 11.071 = \chi^2_{0.05}(5),$$

所以接受 H_0,即 $X \sim N(13.43, 0.11^2)$.

【五】同步训练

A 级

1. 填空题：

(1) 假设检验一般分为________检验和________检验.

(2) 检验的显著性水平是________.

(3) 设正态总体 $X\sim N(\mu,\sigma^2)$，且已知在标准状态下 $\sigma^2=\sigma_0^2$. 当均值 μ 已知时，检验 σ^2 的统计量是________；当均值 μ 未知时，检验 σ^2 的统计量是________.

2. 已知某车间用一台包装机包装精盐，标准质量为 500 g. 设包装机包装的精盐每袋质量 $X\sim N(\mu,\sigma^2)$. 为检查包装机是否正常工作，随机抽取 9 袋称其质量(单位：g)如下：

497，506，518，524，488，511，510，515，512.

在下列情况下，问：此包装机工作是否正常？($\alpha=0.05$)

(1) 已知 $\sigma=15$ g；　　(2) σ^2 未知.

3. 设某砖厂生产砖的抗断强度 $X\sim N(\mu,1.21)$. 从产品中随机抽取 6 块测得抗断强度为：

32.66，29.86，31.74，30.15，32.88，31.05.

试检验这批砖的平均抗断强度是 32.50. ($\alpha=0.05$)

4. 设某厂生产某种零件的尺寸服从正态分布. 今从该厂生产的一批零件中抽取 6 个样品测得尺寸如下：

52.56，49.66，51.64，50.00，51.87，51.03.

在显著性水平 $\alpha=0.05$ 下，这批零件的平均尺寸是否为 52.50?

5. 已知用老工艺生产的机械零件方差较大，抽查了 25 个零件得 $s_1^2=6.37$. 现改用新工艺生产，抽查 25 个零件得 $s_2^2=3.19$. 设两种生产过程皆服从正态分布，问：新工艺的精度是否比老工艺显著好？($\alpha=0.05$)

6. 设 5 名测量人员独立地测量同一块土地，分别测得这块土地的面积为 1.27，1.24，1.20，1.29，1.23，算得平均面积为 1.246. 若

测量值服从正态分布，由这批样本值能否说明这块土地的面积不到 1.25？($\alpha=0.05$)

B 级

1. 已知某炼铁厂的铁水含量 X 在正常情况下服从正态分布 $N(4.55, 0.108^2)$. 现测了 5 炉铁水，其铁水含量分别为：4.81，4.69，4.67，4.79，4.72. 如果方差没有变化，问：总体均值有无变化？($\alpha=0.05, 0.01$)

2. 已知正常人脉搏平均为 72 次/分. 现在某医生随机抽查 10 例慢性四乙基铅中毒者，测得他们的脉搏(单位：次/分)如下：

54，67，78，68，70，66，70，67，65，69.

假定四乙基铅中毒者的脉搏服从正态分布，问：四乙基铅中毒者和正常人的脉搏有无显著差异？($\alpha=0.05, 0.01$)

3. 设某两家银行分别对 21 户和 16 户储户的年存款金额进行抽样调查，测得平均年存款金额分别为 $\bar{x}=2600$ 元和 $\bar{y}=2700$ 元，样本标准差相应为 $s_x=81$ 元和 $s_y=105$ 元. 假设年存款金额服从正态分布，试比较两家银行储户的平均年存款金额有无显著差异. ($\alpha=0.10$)

4. 设总体 $X\sim N(\mu,1)$，$x_1,\cdots,x_{10}$是来自总体 X 的 10 个观测值. 已知要在显著性水平 α 下检验假设 $H_0:\mu=\mu_0=0$，$H_1:\mu\neq 0$，取拒绝域为 $R=\{|\bar{x}|\geqslant c\}$.

(1) 若 $\alpha=0.05$，求 c；

(2) 若已知 $\alpha=0.05$，$\bar{x}=1$，是否可以根据此样本推断 $\mu=0$；

(3) 如果 $R=\{|\bar{x}|\geqslant 1.15\}$ 作为 $H_0:\mu=0$ 的拒绝域，试求假设检验的显著性水平 α？

5. 设某地 9 月份气温 $X\sim N(\mu,\sigma^2)$，且观测 9 天得 $\bar{x}=30℃$，$s=0.9℃$. 求：

(1) 此地 9 月份平均气温的置信区间；(置信水平 $1-\alpha=0.95$)

(2) 能否据此样本认为该地区 9 月份平均气温为 31.5℃？($\alpha=0.05$)

(3) 从(1)，(2)可以得出什么结论？

6. 设原有一台仪器,测量电阻时误差相应的方差是 0.06;现有新仪器对一个电阻测量了 10 次,测得的值如下:

$$1.101,\ 1.103,\ 1.105,\ 1.098,\ 1.099,$$

$$1.101,\ 1.104,\ 1.095,\ 1.100,\ 1.100.$$

取显著性水平 $\alpha=0.10$,问:新仪器的精度是否比原有的仪器好?(测量值服从正态分布).

7. 设从某锌矿的东、西两支矿脉中,各抽取样本容量分别为 9 与 8 的样本进行测试,得样本含锌平均数及样本方差如下:

东支:$\bar{x}=0.230,\ s_{n_1}^2=0.1337,\ n_1=9;$

西支:$\bar{y}=0.269,\ s_{n_2}^2=0.1736,\ n_2=8.$

若东、西矿脉的锌含量都服从正态分布,问:东、西两支矿脉含锌量的平均值是否可以看做一样?($\alpha=0.05$)

8. 为了测量由甲、乙两台机器生产的钢管的内径,随机地抽取机器甲生产的 18 根钢管,测得样本方差 $s_1^2=0.44$;抽取机器乙生产的 14 根钢管,测得样本方差 $s_2^2=0.39$. 设钢管内径服从正态分布,试在显著性水平 $\alpha=0.05$ 下检验两总体的方差是否相等.

9. 已知某厂生产的一种保险丝,规定保险丝溶化时间的方差不能超过 400. 今从一批产品中抽取 25 根,测得其溶化时间的方差为 388.58. 设溶化时间服从正态分布,试根据所给数据,检验这批产品的方差是否符合要求.($\alpha=0.05$)

10. 已知炼铁厂在生产正常情况下铁水含碳量的均值为 7,方差为 0.03. 现测了 10 炉铁水,测得其平均含碳量为 6.97,方差为 0.0375. 设铁水含碳量服从正态分布,试问:生产是否正常?($\alpha=0.05$)

学习札记

模拟试题一

一、填空题(每空 3 分,共 24 分):

1. 已知 A,B 为两随机事件,$P(A)=0.6$,$P(B)=0.3$. 若事件 A,B 相互独立,则 A,B 中至少有一个发生的概率为__________;若 A,B 互不相容,则 A 与 B 都不发生的概率为__________.

2. 设 X 与 Y 为随机变量,$\mathrm{D}(X)=16$,$\mathrm{D}(Y)=25$,$\rho_{XY}=0.5$,则 $\mathrm{D}(X-Y)=$__________.

3. 设随机变量 $X\sim P(5)$,Y 服从参数为 5 的指数分布,则 $\mathrm{E}(X)=$__________,$\mathrm{D}(Y)=$__________.

4. 设总体 $X\sim N(\mu,\sigma^2)$,X_1,X_2,X_3 是来自它的样本,$\hat{\mu}_1=\frac{1}{3}X_1+\frac{1}{3}X_2+\frac{1}{3}X_3$,$\hat{\mu}_2=\frac{1}{5}X_1+\frac{1}{4}X_2+\frac{1}{3}X_3$,$\hat{\mu}_3=\frac{1}{3}X_1+\frac{1}{6}X_2+\frac{1}{2}X_3$,则__________是无偏估计量,__________最有效.

5. 设 $X_1,X_2,\cdots,X_n$ 独立同分布,且 $\mathrm{E}(X_i)=\mu$,$\mathrm{D}(X_i)=\sigma^2(i=1,2,\cdots,n)$,则对任意 $\varepsilon>0$,有 $P\left\{\left|\frac{1}{n}\sum_{i=1}^{n}X_i-\mu\right|<\varepsilon\right\}\geqslant$__________.

二、(12 分)已知在电源电压不超过 200 V、在 200～240 V 之间及超过 240 V 三种情况下,某电子元件损坏的概率分别为 0.1,0.001,和 0.2. 假设电压 $X\sim N(220,25^2)$,试求该电子元件在接通电源后损坏的概率.

三、(14 分)设二维随机变量 (X,Y) 服从区域 $D:0<x<1,0<y<1$ 上的均匀分布.

(1) 写出 (X,Y) 的概率密度;

(2) 判断 X 与 Y 是否相互独立?

(3) 求 $Z=X+Y$ 的概率密度.

四、(10 分)设将 3 个球随机地放入 4 个杯子中去,以 X 表示杯子中球的最大个数.求 X 的期望和方差.

五、(12 分)已知一射手打靶,得 5 分的概率为 0.4,得 4 分的概率为 0.2,得 3 分的概率为 0.2,得 2 分的概率为 0.1,得零分的概率为 0.1.此射手独立射击 200 次,求:

(1) 得的总分多于 750 分的概率;

(2) 总分介于 650 与 750 分之间的概率.

六、(14 分)设总体 X 为连续型随机变量,其概率密度为

$$f(x,\sigma)=\begin{cases}\dfrac{1}{\sigma}x\mathrm{e}^{-\frac{x^2}{2\sigma}}, & x\geqslant 0,\\ 0, & x<0,\end{cases}$$

其中 $\sigma>0$ 为未知参数,$X_1,X_2,\cdots,X_n$ 为来自总体 X 的样本.试求 σ 的矩估计量和极大似然估计量.

七、(14 分)已知某厂生产的一批零件其长度(单位:mm)$X\sim N(\mu,\sigma^2)$.今随机抽取 10 件,测得其长度(单位:mm)为

11.50, 11.21, 11.07, 11.05, 11.10,

11.06, 11.08, 11.04, 11.00, 11.03.

试求 μ 和 σ^2 的置信水平为 0.95 的置信区间.

模拟试题二

一、填空题(每空 2 分,共 20 分):

1. 设随机变量 $X \sim N(1,4)$,则 $P\{0.4 < X \leqslant 1.6\} =$ ________.(已知 $\Phi(0.3)=0.6179$,$\Phi(0.4)=0.6554$,$\Phi(1.6)=0.9452$,供选用)

2. 设 X,Y 是相互独立的随机变量,且 $X \sim N(1,3)$,$Y \sim N(0,1)$,则 $X+Y \sim$ ________;$D(X-Y)=$ ________;$\rho_{XY}=$ ________.

3. 已知随机变量 X 的分布函数为 $F(x)=\begin{cases}1-e^{-x}, & x \geqslant 0,\\ 0, & x<0,\end{cases}$ 则其概率密度 $f(x)=$ ________.

4. 设总体 $X \sim N(\mu,\sigma^2)$,X_1,X_2,X_3 为来自它的样本,则样本的联合概率密度为 $f(x_1,x_2,x_3)=$ ________.

5. 设(0,1,0,1,1)是某总体的一组样本值,则它的样本平均值为________,样本方差为________.

6. 设铅的密度测量值服从正态分布.如果测量 16 次,算得 $\bar{x}=2.705$,$s=0.029$,则铅的密度置信水平为 95%的置信区间是________.(已知 $t_{0.05}(16)=1.7459$,$t_{0.05}(15)=1.7531$,$t_{0.025}(16)=2.1199$,$t_{0.025}(15)=2.1315$ 供选用)

7. 设 $X_1,X_2,\cdots,X_{10}$ 为来自总体 $X \sim N(0,0.3^2)$ 的样本,则 $P\left\{\sum\limits_{i=1}^{10} X_i^2 > 1.44\right\}=$ ________.

二、(10 分)设仓库中有 10 箱同样规格的产品,已知这 10 箱中依次 5,3,2 箱是甲、乙、丙厂生产的,又甲、乙、丙厂生产的该种产品的次品率依次为 $\frac{1}{10},\frac{1}{15},\frac{1}{20}$.从这 10 箱中任取一件产品,求取得正品的概率.现在已取得一件是正品,问:来自甲厂的可能性有多大?

三、(12 分)已知从学校乘汽车到火车站的途中有 3 个交通岗，假设在各个交通岗遇到红灯的事件是相互独立的，并且概率都是 $\frac{2}{5}$. 设 X 为途中遇到红灯的次数，求随机变量 X 的分布律、期望及方差.

四、(12 分)设随机变量 X 的概率密度为

$$f(x)=\begin{cases}\dfrac{A}{\sqrt{1-x^2}}, & |x|<1,\\ 0, & |x|\geqslant 1.\end{cases}$$

求：(1) 常数 A；(2) $P\left\{0<X<\frac{1}{2}\right\}$；(3) X 的分布函数.

五、(12 分)设二维随机变量 (X,Y) 的分布律为

X \ Y	1	2	3
1	1/6	1/9	1/18
2	1/3	α	β

(1) α,β 应满足什么条件？

(2) 当 α,β 为何值时，X,Y 相互独立？

(3) 当 $\alpha=\beta=\frac{1}{6}$ 时，求 $\operatorname{cov}(X,Y)$.

六、(14 分)设总体 X 具有分布律

X	1	2	3
P	θ^2	$2\theta(1-\theta)$	$(1-\theta)^2$

其中 $\theta(0<\theta<1)$ 为未知参数. 已知取得了样本值 $x_1=1,x_2=2,x_3=1$. 试求 θ 的矩估计值和极大似然估计值.

七、(10 分)已知在正常的情况下，尼龙纤维的纤度服从正态分布 $N(1.405,0.048)$. 某日抽取 5 根尼龙纤维，测得纤维的纤度为：1.32，1.55，1.36，1.40，1.44. 问：该日尼龙纤维的纤度标准差是否正常？($\alpha=0.05$)

八、(10 分)设箱中有 a 个甲类签，b 个乙类签. 现在随机地接连抽出 $k(k\leqslant a+b)$ 个签. 如果每签抽出后不放回，试证最后抽出的签是甲类签的概率与第一次抽出的签是甲类签的概率相同.

模拟试题三

一、填空题(每空 2 分,共 20 分):

1. 设有一批产品共 12 件,其中 3 件次品.从中不放回地取 3 件,则恰有 2 件次品的概率为________.

2. 设在一次试验中,事件 A 发生的概率为 p.现将此试验独立地进行 n 次,则 A 至少发生一次的概率为________.

3. 已知 A,B 为两随机事件,$P(A)=0.5$,$P(B)=0.6$,$P(B|A)=0.8$,则 $A\cup B$ 发生的概率 $P(A\cup B)=$________.

4. 已知随机变量 X 的概率密度为 $f(x)=\frac{1}{\sqrt{\pi}}e^{-x^2+2x-1}$,则 X 的数学期望为________,方差为________.

5. 设随机变量 X 与 Y 相互独立,且具有同一分布律

X	0	1
P	1/3	2/3

则随机变量 $Z=X+Y$ 的分布律为________.

6. 设 X,Y 为两随机变量.若 $D(X)=25$,$D(Y)=36$,$\rho_{XY}=0.4$,则 $\mathrm{cov}(X,Y)$________.

7. 设总体 $X\sim N(\mu,\sigma^2)$,X_1,X_2,X_3 为从总体 X 中抽取的样本,则 $\max\{X_1,X_2,X_3\}$,$X_1+\mu$,$\frac{1}{2}(X_3-X_1)$,$\frac{1}{\sigma^2}\sum_{i=1}^{3}(X_i-\mu)^2$ 在________条件下都为统计量.

8. 设总体 $X\sim N(\mu,\sigma^2)$,$X_1,X_2,\cdots,X_n$ 为从总体 X 中抽取的样本.令 $\overline{X}=\frac{1}{n-1}\sum_{i=1}^{n-1}X_i$,则 $\overline{X}+X_n$ 服从________分布.

9. 设某种纱的单纱强力服从正态分布 $N(\mu,\sigma^2)$,且已知均方差

$\sigma=0.2$ N. 现进行抽样试验，取容量为 100 的样本，得样本均值 $\bar{x}=1$ N，则强力均值 μ 的置信水平为 95%的置信区间为________.

二、(15 分)假设随机变量 X 的概率密度为

$$f(x)=\begin{cases}Ax, & 0<x<1,\\ 0, & \text{其他}.\end{cases}$$

(1) 求常数 A.

(2) 现对 X 进行 10 次独立重复观测，以 V_{10}表示观测值不大于 0.1 的次数. 试求 V_{10}的分布律，以及 $E(V_{10})$，$D(V_{10})$.

三、(15 分)设二维随机变量(X,Y)的概率密度为

$$f(x,y)=\begin{cases}\dfrac{1}{8}(x+y), & 0\leqslant x\leqslant 2, 0\leqslant y\leqslant 2,\\ 0, & \text{其他}.\end{cases}$$

(1) 求 $E(X)$，$E(Y)$及相关系数 ρ；

(2) X 与 Y 是否相互独立？

四、(10 分)假设一部机器在一天内发生故障的概率为 0.2，机器各天是否发生故障是相互独立的，机器发生故障时全天停工. 若一周 5 个工作日里无故障，可获利润 10 万元；发生一次故障仍可获利 5 万元；发生两次故障无获利；发生三次或三次以上故障就要亏损 2 万元. 问：一周内平均利润是多少？

五、(10 分)设 $X_1,X_2,\cdots,X_n$ 为来自总体 X 的样本，$x_1,x_2,\cdots,x_n$ 为一相应的样本值，总体 X 的概率密度为

$$f(x,\theta)=\begin{cases}\dfrac{1}{\theta}e^{-\frac{x}{\theta}}, & x>0,\\ 0, & \text{其他},\end{cases}$$

其中 $\theta>0$ 为未知参数. 求 θ 的极大似然估计量，并证明该估计量是 θ 的无偏估计量.

六、(10 分)设某厂生产的一种化学纤维的单纤维强力(单位：cN)$X\sim N(\mu,\sigma^2)$，且已知 $\mu=8$ cN. 改变工艺后，对新生产的纤维进行了 36 次单纤维强力试验，测得 $\bar{x}=8.5$ cN，$s=1.218$ cN. 问：改变工艺后，单纤维强力均值是否有显著性提高？($\alpha=0.05$)

七、(10 分)设随机变量 $X\sim U(0,5)$，求方程 $4x^2+4Xx+X+2$

$=0$ 有实根的概率.

八、(10 分)已知某公共事业建筑设计时,假定使用者的身材服从正态分布 $N(1.75,0.05^2)$. 试问:该建筑物的门至少多高才能使出入门时,需要低头的人不超过 0.5%?

附表 1　几种常用的概率分布

分布	分布律或概率密度	参数	数学期望	方差
0-1分布	$P\{X=k\}=p^k(1-p)^{1-k}$ $(k=0,1)$	$0<p<1$	p	$p(1-p)$
二项分布	$P\{X=k\}=C_n^k p^k(1-p)^{n-k}$ $(k=0,1,\cdots,n)$	$n\geqslant 1$ $0<p<1$	np	$np(1-p)$
负二项分布	$P\{X=k\}=C_{k-1}^{r-1}p^r(1-p)^{k-r}$ $(k=r,r+1,\cdots)$	$r\geqslant 1$ $0<p<1$	$\dfrac{r}{p}$	$\dfrac{r(1-p)}{p^2}$
几何分布	$P\{X=k\}=p(1-p)^{k-1}$ $(k=1,2,\cdots)$	$0<p<1$	$\dfrac{1}{p}$	$\dfrac{1-p}{p^2}$
超几何分布	$P\{X=k\}=\dfrac{C_M^k C_{N-M}^{n-k}}{C_N^n}$ $(k=0,1,\cdots,n)$	N,M,n $(n\leqslant M)$	$\dfrac{nM}{N}$	$\dfrac{nM}{N}\left(1-\dfrac{M}{N}\right)\left(\dfrac{N-n}{N-1}\right)$
泊松分布	$P\{X=k\}=\dfrac{\lambda^k e^{-\lambda}}{k!}$ $(k=0,1,\cdots)$	$\lambda>0$	λ	λ
均匀分布	$f(x)=\begin{cases}\dfrac{1}{b-a}, & a<x<b\\ 0, & 其他\end{cases}$	$a<b$	$\dfrac{a+b}{2}$	$\dfrac{(b-a)^2}{12}$
正态分布	$f(x)=\dfrac{1}{\sqrt{2\pi}\,\sigma}e^{-\frac{(x-\mu)^2}{2\sigma^2}}$	μ $\sigma>0$	μ	σ^2
Γ分布	$f(x)=\begin{cases}\dfrac{1}{\beta^\alpha\Gamma(\alpha)}x^{\alpha-1}e^{-x/\beta}, & x>0,\\ 0, & 其他\end{cases}$	$\alpha>0$ $\beta>0$	$\alpha\beta$	$\alpha\beta^2$
指数分布	$f(x)=\begin{cases}\dfrac{1}{\theta}e^{-x/\theta}, & x>0,\\ 0, & 其他\end{cases}$	$\theta>0$	θ	θ^2

附表 1(续)

分布	分布律或概率密度	参数	数学期望	方差
χ^2 分布	$f(x)=\begin{cases}\dfrac{1}{2^{n/2}\Gamma(n/2)}x^{n/2-1}\mathrm{e}^{-x/2}, & x>0,\\ 0, & 其他\end{cases}$	$n\geqslant 1$	n	$2n$
威布尔分布	$f(x)=\begin{cases}\dfrac{\beta}{\eta}\left(\dfrac{x}{\eta}\right)^{\beta-1}\mathrm{e}^{-\left(\frac{x}{\eta}\right)^{\beta}}, & x>0,\\ 0, & 其他\end{cases}$	$\eta>0$ $\beta>0$	$\eta\Gamma\left(\dfrac{1}{\beta}+1\right)$	$\eta^2\left\{\Gamma\left(\dfrac{2}{\beta}+1\right)-\left[\Gamma\left(\dfrac{1}{\beta}+1\right)\right]^2\right\}$
瑞利分布	$f(x)=\begin{cases}\dfrac{x}{\sigma^2}\mathrm{e}^{-x^2/(2\sigma^2)}, & x>0,\\ 0, & 其他\end{cases}$	$\sigma>0$	$\sqrt{\dfrac{\pi}{2}}\sigma$	$\dfrac{4-\pi}{2}\sigma^2$
B 分布	$f(x)=\begin{cases}\dfrac{\Gamma(\alpha+\beta)}{\Gamma(\alpha)\Gamma(\beta)}x^{\alpha-1}\cdot(1-x)^{\beta-1}, & 0<x<1,\\ 0, & 其他\end{cases}$	$\alpha>0$ $\beta>0$	$\dfrac{\alpha}{\alpha+\beta}$	$\dfrac{\alpha\beta}{(\alpha+\beta)^2(\alpha+\beta+1)}$
对数正态分布	$f(x)=\begin{cases}\dfrac{1}{\sqrt{2\pi}\sigma x}\mathrm{e}^{-\frac{(\ln\alpha-n)^2}{2\sigma^2}}, & x>0,\\ 0, & 其他\end{cases}$	μ $\sigma>0$	$\mathrm{e}^{\mu+\frac{\sigma^2}{2}}$	$\mathrm{e}^{2\mu+\sigma^2}(\mathrm{e}^{\sigma^2}-1)$
柯西分布	$f(x)=\dfrac{1}{\pi}\cdot\dfrac{1}{\lambda^2+(x-\alpha)^2}$	α $\lambda>0$	不存在	不存在
t 分布	$f(x)=\dfrac{\Gamma\left(\dfrac{n+1}{2}\right)}{\sqrt{n\pi}\,\Gamma(n/2)}\left(1+\dfrac{x^2}{n}\right)^{-(n+1)/2}$	$n\geqslant 1$	0	$\dfrac{n}{n-2}\ (n>2)$
F 分布	$f(x)=\begin{cases}\dfrac{\Gamma[(n_1+n_2)/2]}{\Gamma(n_1/2)\Gamma(n_2/2)}\cdot\left(\dfrac{n_1}{n_2}\right)\left(\dfrac{n_1}{n_2}x\right)^{(n_1+n_2)/2}\cdot\left(1+\dfrac{n_1}{n_2}x\right)^{-(n_1+n_2)/2}, & x>0,\\ 0, & 其他\end{cases}$	n_1,n_2	$\dfrac{n_2}{n_2-2}$ $(n_2>2)$	$\dfrac{2n_2^2(n_1+n_2-2)}{n_1(n_2-2)^2(n_2-4)}$, $(n_2>4)$

附表 2　标准正态分布表

$$\Phi(z) = \int_{-\infty}^{z} \frac{1}{\sqrt{2\pi}} e^{-u^2/2} du = P\{Z \leqslant z\}$$

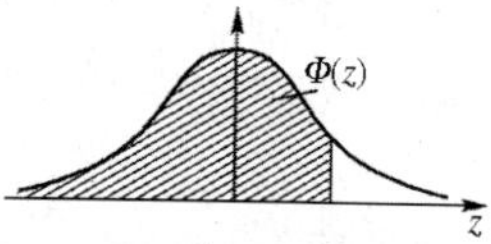

z	0	1	2	3	4	5	6	7	8	9
0.0	0.5000	0.5040	0.5080	0.5120	0.5160	0.5199	0.5239	0.5279	0.5319	0.5359
0.1	0.5398	0.5438	0.5478	0.5517	0.5557	0.5596	0.5636	0.5675	0.5714	0.5753
0.2	0.5793	0.5832	0.5871	0.5910	0.5948	0.5987	0.6026	0.6064	0.6103	0.6141
0.3	0.6179	0.6217	0.6255	0.6293	0.6331	0.6368	0.6406	0.6443	0.6480	0.6517
0.4	0.6554	0.6591	0.6628	0.6664	0.6700	0.6736	0.6772	0.6808	0.6844	0.6879
0.5	0.6915	0.6950	0.6985	0.7019	0.7054	0.7088	0.7123	0.7157	0.7190	0.7224
0.6	0.7257	0.7291	0.7324	0.7357	0.7389	0.7422	0.7454	0.7486	0.7517	0.7549
0.7	0.7580	0.7611	0.7642	0.7673	0.7703	0.7734	0.7764	0.7794	0.7823	0.7852
0.8	0.7881	0.7910	0.7939	0.7967	0.7995	0.8023	0.8051	0.8078	0.8106	0.8133
0.9	0.8159	0.8186	0.8212	0.8238	0.8264	0.8289	0.8315	0.8340	0.8365	0.8389
1.0	0.8413	0.8438	0.8461	0.8485	0.8508	0.8531	0.8554	0.8577	0.8599	0.8621
1.1	0.8643	0.8665	0.8686	0.8708	0.8729	0.8749	0.8770	0.8790	0.8810	0.8830
1.2	0.8849	0.8869	0.8888	0.8907	0.8925	0.8944	0.8962	0.8980	0.8997	0.9015
1.3	0.9032	0.9049	0.9066	0.9082	0.9099	0.9115	0.9131	0.9147	0.9162	0.9177
1.4	0.9192	0.9207	0.9222	0.9236	0.9251	0.9265	0.9278	0.9292	0.9306	0.9319
1.5	0.9332	0.9345	0.9357	0.9370	0.9382	0.9394	0.9406	0.9418	0.9430	0.9441
1.6	0.9452	0.9463	0.9474	0.9484	0.9495	0.9505	0.9515	0.9525	0.9535	0.9545
1.7	0.9554	0.9564	0.9573	0.9582	0.9591	0.9599	0.9608	0.9616	0.9625	0.9633
1.8	0.9641	0.9648	0.9656	0.9664	0.9671	0.9678	0.9686	0.9693	0.9700	0.9706
1.9	0.9713	0.9719	0.9726	0.9732	0.9738	0.9744	0.9750	0.9756	0.9762	0.9767
2.0	0.9772	0.9778	0.9783	0.9788	0.9793	0.9798	0.9803	0.9808	0.9812	0.9817
2.1	0.9821	0.9826	0.9830	0.9834	0.9838	0.9842	0.9846	0.9850	0.9854	0.9857
2.2	0.9861	0.9864	0.9868	0.9871	0.9874	0.9878	0.9881	0.9884	0.9887	0.9890
2.3	0.9893	0.9896	0.9898	0.9901	0.9904	0.9906	0.9909	0.9911	0.9913	0.9916
2.4	0.9918	0.9920	0.9922	0.9925	0.9927	0.9929	0.9931	0.9932	0.9934	0.9936
2.5	0.9938	0.9940	0.9941	0.9943	0.9945	0.9946	0.9948	0.9949	0.9951	0.9952
2.6	0.9953	0.9955	0.9956	0.9957	0.9959	0.9960	0.9961	0.9962	0.9963	0.9964
2.7	0.9965	0.9966	0.9967	0.9968	0.9969	0.9970	0.9971	0.9972	0.9973	0.9974
2.8	0.9974	0.9975	0.9976	0.9977	0.9977	0.9978	0.9979	0.9979	0.9980	0.9981
2.9	0.9981	0.9982	0.9982	0.9983	0.9984	0.9984	0.9985	0.9985	0.9986	0.9986
3.0	0.9987	0.9990	0.9993	0.9995	0.9997	0.9698	0.9998	0.9999	0.9999	1.0000

注：表中末行系函数值 $\Phi(3.0), \Phi(3.1), \cdots, \Phi(3.9)$.

附表 3　t 分布表

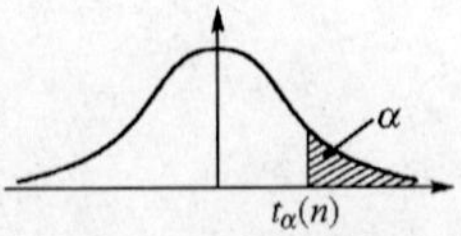

$$P\{t(n) > t_\alpha(n)\} = \alpha$$

n	α=0.25	0.10	0.05	0.025	0.01	0.005
1	1.0000	3.0777	6.3138	12.7062	31.8207	63.6574
2	0.8165	1.8856	2.9200	4.3027	6.9646	9.9248
3	0.7649	1.6377	2.3534	3.1824	4.5407	5.8409
4	0.7407	1.5332	2.1318	2.7764	3.7469	4.6041
5	0.7267	1.4759	2.0150	2.5706	3.3649	4.0322
6	0.7176	1.4398	1.9432	2.4469	3.1427	3.7074
7	0.7111	1.4149	1.8946	2.3646	2.9980	3.4995
8	0.7064	1.3968	1.8595	2.3060	2.8965	3.3554
9	0.7027	1.3830	1.8331	2.2622	2.8214	3.2498
10	0.6998	1.3722	1.8125	2.2281	2.7638	3.1693
11	0.6974	1.3634	1.7959	2.2010	2.7181	3.1058
12	0.6955	1.3562	1.7823	2.1788	2.6810	3.0545
13	0.6938	1.3502	1.7709	2.1604	2.6503	3.0123
14	0.6924	1.3450	1.7613	2.1448	2.6245	2.9768
15	0.6912	1.3406	1.7531	2.1315	2.6025	2.9467
16	0.6901	1.3368	1.7459	2.1199	2.5835	2.9208
17	0.6892	1.3334	1.7396	2.1098	2.5669	2.8982
18	0.6884	1.3304	1.7341	2.1009	2.5524	2.8784
19	0.6876	1.3277	1.7291	2.0930	2.5395	2.8609
20	0.6870	1.3253	1.7247	2.0860	2.5280	2.8453
21	0.6864	1.3232	1.7207	2.0796	2.5177	2.8314
22	0.6858	1.3212	1.7171	2.0739	2.5083	2.8188
23	0.6853	1.3195	1.7139	2.0687	2.4999	2.8073
24	0.6848	1.3178	1.7109	2.0639	2.4922	2.7969
25	0.6844	1.3163	1.7081	2.0595	2.4851	2.7874
26	0.6840	1.3150	1.7058	2.0555	2.4786	2.7787
27	0.6837	1.3137	1.7033	2.0518	2.4727	2.7707
28	0.6834	1.3125	1.7011	2.0484	2.4671	2.7633
29	0.6830	1.3114	1.6991	2.0452	2.4620	2.7564
30	0.6828	1.3104	1.6973	2.0423	2.4573	2.7500
31	0.6825	1.3095	1.6955	2.0395	2.4528	2.7440
32	0.6822	1.3086	1.6939	2.0369	2.4487	2.7385
33	0.6820	1.3077	1.6924	2.0345	2.4448	2.7333
34	0.6818	1.3070	1.6909	2.0322	2.4411	2.7284
35	0.6816	1.3062	1.6896	2.0301	2.4377	2.7238
36	0.6814	1.3055	1.6883	2.0281	2.4345	2.7195
37	0.6812	1.3049	1.6871	2.0262	2.4314	2.7154
38	0.6810	1.3042	1.6860	2.0244	2.4286	2.7116
39	0.6808	1.3036	1.6849	2.0227	2.4258	2.7079
40	0.6807	1.3031	1.6839	2.0211	2.4233	2.7045
41	0.6805	1.3025	1.6829	2.0195	2.4208	2.7012
42	0.6804	1.3020	1.6820	2.0181	2.4185	2.6981
43	0.6802	1.3016	1.6811	2.0167	2.4163	2.6951
44	0.6801	1.3011	1.6802	2.0154	2.4141	2.6923
45	0.6800	1.3006	1.6794	2.0141	2.4121	2.6806

附表 4　χ^2 分布表

$$P\{\chi^2(n) > \chi^2_\alpha(n)\} = \alpha$$

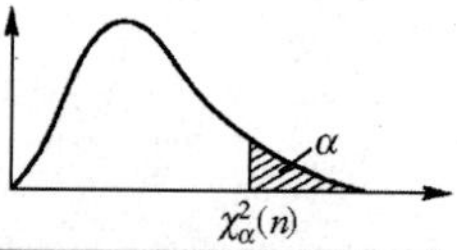

n	α=0.995	0.99	0.975	0.95	0.90	0.75
1	—	—	0.001	0.004	0.016	0.102
2	0.010	0.020	0.051	0.103	0.211	0.575
3	0.072	0.115	0.216	0.352	0.584	1.213
4	0.207	0.297	0.484	0.711	1.064	1.923
5	0.412	0.554	0.831	1.145	1.610	2.675
6	0.676	0.872	1.237	1.635	2.204	3.455
7	0.989	1.239	1.690	2.167	2.833	4.255
8	1.344	1.646	2.180	2.733	3.490	5.071
9	1.735	2.088	2.700	3.325	4.168	5.899
10	2.156	2.558	3.247	3.940	4.865	6.737
11	2.603	3.053	3.816	4.575	5.578	7.584
12	3.074	3.571	4.404	5.226	6.304	8.438
13	3.565	4.107	5.009	5.892	7.042	9.299
14	4.075	4.660	5.629	6.571	7.790	10.165
15	4.601	5.229	6.262	7.261	8.547	11.037
16	5.142	5.812	6.908	7.962	9.312	11.912
17	5.697	6.408	7.564	8.672	10.085	12.792
18	6.265	7.015	8.231	9.390	10.865	13.675
19	6.844	7.633	8.907	10.117	11.651	14.562
20	7.434	8.260	9.591	10.851	12.443	15.452
21	8.034	8.897	10.283	11.591	13.240	16.344
22	8.643	9.542	10.982	12.338	14.042	17.240
23	9.260	10.196	11.689	13.091	14.848	18.137
24	9.886	10.856	12.401	13.848	15.659	19.037
25	10.520	11.524	13.120	14.611	16.473	19.939
26	11.160	12.198	13.844	15.379	17.292	20.843
27	11.808	12.879	14.573	16.151	18.114	21.749
28	12.461	13.565	15.308	16.928	18.939	22.657
29	13.121	14.257	16.047	17.708	19.768	23.567
30	13.787	14.954	16.791	18.493	20.599	24.478
31	14.458	15.655	17.539	19.281	21.434	25.390
32	15.134	16.362	18.291	20.072	22.271	26.304
33	15.815	17.074	19.047	20.807	23.110	27.219
34	16.501	17.789	19.806	21.664	23.952	28.136
35	17.192	18.509	20.569	22.465	24.797	29.054
36	17.887	19.233	21.336	23.269	25.613	29.973
37	18.586	19.960	22.106	24.075	26.492	30.893
38	19.289	20.691	22.878	24.884	27.343	31.815
39	19.996	21.426	23.654	25.695	28.196	32.737
40	20.707	22.164	24.433	26.509	29.051	33.660
41	21.421	22.906	25.215	27.326	29.907	34.585
42	22.138	23.650	25.999	28.144	30.765	35.510
43	22.859	24.398	26.785	28.965	31.625	36.430
44	23.584	25.143	27.575	29.787	32.487	37.363
45	24.311	25.901	28.366	30.612	33.350	38.291

附表 4(续)

n	$\alpha=0.25$	0.10	0.05	0.025	0.01	0.005
1	1.323	2.706	3.841	5.024	6.635	7.879
2	2.773	4.605	5.991	7.378	9.210	10.597
3	4.108	6.251	7.815	9.348	11.345	12.838
4	5.385	7.779	9.488	11.143	13.277	14.860
5	6.626	9.236	11.071	12.833	15.086	16.750
6	7.841	10.645	12.592	14.449	16.812	18.548
7	9.037	12.017	14.067	16.013	18.475	20.278
8	10.219	13.362	15.507	17.535	20.090	21.955
9	11.389	14.684	16.919	19.023	21.666	23.589
10	12.549	15.987	18.307	20.483	23.209	25.188
11	13.701	17.275	19.675	21.920	24.725	26.757
12	14.845	18.549	21.026	23.337	26.217	28.299
13	15.984	19.812	22.362	24.736	27.688	29.819
14	17.117	21.064	23.685	26.119	29.141	31.319
15	18.245	22.307	24.996	27.488	30.578	32.801
16	19.369	23.542	26.296	28.845	32.000	34.267
17	20.489	24.769	27.587	30.191	33.409	35.718
18	21.605	25.989	28.869	31.526	34.805	37.156
19	22.718	27.204	30.144	32.852	36.191	38.582
20	23.828	28.412	31.410	34.170	37.566	39.997
21	24.935	29.615	32.671	35.479	38.932	41.401
22	26.039	30.813	33.924	36.781	40.289	42.796
23	27.141	32.007	35.172	38.076	41.638	44.181
24	28.241	33.196	36.415	39.364	42.980	45.559
25	29.339	34.382	37.652	40.646	44.314	46.928
26	30.435	35.563	38.885	41.923	45.642	48.290
27	31.528	36.741	40.113	43.194	46.963	49.645
28	32.620	37.916	41.337	44.461	48.278	50.993
29	33.711	39.087	42.557	45.722	49.588	52.336
30	34.800	40.256	43.773	46.979	50.892	53.672
31	35.887	41.422	44.985	48.232	52.191	55.003
32	36.973	42.585	46.194	49.480	53.486	56.328
33	38.053	43.745	47.400	50.725	54.776	57.648
34	39.141	44.903	48.602	51.966	56.061	58.964
35	40.223	46.059	49.802	53.203	57.342	60.275
36	41.304	47.212	50.998	54.437	58.619	61.581
37	42.383	48.363	52.192	55.668	59.892	62.883
38	43.462	49.513	53.384	56.896	61.162	64.181
39	44.539	50.660	54.572	58.120	62.428	65.476
40	45.616	51.805	55.758	59.342	63.691	66.766
41	46.692	52.949	53.942	60.561	64.950	68.053
42	47.766	54.090	58.124	61.777	66.206	69.336
43	48.840	55.230	59.304	62.990	67.459	70.606
44	49.913	56.369	60.481	64.201	68.710	71.893
45	50.985	57.505	61.656	65.410	69.957	73.166

附表 5 F 分布表

$$P\{F(n_1,n_2) > F_\alpha(n_1,n_2)\} = \alpha$$

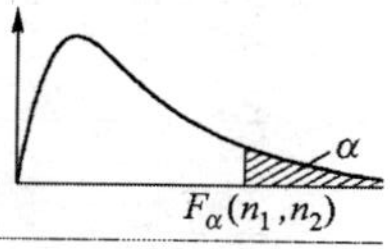

$\alpha=0.10$

n_2 \ n_1	1	2	3	4	5	6	7	8	9	10	12	15	20	24	30	40	60	120	∞
1	39.86	49.50	53.59	55.83	57.24	58.20	58.91	59.44	59.86	60.19	60.71	61.22	61.74	62.00	62.26	62.53	62.79	63.06	63.33
2	8.53	9.00	9.16	9.24	9.29	9.33	9.35	9.37	9.38	9.39	9.41	9.42	9.44	9.45	9.46	9.47	9.47	9.48	9.49
3	5.54	5.46	5.39	5.34	5.31	5.28	5.27	5.25	5.24	5.23	5.22	5.20	5.18	5.18	5.17	5.16	5.15	5.14	5.13
4	4.54	4.32	4.19	4.11	4.05	4.01	3.98	3.95	3.94	3.92	3.90	3.87	3.84	3.83	3.82	3.80	3.79	3.78	4.76
5	4.06	3.78	3.62	3.52	3.45	3.40	3.37	3.34	3.32	3.30	3.27	3.24	3.21	3.19	3.17	3.16	3.14	3.12	3.10
6	3.78	3.46	3.29	3.18	3.11	3.05	3.01	2.98	2.96	2.94	2.90	2.87	2.84	2.82	2.80	2.78	2.76	2.74	2.72
7	3.59	3.26	3.07	2.96	2.88	2.83	2.78	2.75	2.72	2.70	2.67	2.63	2.59	2.58	2.56	2.54	2.51	2.49	2.47
8	3.46	3.11	2.92	2.81	2.73	2.67	2.62	2.59	2.56	2.54	2.50	2.46	2.42	2.40	2.38	2.36	2.34	2.32	2.29
9	3.36	3.01	2.81	2.69	2.61	2.55	2.51	2.47	2.44	2.42	2.38	2.34	2.30	2.28	2.25	2.23	2.21	2.18	2.16
10	3.29	2.92	2.73	2.61	2.52	2.46	2.41	2.38	2.35	2.32	2.28	2.24	2.20	2.18	2.16	2.13	2.11	2.08	2.06
11	3.23	2.86	2.66	2.54	2.45	2.39	2.34	2.30	2.27	2.25	2.21	2.17	2.12	2.10	2.08	2.05	2.03	2.00	1.97
12	3.18	2.81	2.61	2.48	2.39	2.33	2.28	2.24	2.21	2.19	2.15	2.10	2.06	2.04	2.01	1.99	1.96	1.93	1.90
13	3.14	2.76	2.56	2.43	2.35	2.28	2.23	2.20	2.16	2.14	2.10	2.05	2.01	1.98	1.96	1.93	1.90	1.88	1.85
14	3.10	2.73	2.52	2.39	2.31	2.24	2.19	2.15	2.12	2.10	2.05	2.01	1.96	1.94	1.91	1.89	1.86	1.83	1.80

附表 5(续)

$\alpha=0.10$

n_2 \ n_1	1	2	3	4	5	6	7	8	9	10	12	15	20	24	30	40	60	120	∞
15	3.07	2.70	2.49	2.36	2.27	2.21	2.16	2.12	2.09	2.06	2.02	1.97	1.92	1.90	1.87	1.85	1.82	1.79	1.76
16	3.05	2.67	2.46	2.33	2.24	2.18	2.13	2.09	2.06	2.03	1.99	1.94	1.89	1.87	1.84	1.81	1.78	1.75	1.72
17	3.03	2.64	2.44	2.31	2.22	2.15	2.10	2.06	2.03	2.00	1.96	1.91	1.86	1.84	1.81	1.78	1.75	1.72	1.69
18	3.01	2.62	2.42	2.29	2.20	2.13	2.08	2.04	2.00	1.98	1.93	1.89	1.84	1.81	1.78	1.75	1.72	1.69	1.66
19	2.99	2.61	2.40	2.27	2.18	2.11	2.06	2.02	1.98	1.96	1.91	1.86	1.81	1.79	1.76	1.73	1.70	1.67	1.63
20	2.97	2.59	2.38	2.25	2.16	2.09	2.04	2.00	1.96	1.94	1.89	1.84	1.79	1.77	1.74	1.71	1.68	1.64	1.61
21	2.96	2.57	2.36	2.23	2.14	2.08	2.02	1.98	1.95	1.92	1.87	1.83	1.78	1.75	1.72	1.69	1.66	1.62	1.59
22	2.95	2.56	2.35	2.22	2.13	2.06	2.01	1.97	1.93	1.90	1.86	1.81	1.76	1.73	1.70	1.67	1.64	1.60	1.57
23	2.94	2.55	2.34	2.21	2.11	2.05	1.99	1.95	1.92	1.89	1.84	1.80	1.74	1.72	1.69	1.66	1.62	1.59	1.55
24	2.93	2.54	2.33	2.19	2.10	2.04	1.98	1.94	1.91	1.88	1.83	1.78	1.73	1.70	1.67	1.64	1.61	1.57	1.53
25	2.92	2.53	2.32	2.18	2.09	2.02	1.97	1.93	1.89	1.87	1.82	1.77	1.72	1.69	1.66	1.63	1.59	1.56	1.52
26	2.91	2.52	2.31	2.17	2.08	2.01	1.96	1.92	1.88	1.86	1.81	1.76	1.71	1.68	1.65	1.61	1.58	1.54	1.50
27	2.90	2.51	2.30	2.17	2.07	2.00	1.95	1.91	1.87	1.85	1.80	1.75	1.70	1.67	1.64	1.60	1.57	1.53	1.49
28	2.89	2.50	2.29	2.16	2.06	2.00	1.94	1.90	1.87	1.84	1.79	1.74	1.69	1.66	1.63	1.59	1.56	1.52	1.48
29	2.89	2.50	2.28	2.15	2.06	1.99	1.93	1.89	1.86	1.83	1.78	1.73	1.68	1.65	1.62	1.58	1.55	1.51	1.47
30	2.88	2.49	2.28	2.14	2.05	1.98	1.93	1.88	1.85	1.82	1.77	1.72	1.67	1.64	1.61	1.57	1.54	1.50	1.46
40	2.84	2.44	2.23	2.09	2.00	1.93	1.87	1.83	1.79	1.76	1.71	1.66	1.61	1.57	1.54	1.51	1.47	1.42	1.38
60	2.79	2.39	2.18	2.04	1.95	1.87	1.82	1.77	1.74	1.71	1.66	1.60	1.54	1.51	1.48	1.44	1.40	1.35	1.29
120	2.75	2.35	2.13	1.99	1.90	1.82	1.77	1.72	1.68	1.65	1.60	1.55	1.48	1.45	1.41	1.37	1.32	1.26	1.19
∞	2.71	2.30	2.08	1.94	1.85	1.77	1.72	1.67	1.63	1.60	1.55	1.49	1.42	1.38	1.34	1.30	1.24	1.17	1.00

附表 5(续)

$\alpha=0.05$

n_2 \ n_1	1	2	3	4	5	6	7	8	9	10	12	15	20	24	30	40	60	120	∞
1	161.4	199.5	215.7	224.6	230.2	234.0	236.8	238.9	240.5	241.9	243.9	245.9	248.0	249.1	250.1	251.1	252.2	253.3	254.3
2	18.51	19.00	19.16	19.25	19.30	19.33	19.35	19.37	19.38	19.40	19.41	19.43	19.45	19.45	19.46	19.47	19.48	19.49	19.50
3	10.13	9.55	9.28	9.12	9.01	8.94	8.89	8.85	8.81	8.79	8.74	8.70	8.66	8.64	8.62	8.59	8.57	8.55	8.53
4	7.71	6.94	6.59	6.39	6.26	6.16	6.09	6.04	6.00	5.96	5.91	5.86	5.80	5.77	5.75	5.72	5.69	5.66	5.63
5	6.61	5.79	5.41	5.19	5.05	4.95	4.88	4.82	4.77	4.74	4.68	4.62	4.56	4.53	4.50	4.46	4.43	4.40	4.36
6	5.99	5.14	4.76	4.53	4.39	4.28	4.21	4.15	4.10	4.06	4.00	3.94	3.87	3.84	3.81	3.77	3.74	3.70	3.67
7	5.59	4.74	4.35	4.12	3.97	3.87	3.79	3.73	3.68	3.64	3.57	3.51	3.44	3.41	3.38	3.34	3.30	3.27	3.23
8	5.32	4.46	4.07	3.84	3.69	3.58	3.50	3.44	3.39	3.35	3.28	3.22	3.15	3.12	3.08	3.04	3.01	2.97	2.93
9	5.12	4.26	3.86	3.63	3.48	3.37	3.29	3.23	3.18	3.14	3.07	3.01	2.94	2.90	2.86	2.83	2.79	2.75	2.71
10	4.96	4.10	3.71	3.48	3.33	3.22	3.14	3.07	3.02	2.98	2.91	2.85	2.77	2.74	2.70	2.66	2.62	2.58	2.54
11	4.84	3.98	3.59	3.36	3.20	3.09	3.01	2.95	2.90	2.85	2.79	2.72	2.65	2.61	2.57	2.53	2.49	2.45	2.40
12	4.75	3.89	3.49	3.26	3.11	3.00	2.91	2.85	2.80	2.75	2.69	2.62	2.54	2.51	2.47	2.43	2.38	2.34	2.30
13	4.67	3.81	3.41	3.18	3.03	2.92	2.83	2.77	2.71	2.67	2.60	2.53	2.46	2.42	2.38	2.34	2.30	2.25	2.21
14	4.60	3.74	3.34	3.11	2.96	2.85	2.76	2.70	2.65	2.60	2.53	2.46	2.39	2.35	2.31	2.27	2.22	2.18	2.13
15	4.54	3.68	3.29	3.06	2.90	2.79	2.71	2.64	2.59	2.54	2.48	2.40	2.33	2.29	2.25	2.20	2.16	2.11	2.07
16	4.49	3.63	3.24	3.01	2.85	2.74	2.66	2.59	2.54	2.49	2.42	2.35	2.28	2.24	2.19	2.15	2.11	2.06	2.01
17	4.45	3.59	3.20	2.96	2.81	2.70	2.61	2.55	2.49	2.45	2.38	2.31	2.23	2.19	2.15	2.10	2.06	2.01	1.96

附表 5(续)

$\alpha=0.05$

n_2 \ n_1	1	2	3	4	5	6	7	8	9	10	12	15	20	24	30	40	60	120	∞
18	4.41	3.55	3.16	2.93	2.77	2.66	2.58	2.51	2.46	2.41	2.34	2.27	2.19	2.15	2.11	2.06	2.02	1.97	1.92
19	4.38	3.52	3.13	2.90	2.74	2.63	2.54	2.48	2.42	2.38	2.31	2.23	2.16	2.11	2.07	2.03	1.98	1.93	1.88
20	4.35	3.49	3.10	2.87	2.71	2.60	2.51	2.45	2.39	2.35	2.28	2.20	2.12	2.08	2.04	1.99	1.95	1.90	1.84
21	4.32	3.47	3.07	2.84	2.68	2.57	2.49	2.42	2.37	2.32	2.25	2.18	2.10	2.05	2.01	1.96	1.92	1.87	1.81
22	4.30	3.44	3.05	2.82	2.66	2.55	2.46	2.40	2.34	2.30	2.23	2.15	2.07	2.03	1.98	1.94	1.89	1.84	1.78
23	4.28	3.42	3.03	2.80	2.64	2.53	2.44	2.37	2.32	2.27	2.20	2.13	2.05	2.01	1.96	1.91	1.86	1.81	1.76
24	4.26	3.40	3.01	2.78	2.62	2.51	2.42	2.36	2.30	2.25	2.18	2.11	2.03	1.98	1.94	1.89	1.84	1.79	1.73
25	4.24	3.39	2.99	2.76	2.60	2.49	2.40	2.34	2.28	2.24	2.16	2.09	2.01	1.96	1.92	1.87	1.82	1.77	1.71
26	4.23	3.37	2.98	2.74	2.59	2.47	2.39	2.32	2.27	2.22	2.15	2.07	1.99	1.95	1.90	1.85	1.80	1.75	1.69
27	4.21	3.35	2.96	2.73	2.57	2.46	2.37	2.31	2.25	2.20	2.13	2.06	1.97	1.93	1.88	1.84	1.79	1.73	1.67
28	4.20	3.34	2.95	2.71	2.56	2.45	2.36	2.29	2.24	2.19	2.12	2.04	1.96	1.91	1.87	1.82	1.77	1.71	1.65
29	4.18	3.33	2.93	2.70	2.55	2.43	2.35	2.28	2.22	2.18	2.10	2.03	1.94	1.90	1.85	1.81	1.75	1.70	1.64
30	4.17	3.32	2.92	2.69	2.53	2.42	2.33	2.27	2.21	2.16	2.09	2.01	1.93	1.89	1.84	1.79	1.74	1.68	1.62
40	4.08	3.23	2.84	2.61	2.45	2.34	2.25	2.18	2.12	2.08	2.00	1.92	1.84	1.79	1.74	1.69	1.64	1.58	1.51
60	4.00	3.15	2.76	2.53	2.37	2.25	2.17	2.10	2.04	1.99	1.92	1.84	1.75	1.70	1.65	1.59	1.53	1.47	1.39
120	3.92	3.07	2.68	2.45	2.29	2.17	2.09	2.02	1.96	1.91	1.83	1.75	1.66	1.61	1.55	1.50	1.43	1.35	1.25
∞	3.84	3.00	2.60	2.37	2.21	2.10	2.01	1.94	1.88	1.83	1.75	1.67	1.57	1.52	1.46	1.39	1.32	1.22	1.00

附表 5(续)

$\alpha=0.025$

n_2 \ n_1	1	2	3	4	5	6	7	8	9	10	12	15	20	24	30	40	60	120	∞
1	647.8	799.5	864.2	899.6	921.8	937.1	948.2	956.7	963.3	368.6	976.7	984.9	993.1	997.2	1001	1006	1010	1014	1018
2	38.51	39.00	39.17	39.25	39.30	39.33	39.36	39.37	39.39	39.40	39.41	39.43	39.45	39.46	39.46	39.47	39.48	39.49	39.50
3	17.44	16.04	15.44	15.10	14.88	14.73	14.62	14.54	14.47	14.42	14.34	14.25	14.17	14.12	14.08	14.04	13.99	13.95	13.90
4	12.22	10.65	9.98	9.60	9.36	9.20	9.07	8.98	8.90	8.84	8.75	8.66	8.56	8.51	8.46	8.41	8.36	8.31	8.26
5	10.01	8.43	7.76	7.39	7.15	6.98	6.85	6.76	6.68	6.62	6.52	6.43	6.33	6.28	6.23	6.18	6.12	6.07	6.02
6	8.81	7.26	6.60	6.23	5.99	5.82	5.70	5.60	5.52	5.46	5.37	5.27	5.17	5.12	5.07	5.01	4.96	4.90	4.85
7	8.07	6.54	5.89	5.52	5.29	5.12	4.99	4.90	4.82	4.76	4.67	4.57	4.47	4.42	4.36	4.31	4.25	4.20	4.14
8	7.57	6.06	5.42	5.05	4.82	4.65	4.53	4.43	4.36	4.30	4.20	4.10	4.00	3.95	3.89	3.84	3.78	3.73	3.67
9	7.21	5.71	5.08	4.72	4.48	4.23	4.20	4.10	4.03	3.96	3.87	3.77	3.67	3.61	3.56	3.51	3.45	3.39	3.33
10	6.94	5.46	4.83	4.47	4.24	4.07	3.95	3.85	3.78	3.72	3.62	3.52	3.42	3.37	3.31	3.26	3.20	3.14	3.08
11	6.72	5.26	4.63	4.28	4.04	3.88	3.76	3.66	3.59	3.53	3.43	3.33	3.23	3.17	3.12	3.06	3.00	2.94	2.88
12	6.55	5.10	4.47	4.12	3.89	3.73	3.61	3.51	3.44	3.37	3.28	3.18	3.07	3.02	2.96	2.91	2.85	2.79	2.72
13	6.41	4.97	4.35	4.00	3.77	3.60	3.48	3.39	3.31	3.25	3.15	3.05	2.95	2.89	2.84	2.78	2.72	2.66	2.60
14	6.30	4.86	4.24	3.89	3.66	3.50	3.38	3.29	3.21	3.15	3.05	2.95	2.84	2.79	2.73	2.67	2.61	2.55	2.49
15	6.20	4.77	4.15	3.80	3.58	3.41	3.29	3.20	3.12	3.06	2.96	2.86	2.76	2.70	2.64	2.59	2.52	2.46	2.40
16	6.12	4.69	4.08	3.73	3.50	3.34	3.22	3.12	3.05	2.99	2.89	2.79	2.68	2.63	2.57	2.51	2.45	2.38	2.32
17	6.04	4.62	4.01	3.66	3.44	3.28	3.16	3.06	2.98	2.92	2.82	2.72	2.62	2.56	2.50	2.44	2.38	2.32	2.25

附表 5(续)

$\alpha=0.025$

n_2 \ n_1	1	2	3	4	5	6	7	8	9	10	12	15	20	24	30	40	60	120	∞
18	5.98	4.56	3.95	3.61	3.38	3.22	3.10	3.01	2.93	2.87	2.77	2.67	2.56	2.50	2.44	2.38	2.32	2.26	2.19
19	5.92	4.51	3.90	3.56	3.33	3.17	3.05	2.96	2.88	2.82	2.72	2.62	2.51	2.45	2.39	2.33	2.27	2.20	2.13
20	5.87	4.46	3.86	3.51	3.29	3.13	3.01	2.91	2.84	2.77	2.68	2.57	2.46	2.41	2.35	2.29	2.22	2.16	2.09
21	5.83	4.42	3.82	3.48	3.25	3.09	2.97	2.87	2.80	2.73	2.64	2.53	2.42	2.37	2.31	2.25	2.18	2.11	2.04
22	5.79	4.38	3.78	3.44	3.22	3.05	2.93	2.84	2.76	2.70	2.60	2.50	2.39	2.33	2.27	2.21	2.14	2.08	2.00
23	5.75	4.35	3.75	3.41	3.18	3.02	2.90	2.81	2.73	2.67	2.57	2.47	2.36	2.30	2.24	2.18	2.11	2.04	1.97
24	5.72	4.32	3.72	3.38	3.15	2.99	2.87	2.78	2.70	2.64	2.54	2.44	2.33	2.27	2.21	2.15	2.08	2.01	1.94
25	5.69	4.29	3.69	3.35	3.13	2.97	2.85	2.75	2.68	2.61	2.51	2.41	2.30	2.24	2.18	2.12	2.05	1.98	1.91
26	5.66	4.27	3.67	3.33	3.10	2.94	2.82	2.73	2.65	2.59	2.49	2.39	2.28	2.22	2.16	2.09	2.03	1.95	1.88
27	5.63	4.24	3.65	3.31	3.08	2.92	2.80	2.71	2.63	2.57	2.47	2.36	2.25	2.19	2.13	2.07	2.00	1.93	1.85
28	5.61	4.22	3.63	3.29	3.06	2.90	2.78	2.69	2.61	2.55	2.45	2.34	2.23	2.17	2.11	2.05	1.98	1.91	1.83
29	5.59	4.20	3.61	3.27	3.04	2.88	2.76	2.67	2.59	2.53	2.43	2.32	2.21	2.15	2.09	2.03	1.96	1.89	1.81
30	5.57	4.18	3.59	3.25	3.03	2.87	2.75	2.65	2.57	2.51	2.41	2.31	2.20	2.14	2.07	2.01	1.94	1.87	1.79
40	5.42	4.05	3.46	3.13	2.90	2.74	2.62	2.53	2.45	2.39	2.29	2.18	2.07	2.01	1.94	1.88	1.80	1.72	1.64
60	5.29	3.93	3.34	3.01	2.79	2.63	2.51	2.41	2.33	2.27	2.17	2.06	1.94	1.88	1.82	1.74	1.67	1.58	1.48
120	5.15	3.80	3.23	2.89	2.67	2.52	2.39	2.30	2.22	2.16	2.05	1.94	1.82	1.76	1.69	1.61	1.53	1.43	1.31
∞	5.02	3.69	3.12	2.79	2.57	2.41	2.29	2.19	2.11	2.05	1.94	1.83	1.71	1.64	1.57	1.48	1.39	1.27	1.00

附表 5(续)

$\alpha=0.01$

n_2 \ n_1	1	2	3	4	5	6	7	8	9	10	12	15	20	24	30	40	60	120	∞
1	4052	4999.5	5403	5625	5764	5859	5928	5982	6022	6056	6106	6157	6209	6235	6261	6287	6313	6339	6366
2	98.50	99.00	99.17	99.25	99.30	99.33	99.36	99.37	99.39	99.40	99.42	99.43	99.45	99.46	99.47	99.47	99.48	99.49	99.50
3	34.12	30.82	29.46	28.71	28.24	27.91	27.67	27.49	27.35	27.23	27.05	26.87	26.69	26.60	26.50	26.41	26.32	26.22	26.13
4	21.20	18.00	16.69	15.98	15.52	15.21	14.98	14.80	14.66	14.55	14.37	14.20	14.02	13.93	13.84	13.75	13.65	13.56	13.46
5	16.26	13.27	12.06	11.39	10.97	10.67	10.46	10.29	10.16	10.05	9.89	9.72	9.55	9.47	9.38	9.29	9.20	9.11	9.02
6	13.75	10.92	9.78	9.15	8.75	8.47	8.26	8.10	7.98	7.87	7.72	7.56	7.40	7.31	7.23	7.14	7.06	6.97	6.88
7	12.25	9.55	8.45	7.85	7.46	7.19	6.99	6.84	6.72	6.62	6.47	6.31	6.16	6.07	5.99	5.91	5.82	5.74	5.65
8	11.26	8.65	7.59	7.01	6.63	6.37	6.18	6.03	5.91	5.81	5.67	5.52	5.36	5.28	5.20	5.12	5.03	4.95	4.86
9	10.56	8.02	6.99	6.42	6.06	5.80	5.61	5.47	5.35	5.26	5.11	4.96	4.81	4.73	4.65	4.57	4.48	4.40	4.31
10	10.04	7.56	6.55	5.99	5.64	5.39	5.20	5.06	4.94	4.85	4.71	4.56	4.41	4.33	4.25	4.17	4.08	4.00	3.91
11	9.65	7.21	6.22	5.67	5.32	5.07	4.89	4.74	4.63	4.54	4.40	4.25	4.10	4.02	3.94	3.86	3.78	3.69	3.60
12	9.33	6.93	5.95	5.41	5.06	4.82	4.64	4.50	4.39	4.30	4.16	4.01	3.86	3.78	3.70	3.62	3.54	3.45	3.36
13	9.07	6.70	5.74	5.21	4.86	4.62	4.44	4.30	4.19	4.10	3.96	3.82	3.66	3.59	3.51	3.43	3.34	3.25	3.17
14	8.86	6.51	5.56	5.04	4.69	4.46	4.28	4.14	4.03	3.94	3.80	3.66	3.51	3.43	3.35	3.27	3.18	3.09	3.00
15	8.68	6.36	5.42	4.89	4.56	4.32	4.14	4.00	3.89	3.80	3.67	3.52	3.37	3.29	3.21	3.13	3.05	2.96	2.87
16	8.53	6.23	5.29	4.77	4.44	4.20	4.03	3.89	3.78	3.69	3.55	3.41	3.26	3.18	3.10	3.02	2.93	2.84	2.75
17	8.40	6.11	5.18	4.67	4.34	4.10	3.93	3.79	3.68	3.59	3.46	3.31	3.16	3.08	3.00	2.92	2.83	2.75	2.65

$\alpha=0.01$

n_2 \ n_1	1	2	3	4	5	6	7	8	9	10	12	15	20	24	30	40	60	120	∞
18	8.29	6.01	5.09	4.58	4.25	4.01	3.84	3.71	3.60	3.51	3.37	3.23	3.08	3.00	2.92	2.84	2.75	2.66	2.57
19	8.18	5.93	5.01	4.50	4.17	3.94	3.77	3.63	3.52	3.43	3.30	3.15	3.00	2.92	2.84	2.76	2.67	2.58	2.49
20	8.10	5.85	4.94	4.43	4.10	3.87	3.70	3.56	3.46	3.37	3.23	3.09	2.94	2.86	2.78	2.69	2.61	2.52	2.42
21	8.02	5.78	4.87	4.37	4.04	3.81	3.64	3.51	3.40	3.31	3.17	3.03	2.88	2.80	2.72	2.64	2.55	2.46	2.36
22	7.95	5.72	4.82	4.31	3.99	3.76	3.59	3.45	3.35	3.26	3.12	2.98	2.83	2.75	2.67	2.58	2.50	2.40	2.31
23	7.88	5.66	4.76	4.26	3.94	3.71	3.54	3.41	3.30	3.21	3.07	2.93	2.78	2.70	2.62	2.54	2.45	2.35	2.26
24	7.82	5.61	4.72	4.22	3.90	3.67	3.50	3.36	3.26	3.17	3.03	2.89	2.74	2.66	2.58	2.49	2.40	2.31	2.21
25	7.77	5.57	4.68	4.18	3.85	3.63	3.46	3.32	3.22	3.13	2.99	2.85	2.70	2.62	2.54	2.45	2.36	2.27	2.17
26	7.72	5.53	4.64	4.14	3.82	3.59	3.42	3.29	3.18	3.09	2.96	2.81	2.66	2.58	2.50	2.42	2.33	2.23	2.13
27	7.68	5.49	4.60	4.11	3.78	3.56	3.39	3.26	3.15	3.06	2.93	2.78	2.63	2.55	2.47	2.38	2.29	2.20	2.10
28	7.64	5.45	4.57	4.07	3.75	3.53	3.36	3.23	3.12	3.03	2.90	2.75	2.60	2.52	2.44	2.35	2.26	2.17	2.06
29	7.60	5.42	4.54	4.04	3.73	3.50	3.33	3.20	3.09	3.00	2.87	2.73	2.57	2.49	2.41	2.33	2.23	2.14	2.03
30	7.56	5.39	4.51	4.02	3.70	3.47	3.30	3.17	3.07	2.98	2.84	2.70	2.55	2.47	2.39	2.30	2.21	2.11	2.01
40	7.31	5.18	4.31	3.83	3.51	3.29	3.12	2.99	2.89	2.80	2.66	2.52	2.37	2.29	2.20	2.11	2.02	1.92	1.80
60	7.08	4.98	4.13	3.65	3.34	3.12	2.95	2.82	2.72	2.63	2.50	2.35	2.20	2.12	2.03	1.94	1.84	1.73	1.60
120	6.85	4.79	3.95	3.48	3.17	2.96	2.79	2.66	2.56	2.47	2.34	2.19	2.03	1.95	1.86	1.76	1.66	1.53	1.38
∞	6.63	4.61	3.78	3.32	3.02	2.80	2.64	2.51	2.41	2.32	2.18	2.04	1.88	1.79	1.70	1.59	1.47	1.32	1.00

附表 5(续)

$\alpha=0.005$

n_2 \ n_1	1	2	3	4	5	6	7	8	9	10	12	15	20	24	30	40	60	120	∞
1	16211	20000	21615	22500	23056	23437	23715	23925	24091	24224	24426	24630	24836	24940	25044	25148	25253	25359	25465
2	198.5	199.0	199.2	199.2	199.3	199.3	199.4	199.4	199.4	199.4	199.4	199.4	199.4	199.5	199.5	199.5	199.5	199.5	199.5
3	55.55	49.80	47.47	46.19	45.39	44.84	44.43	44.13	43.88	43.69	43.39	43.08	42.78	42.62	42.47	42.31	42.15	41.99	41.83
4	31.33	26.28	24.26	23.15	22.46	21.97	21.62	21.35	21.14	20.97	20.70	20.44	20.17	20.03	19.89	19.75	19.61	19.47	19.32
5	22.78	18.31	16.53	15.56	14.94	14.51	14.20	13.96	13.77	13.62	13.38	13.15	12.90	12.78	12.66	12.53	12.40	12.27	12.14
6	18.63	14.54	12.92	12.03	11.46	11.07	10.79	10.57	10.39	10.25	10.03	9.81	9.59	9.47	9.36	9.24	9.12	9.00	8.88
7	16.24	12.40	10.88	10.05	9.52	9.16	8.89	8.68	8.51	8.38	8.18	7.97	7.75	7.65	7.53	7.42	7.31	7.19	7.08
8	14.69	11.04	9.60	8.81	8.30	7.95	7.69	7.50	7.34	7.21	7.01	6.81	6.61	6.50	6.40	6.29	6.18	6.06	5.95
9	13.61	10.11	8.72	7.96	7.47	7.13	6.88	6.69	6.54	6.42	6.23	6.03	5.83	5.73	5.62	5.52	5.41	5.30	5.19
10	12.83	9.43	8.08	7.34	6.87	6.54	6.30	6.12	5.97	5.85	5.66	5.47	5.27	5.17	5.07	4.97	4.86	4.75	4.64
11	12.23	8.91	7.60	6.88	6.42	6.10	5.86	5.68	5.54	5.42	5.24	5.05	4.86	4.76	4.65	4.55	4.44	4.34	4.23
12	11.75	8.51	7.23	6.52	6.07	5.76	5.52	5.35	5.20	5.09	4.91	4.72	4.53	4.43	4.33	4.23	4.12	4.01	3.90
13	11.37	8.19	6.93	6.23	5.79	5.48	5.25	5.08	4.94	4.82	4.64	4.46	4.27	4.17	4.07	3.97	3.87	3.76	3.65
14	11.06	7.92	6.68	6.00	5.56	5.26	5.03	4.86	4.72	4.60	4.43	4.25	4.06	3.96	3.86	3.76	3.66	3.55	3.44
15	10.80	7.70	6.48	5.80	5.37	5.07	4.85	4.67	4.54	4.42	4.25	4.07	3.88	3.79	3.69	3.58	3.48	3.37	3.26
16	10.58	7.51	6.30	5.64	5.21	4.91	4.69	4.52	4.38	4.27	4.10	3.92	3.73	3.64	3.54	3.44	3.33	3.22	3.11
17	10.38	7.35	6.16	5.50	5.07	4.78	4.56	4.39	4.25	4.14	3.97	3.79	3.61	3.51	3.41	3.31	3.21	3.10	2.98

附表 5(续)

$\alpha=0.005$

n_2 \ n_1	1	2	3	4	5	6	7	8	9	10	12	15	20	24	30	40	60	120	∞
18	10.22	7.21	6.03	5.37	4.96	4.66	4.44	4.28	4.14	4.03	3.86	3.68	3.50	3.40	3.30	3.20	3.10	2.99	2.87
19	10.07	7.09	5.92	5.27	4.85	4.56	4.34	4.18	4.04	3.93	3.76	3.59	3.40	3.31	3.21	3.11	3.00	2.89	2.78
20	9.94	6.99	5.82	5.17	4.76	4.47	4.26	4.09	3.96	3.85	3.68	3.50	3.32	3.22	3.12	3.02	2.92	2.81	2.69
21	9.83	6.89	5.73	5.09	4.68	4.39	4.18	4.01	3.88	3.77	3.60	3.43	3.24	3.15	3.05	2.95	2.84	2.73	2.61
22	9.73	6.81	5.65	5.02	4.61	4.32	4.11	3.94	3.81	3.70	3.54	3.36	3.18	3.08	2.98	2.88	2.77	2.66	2.55
23	9.63	6.73	5.58	4.95	4.54	4.26	4.05	3.88	3.75	3.64	3.47	3.30	3.12	3.02	2.92	2.82	2.71	2.60	2.48
24	9.55	6.66	5.52	4.89	4.49	4.20	3.99	3.83	3.69	3.59	3.42	3.25	3.06	2.97	2.87	2.77	2.66	2.55	2.43
25	9.48	6.60	5.46	4.84	4.43	4.15	3.94	3.78	3.64	3.54	3.37	3.20	3.01	2.92	2.82	2.72	2.61	2.50	2.38
26	9.41	6.54	5.41	4.79	4.38	4.10	3.89	3.73	3.60	3.49	3.33	3.15	2.97	2.87	2.77	2.67	2.56	2.45	2.33
27	9.34	6.49	5.36	4.74	4.34	4.06	3.85	3.69	3.56	3.45	3.28	3.11	2.93	2.83	2.73	2.63	2.52	2.41	2.29
28	9.28	6.44	5.32	4.70	4.30	4.02	3.81	3.65	3.52	3.41	3.25	3.07	2.89	2.79	2.69	2.59	2.48	2.37	2.25
29	9.23	6.40	5.28	4.66	4.26	3.98	3.77	3.61	3.48	3.38	3.21	3.04	2.86	2.76	2.66	2.56	2.45	2.33	2.21
30	9.18	6.35	5.24	4.62	4.23	3.95	3.74	3.58	3.45	3.34	3.18	3.01	2.82	2.73	2.63	2.52	2.42	2.30	2.18
40	8.83	6.07	4.98	4.37	3.99	3.71	3.51	3.35	3.22	3.12	2.95	2.78	2.60	2.50	2.40	2.30	2.18	2.06	1.93
60	8.49	5.79	4.73	4.14	3.76	3.49	3.29	3.13	3.01	2.90	2.74	2.57	2.39	2.29	2.19	2.08	1.96	1.83	1.69
120	8.18	5.54	4.50	3.92	3.55	3.28	3.09	2.93	2.81	2.71	2.54	2.37	2.19	2.09	1.98	1.87	1.75	1.61	1.43
∞	7.88	5.30	4.28	3.72	3.35	3.09	2.90	2.74	2.62	2.52	2.36	2.19	2.00	1.90	1.79	1.67	1.53	1.36	1.00

附录一　各专题同步训练答案或提示

专　题　一

A　级

1. 设硬币出现反面为 T，出现正面为 H；取到红球为 R，取到黄球为 Y，取到蓝球为 B(不考虑次序). 则

$$S=\{HR,HY,HB,TR,TY,TB\}.$$

2. (1) $A\cap B=\{10,20,30,\cdots\}=\{10n\mid n\in\mathbf{N}\}$，$\mathbf{N}$ 为自然数集合；

(2) $B\cap C=\{5,10,15,20\}$.

3. (1) E_1: $S=\{2,3,4,5,6,7,8,9,10,11,12\}$；

E_2: $S=\{0,1,2,3,4,5\}$；

E_3: $S=\{1,2,3,4,5,6,8,9,10,12,15,16,18,20,24,25,30,36\}$.

4. (1) E_1: $S=\{x\mid 0\leqslant x\leqslant 1\}$；

(2) E_2: $S=\{(x,y)\mid 0<x<1,0<y<1\}$；

(3) E_3: $S=\{(x,y)\mid x^2+y^2=R^2\}$；

(4) E_4: $S=\{(x,y)\mid 0\leqslant x^2+y^2<R^2\}$；

(5) E_5: 设三段的长度分别为 x,y,z,则

$$S=\{(x,y,z)\mid x>0,y>0,z>0,x+y+z=a\}.$$

5. (1) $S=\{1,2,3,4,5,6\}$，$A=\{1,3,5\}$；

(2) $S=\{(H,H),(H,T),(T,H),(T,T)\}$，

$A=\{(H,H),(H,T)\}$，$B=\{(H,H),(T,T)\}$，

$C=\{(H,H),(H,T),(T,H)\}$；

(3) $S=\{(1,2,3),(1,2,4),(1,2,5),(1,3,4),(1,3,5),$
$(1,4,5),(2,3,4),(2,3,5),(2,4,5),(3,4,5)\}$，

$A=\{(1,2,3),(1,2,4),(1,2,5),(1,3,4),(1,3,5),$
$(1,4,5)\}$；

(4) $S=\{(ab,-,-),(-,ab,-),(-,-,ab),(a,b,-),$
$(b,a,-),(a,-,b),(b,-,a),(-,a,b),(-,b,a)\}$,
$A=\{(ab,-,-),(a,b,-),(b,a,-),(a,-,b),$
$(b,-,a)\}$;

(5) $S=\{3,4,5,6,7,8,9,10\}$, $A=\{3,4\}$.

6. (1) $A_1A_2A_3A_4$;

(2) $\overline{A}_1\cup\overline{A}_2\cup\overline{A}_3\cup\overline{A}_4$;

(3) $\overline{A}_1A_2A_3A_4\cup A_1\overline{A}_2A_3A_4\cup A_1A_2\overline{A}_3A_4\cup A_1A_2A_3\overline{A}_4$;

(4) $A_1A_2A_3\cup A_1A_3A_4\cup A_2A_3A_4\cup A_1A_2A_4$.

7. $B_1=A_1\cup(A_2A_3)\cup A_4$,

$B_2=A_6A_3A_4\cup A_1A_2A_3A_4\cup A_1A_5A_4\cup A_6A_2A_5A_4$.

8. (1) A,B 不都发生；(2) B 发生而 A 不发生；

(3) A,B 都不发生；(4) 不可能事件.

9. (1) 正确 ,因为 $A\cup B$ 与$(A\overline{B})\cup B$ 均表示 A 与 B 中至少有一个发生；

(2) 正确,因为$\varnothing\subset CB\subset AB=\varnothing$,所以 $BC=CB=\varnothing$；

(3) 错误，因为 $\overline{A\cup BC}=\overline{A}\ \overline{BC}\neq\overline{A}\ \overline{B}\ \overline{C}$；

(4) 错误,因为 $A\subset B$ 时 $\overline{B}\subset\overline{A}$,不能推出 $\overline{B}\subset A$.

10. $P(AB)\leqslant P(A)\leqslant P(A\cup B)\leqslant P(A)+P(B)$.

11. $P(AB)=0.2$, $P(\overline{A}B)=P(B)-P(AB)=0.2$,

$P(A-B)=P(A)-P(AB)=0.1$.

12. 样本空间 S 是半径为 R 的半圆盘,其面积为$\frac{\pi}{2}R^2$,而事件“原点跟落点的连线与 x 轴的夹角小于$\frac{\pi}{4}$”即“点落在区域 G 内”,G 的面积为$\frac{1}{2}R^2+\frac{\pi}{4}R^2$,如图 1,故所求的概率为

$$p=\frac{\frac{1}{2}R^2+\frac{\pi}{4}R^2}{\frac{1}{2}\pi R^2}=\frac{1}{\pi}+\frac{1}{2}.$$

13. 由题知样本空间 $S=\{(u,v)\mid 0<u,v<1\}$. 设事件 A 表示“$x^2-2vx+u=0$ 有实根”,则 $A=\{(u,v)\mid(2v)^2-4u\geqslant 0,(u,v)\in S\}$

$=\{(u,v)\,|\,v^2\geqslant u, 0<v<1\}$，如图 2. 故

$$P(A)=\frac{A\text{ 的面积}}{S\text{ 的面积}}=\frac{\int_0^1 v^2\mathrm{d}v}{1}=\frac{1}{3}.$$

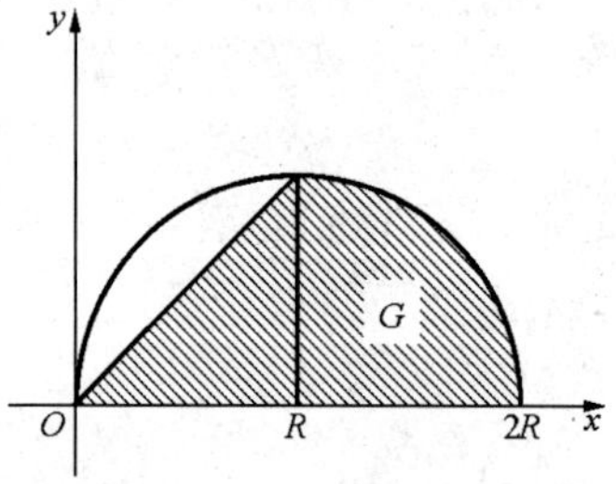

图 1

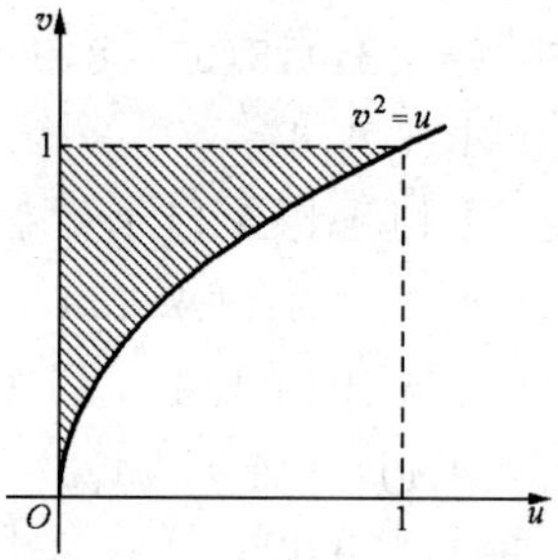

图 2

14. $\frac{2!}{5!}=\frac{1}{60}$.

15. (1) $\frac{1}{2}\times\frac{1}{2}\times\frac{1}{2}=\frac{1}{8}$；　(2) $C_3^2\,\frac{1}{2}\cdot\frac{1}{2}\cdot\frac{1}{2}=\frac{3}{8}$.

16. (1) $\frac{C_8^4}{C_{10}^4}=\frac{1}{3}$；　(2) $\frac{2}{3}$.

17. $\frac{A_9^3C_5^1-A_8^2C_4^1}{9\times9\times8\times7}=0.506$.　**18.** $\frac{C_N^nC_R^rC_{M-N-R}^{m-n-r}}{C_M^m}$.

19. $\frac{3!\,8!}{10!}$.　**21.** 0.93 .

22. (1) $\frac{132}{169}$；　(2) $\frac{1}{169}$；　(3) $\frac{37}{169}$；　(4) $\frac{168}{169}$.

23. (1) $P(A)=1-\frac{A_{12}^4}{12^4}\approx0.4271$；　(2) $P(B)=1-\frac{364^{30}}{365^{30}}=0.08$；

(3) $P(C)=1-\frac{A_{365}^k}{365^k}$；　(4) $P(D)=1-\left(\frac{364}{365}\right)^k-k\,\frac{364^{k-1}}{365^k}$.

24. $p=\frac{A_6^4}{6^4}=\frac{5}{18}$.

25. 设 $B=\{3$ 个数字中不含 $0\}$，$C=\{3$ 个数字中不含 $5\}$，则

$$P(B)=P(C)=\frac{C_9^3}{C_{10}^3}=\frac{7}{10}.$$

于是

$$P(A_1)=P(BC)=\frac{C_8^3}{C_{10}^3}=\frac{7}{15},$$

$$P(A_2)=P(B\cup C)=P(B)+P(C)-P(BC)=\frac{14}{15}.$$

26. (1) $\frac{1}{10}$;　(2) $\frac{3}{5}$.　**27.** 0.01.

28. (1) $\frac{C_4^1C_6^1A_4^4}{A_{10}^5}=\frac{2}{105}$;　(2) $\frac{A_9^9C_4^1}{A_{10}^{10}}=\frac{2}{5}$.

29. 0.7; 0.7; 0.52.

30. $P(B|(A\cup\overline{B}))=\frac{P(BA\cup B\overline{B})}{P(A\cup\overline{B})}=\frac{P(BA)}{P(A)+P(\overline{B})-P(A\overline{B})}$

$$=\frac{P(A)-P(A\overline{B})}{0.7+0.6-0.5}=\frac{0.7-0.5}{0.8}=\frac{1}{4}.$$

31. 设 $A=\{$该机器使用寿命超过 30 年$\}$,$B=\{$该机器使用寿命超过 40 年$\}$. 由题意 $P(A)=0.8$, $P(B)=0.5$. 又因 $A\supset B$,故 $P(AB)=P(B)=0.5$. 而事件

{该机器在使用 30 年之后,将在 10 年内损坏} $=(\overline{B}|A)$,

它与事件$(B|A)$是对立事件,故所求概率为

$$P(\overline{B}|A)=1-P(B|A)=1-\frac{P(AB)}{P(A)}$$

$$=1-\frac{0.5}{0.8}=\frac{3}{8},$$

32. (1) $\frac{4\times3\times1}{5\times4\times3}=\frac{1}{5}$;　(2) $\frac{1}{5}+\frac{4}{5}\times\frac{1}{4}+\frac{4}{5}\times\frac{3}{4}\times\frac{1}{3}=\frac{3}{5}$;

(3) $1-\frac{3\times2\times1}{5\times4\times3}=\frac{9}{10}$.

33. 0.23.　**34.** 0.645.

35. (1) 0.9705;　(2) 0.508; 0.356; 0.136.

36. 设事件 $A_i=\{$第 i 道工序出现次品$\}$$(i=1,2,3)$,则所求概率为

$$P(A_1\cup A_2\cup A_3)=1-P(\overline{A}_1)P(\overline{A}_2)P(\overline{A}_3)$$

$$=1-0.98\times0.97\times0.95=0.09693.$$

37. $\alpha=\frac{4}{3}$ 或 $\alpha=\frac{5}{3}$.　**38.** (1) 0.928;　(2) 0.424.

39. 0.328.

B　级

1. **分析**　(1) $B-A$ 表示 B 出现而 A 不出现的事件,即两颗骰子出现的点数之差为零,也就是这两颗骰子出现的点数相同,其和必为偶数(因 A 不出现).

(2) BC 表示事件 B,C 同时出现,即两颗骰子出现的点数之差为零且这两颗骰子出现的点数之积不超过 20.

(3) $B\cup\overline{C}$ 表示 B 与 $\overline{C}$ 至少有一个出现,即两颗骰子出现的点数之差为零或两颗骰子出现的点数之积超过 20.

解　(1) $B-A$ 表示事件:满足 $x=y$,因而必满足 $x+y=2x$ 为偶数的点(x,y)的集合.因为 x,y 取值为 1,2,3,4,5,6. 故

$$B-A=\{(1,1),(2,2),(3,3),(4,4),(5,5),(6,6)\};$$

(2) BC 表示事件:满足 $x=y$ 及 $xy\leqslant 20$ 的点(x,y)的集合,即

$$BC=\{(1,1),(2,2),(3,3),(4,4)\};$$

(3) $B\cup\overline{C}$ 表示事件:满足 $x=y$ 或 $xy>20$ 的点(x,y)的集合,即

$$B\cup\overline{C}=\{(1,1),(2,2),(3,3),(4,4),(5,5),(6,6),(4,6),(6,4),(5,6),(6,5)\}.$$

2. $n=10!$

(1) 3 卷套在一起算 1 卷,总数按 8 卷计算,3 卷又有全排列,于是所求概率为 $p_1=\dfrac{8!3!}{10!}=\dfrac{1}{15}$.

(2) 两套各在一起,总数按 5 卷计算,各有全排列,于是所求概率为 $p_2=\dfrac{5!3!4!}{10!}=\dfrac{1}{210}$.

(3) 所求概率为 $p_3=\dfrac{8!3!+7!4!-5!3!4!}{10!}=\dfrac{2}{21}$.

3. 20 套新房某人先分到一套还有 19 套,9 套分下去总分法为 $n=C_{19}^9$. 某人相邻的两套尚未分配,可看成三套连成一套,即 17 套中有 9 套分下去,分法为 C_{17}^9,故可得 $p=\dfrac{C_{17}^9}{C_{19}^9}=\dfrac{5}{19}$.

4. 这是古典概型.

(1) 棱长为 2 时,概率为 $p_1=\dfrac{2^3}{2^3}=1$;

棱长为 4 时,概率为 $p_2=\frac{4^3-2^3}{4^3}=\frac{7}{8}$;

棱长为 6 时,概率为 $p_3=\frac{6^3-4^3}{6^3}=\frac{19}{27}$,

………

棱长为 $2k$ 时,概率为

$$p_k=\frac{(2k)^3-(2k-2)^3}{(2k)^3}=1-\left(\frac{k-1}{k}\right)^3.$$

(2) $k\to+\infty, p_k\to 0$.

5. 基本事件总数为 N^m.

(1) 记 $A=\{$某指定的 m 个室中每室各分入 1 人$\}$, $P(A)=\frac{m!}{N^m}$.

(2) 记 $B=\{$恰有 m 个室, 每室各分入 1 人$\}$,则 $P(B)=\frac{C_N^m m!}{N^m}$.

(3) 记 $C=\{$6 人中恰有 2 人分入同一室$\}$,则首先选一室,有 C_{10}^1 种选法,再选 2 人分入此室,有 C_6^2 种选法,剩下的 4 人分入其余的 9 室,由于各室的人数不能为 2,可能的情况只能是一室 1 人,有 A_9^4 种选法;或 4 人进入 2 室,其中一室 1 人另一室 3 人,有 $C_9^1C_4^3C_8^1$ 种选法;或 4 人进入同一室,有 C_9^1 种选法. 因此,事件 C 所含有基本事件总数为 $C_{10}^1C_6^2(A_9^4+C_9^1C_4^3C_8^1+C_9^1)$,则

$$P(C)=\frac{C_{10}^1C_6^2(A_9^4+C_9^1C_4^3C_8^1+C_9^1)}{10^6}.$$

6. 基本事件总数为 $(2n)!$. "有夫妇不相邻"包含了一对、两对等情况. 有一对情形又要分这一对还是那一对,以及不相邻夫妇的间隔多远等. 故直接考虑 A 含基本事件数困难,但其逆事件 $\overline{A}=\{$无夫妇不相邻$\}$所含基本事件数易求,由乘法原理得 $n!2^n$. 故

$$P(A)=1-P(\overline{A})=1-\frac{n!2^n}{(2n)!}.$$

7. 3/8.

8. (1) A 与 B 互斥, 即 $AB=\varnothing$, $P(AB)=0$,从而

$$P(B)=P(A\cup B)-P(A)=0.7-0.4=0.3.$$

(2) A 与 B 相互独立,即 $P(AB)=P(A)P(B)$,从而

$$P(B)=\frac{P(A\cup B)-P(A)}{1-P(A)}=\frac{0.7-0.4}{1-0.4}=0.5.$$

(3) $P(B)=P(A\cup B)-P(A)+P(AB)$

$=0.7-0.4+0.25=0.55.$

(4) 由于 $P(AB)=P(A)P(B|A)=0.4\times 0.45=0.18$,从而

$$P(B)=0.7-0.4+0.18=0.48.$$

9. $p=P\{B^2\geqslant 4C\}$,$q=P\{B^2=4C\}$. (B,C)可能取值点为:(i,j),i,$j=1,2,3,4,5,6$ 共有 36 个. 其中符合条件 $B^2\geqslant 4C$ 的有:(2,1),(3,1),(3,2),(4,1),(4,2),(4,3),(4,4),(5,1),(5,2),(5,3),(5,4),(5,5),(5,6),(6,1),(6,2),(6,3),(6,4),(6,5),(6,6)共 19 个,符合条件 $B^2=4C$ 的仅有(2,1),(4,4)两个,所以

$$p=\frac{19}{36},\quad q=\frac{2}{36}=\frac{1}{18}.$$

10. $\frac{A_4^4A_5^3}{A_7^7}=1-\frac{2C_3^2A_6^6-6A_5^5}{A_7^7}=\frac{2}{7}.$

11. $\frac{3^6-C_3^1 2^6+3}{3^6}=\frac{20}{27}.$

12. 设事件 $D=\{$放回后仍为"MAXAM"$\}$,$H_1=\{$脱落的两字母相同$\}$,$H_2=\{$脱落的两字母不同$\}$. H_1,H_2 为 S 的一个划分. 所以所求概率为

$$P(D)=P(H_1)P(D|H_1)+P(H_2)P(D|H_2)$$
$$=\frac{C_2^1}{C_5^2}\cdot 1+\frac{C_5^2-C_2^1}{C_5^2}\cdot\frac{1}{2}=0.6.$$

13. 设

$H_1=\{$任选一输血者为 A 型$\}$, $H_2=\{$任选一输血者为 B 型$\}$,

$H_3=\{$任选一输血者为 AB 型$\}$, $H_4=\{$任选一输血者为 O 型$\}$,

$D=\{$任选一输血者,任选一需要输血者输血成功$\}$,

则 H_1,H_2,H_3,H_4 为 S 的一个划分,从而

$$P(D)=\sum_{i=1}^{4}P(H_i)P(D|H_i)$$

$$= 0.375(0.375 + 0.079) + 0.209(0.209 + 0.079) + 0.079 \times 0.079 + 0.337(0.375 + 0.209 + 0.079 + 0.337) = 0.574.$$

14. 本题为较复杂的全概率公式的应用问题. 设事件 $H_i=\{$抽出的报名表是第 i 个地区的$\}(i=1,2,3)$,显然 H_1,H_2,H_3 为样本空间的一个划分. 设 $A_j=\{$第 j 次抽出的报名表是女生的$\}(j=1,2)$.

(1) 由全概率公式

$$p=P(A_1)=\sum_{i=1}^{3}P(H_i)P(A_1|H_i)=\frac{1}{3}\times\frac{3}{10}+\frac{1}{3}\times\frac{7}{15}+\frac{1}{3}\times\frac{5}{25}=\frac{29}{90}.$$

(2) 由抽签原理知 $P(A_2)=P(A_1)=\frac{29}{90}$,故后抽到的一份是男生表的概率为

$$P(\overline{A}_2)=1-P(A_2)=1-\frac{29}{90}=\frac{61}{90}.$$

由全概率公式得

$$P(A_1\overline{A}_2)=\sum_{i=1}^{3}P(H_i)P(A_1\overline{A}_2|H_i)=\frac{1}{3}\times\frac{3}{10}\times\frac{7}{9}+\frac{1}{3}\times\frac{7}{15}\times\frac{8}{14}+\frac{1}{3}\times\frac{5}{25}\times\frac{20}{24}=\frac{2}{9},$$

从而 $$q=P(A_1|\overline{A}_2)=\frac{P(A_1\overline{A}_2)}{P(\overline{A}_2)}=\frac{2/9}{61/90}=\frac{20}{61}.$$

注 此题涉及全概率公式、抽签原理、条件概率公式.

15. 设事件 $A=\{$施放 4 枚深水炸弹能击沉潜水艇$\}$.

解法 1 由于

$$P(\overline{A})=C_4^0\left(\frac{5}{6}\right)^0\left(\frac{1}{6}\right)^4+C_4^1\left(\frac{5}{6}\right)\left(\frac{1}{6}\right)^3\frac{\frac{1}{2}}{\frac{1}{3}+\frac{1}{2}}=\frac{13}{6^4},$$

故 $$P(A)=1-\frac{13}{6^4}.$$

解法 2 由于

$$P(\overline{A})=C_4^0\left(\frac{1}{3}\right)^0\left(\frac{1}{2}\right)^0\left(\frac{1}{6}\right)^4+C_4^1\left(\frac{1}{3}\right)^0\left(\frac{1}{2}\right)\left(\frac{1}{6}\right)^3=\frac{13}{6^4},$$

故 $$P(A)=1-\frac{13}{6^4}.$$

16. 设事件 A={在第一个盒中取到一个蓝球},B={在第二个盒中取到一个蓝球},C={在第一个盒中取到一个白球},D={在第二个盒中取到一个白球},则所求概率为

(1) $P(A\cup B)=P(A)+P(B)-P(AB)$

$$=\frac{3}{7}+\frac{2}{9}-\frac{3}{7}\times\frac{2}{9}=\frac{5}{9};$$

(2) $P(DA\cup CB)=P(A)P(D)+P(C)P(B)$

$$=\frac{3}{7}\times\frac{4}{9}+\frac{2}{7}\times\frac{2}{9}=\frac{16}{63};$$

(3) $P((DA\cup CB)\,|\,(A\cup B))$

$$=P((AD)\,|\,(A\cup B))+P((CB)\,|\,(A\cup B))$$

$$=\frac{P(AD)}{P(A\cup B)}+\frac{P(CB)}{P(A\cup B)}=\frac{16}{35}.$$

17. 设事件 A_i={4 次独立试验中 A 出现 i 次}($i=0,1,2,3,4$).

$$P(B)=\sum_{i=0}^{4}P(A_i)P(B|A_i)$$

$$=0.7^4\times 0+C_4^1\times 0.3\times 0.7^3\times 0.6$$

$$+(C_4^2\times 0.3^2\times 0.7^2+C_4^3\times 0.3^3\times 0.7+0.3^4)\times 1$$

$$=0.59.$$

18. 设事件 B_1={从袋中任取一枚硬币为正品},B_2={从袋中任取一枚硬币为次品},则 $P(B_1)=\frac{m}{n+m}$,$P(B_2)=\frac{n}{n+m}$. 设 A={任取一枚硬币掷 r 次均为国徽面},则所求概率为

$$P(B_1|A)=\frac{P(B_1)P(A|B_1)}{P(A)}$$

$$= \frac{\frac{m}{n+m}\left(\frac{1}{2}\right)^r}{\frac{m}{n+m}\left(\frac{1}{2}\right)^r + \frac{n}{n+m} \times 1^r} = \frac{m}{m+n2^r}.$$

19. $P(B)=0.8\times(0.98)^3+0.15\times(0.9)^3+0.05\times(0.1)^3$

$=0.86235,$

$$P(A_1|B)=\frac{P(A_1)P(B|A_1)}{P(B)}=\frac{0.8\times(0.98)^3}{0.86235}=0.87314,$$

$P(A_2|B)=0.12680,\ P(A_3|B)=0.00006.$

20. 设事件 $B_1=\{$输入 AAAA$\}$, $B_2=\{$输入 BBBB$\}$, $B_3=\{$输入 CCCC$\}$, $D=\{$输出为 ABCA$\}$,则

$$P(D)=\sum_{i=1}^{3}P(B_i)P(D|B_i)$$

$$=p_1\alpha^2\left(\frac{1-\alpha}{2}\right)^2+p_2\alpha\left(\frac{1-\alpha}{2}\right)^3+p_3\alpha\left(\frac{1-\alpha}{2}\right)^3,$$

$$P(B_1|D)=\frac{P(B_1)P(D|B_1)}{P(D)}$$

$$=\frac{p_1\alpha^2\left(\frac{1-\alpha}{2}\right)^2}{P(D)}$$

$$=\frac{2p_1\alpha}{3p_1\alpha+1-\alpha-p_1}.$$

22. 设事件

$$\left.\begin{aligned}A_i&=\{\text{元件 } a_i \text{ 能正常工作}\},\\ B_i&=\{\text{元件 } b_i \text{ 能正常工作}\}\end{aligned}\right.\quad (i=1,2,\cdots,n).$$

由题意 $P(A_i)=P(B_i)=p(i=1,2,\cdots,n)$. 所求概率为

$$P[(A_1\cup B_1)(A_2\cup B_2)\cdots(A_n\cup B_n)]$$

$$=\prod_{i=1}^{n}P(A_i\cup B_i)$$

$$=\prod_{i=1}^{n}[P(A_i)+P(B_i)-P(A_iB_i)]$$

$$=\prod_{i=1}^{n}(2p-p^2)=p^n(2-p)^n.$$

专　题　二

A　级

1. $a=e^{-2}-e^{-3}$.

2. X 的分布律为

X	1	2	3	4	5	6
P	$\frac{2C_1^1C_6^1-1}{C_6^1C_6^1}$	$\frac{2C_1^1C_5^1-1}{C_6^1C_6^1}$	$\frac{2C_1^1C_4^1-1}{C_6^1C_6^1}$	$\frac{2C_1^1C_3^1-1}{C_6^1C_6^1}$	$\frac{2C_1^1C_2^1-1}{C_6^1C_6^1}$	$\frac{1}{C_6^1C_6^1}$

3. $P\{X=k\}=C_{20}^k\times 0.2^k\times 0.8^{20-k}\ (k=0,1,2,\cdots,20)$.

4. $P\{X=k\}=\left(\frac{1}{2}\right)^{k-1}\ (k=2,3,\cdots)$.

5. X 的分布律为

X	0	1	2	$\cdots$	k
P	$\frac{n-k}{n}$	$\frac{k}{n}\cdot\frac{n-k}{n-1}$	$\frac{k}{n}\cdot\frac{k-1}{n-1}\cdot\frac{n-k}{n-2}$	$\cdots$	$\frac{k}{n}\cdot\frac{k-1}{n-1}\cdots\frac{1}{n-k+1}\cdot\frac{n-k}{n-k}$

6. $\frac{2}{3}$.　　**7.** $\frac{19}{27}$.　　**8.** $\frac{2}{3}e^{-2}$.　　**9.** $p=0.43\%$.

10. 至少 299 件.

11. (1) $F(x)=\begin{cases}0, & x<1,\\ 3/10, & 1\leqslant x<2,\\ 9/10, & 2\leqslant x<3,\\ 1, & x\geqslant 3.\end{cases}$

(2) $P\left\{X\leqslant\frac{3}{2}\right\}=\frac{3}{10}$；　$P\left\{1<X\leqslant\frac{3}{2}\right\}=0$；

$P\left\{1\leqslant X\leqslant\frac{3}{2}\right\}=\frac{3}{10}$；　$P\left\{X>\frac{5}{2}\right\}=\frac{1}{10}$.

12. X 的分布律为

X	-1	1	3
P	0.1	0.3	0.6

13. (1) $c=1/2$；

(2) $P\{0<X<1\}=\int_0^1 f(x)\mathrm{d}x=\frac{1}{2}\int_0^1 e^{-x}\mathrm{d}x=\frac{1}{2}(1-e^{-1})$；

(3) 因为 $f(x)=\begin{cases}e^x/2, & x<0,\\ e^{-x}/2, & x\geqslant 0,\end{cases}$ 所以当 $x<0$ 时,

$$F(x)=P\{X\leqslant x\}=\int_{-\infty}^{x}\frac{1}{2}e^x dx=\frac{1}{2}e^x;$$

当 $x\geqslant 0$ 时,

$$F(x)=P\{X\leqslant x\}=\int_{-\infty}^{0}\frac{1}{2}e^x dx+\int_{0}^{x}\frac{1}{2}e^{-x}dx=1-\frac{1}{2}e^{-x}.$$

故

$$F(x)=\begin{cases}\dfrac{1}{2}e^x, & x<0,\\ 1-\dfrac{1}{2}e^{-x}, & x\geqslant 0.\end{cases}$$

14. (1) 由 $F(+\infty)=a+\frac{\pi}{2}b=1, F(-\infty)=a-\frac{\pi}{2}b=0$,得

$$a=\frac{1}{2},\quad b=\frac{1}{\pi}.$$

(2) $F(x)=\frac{1}{2}+\frac{1}{\pi}\arctan x$, 故 X 的概率密度为

$$f(x)=F'(x)=\frac{1}{\pi(1+x^2)}\quad (x\in\mathbf{R}).$$

(3) $P\{X^2>1\}=1-P\{X^2\leqslant 1\}=1-P\{-1\leqslant X\leqslant 1\}$

$=1-[F(1)-F(-1)]$

$=1-\left[\left(\frac{1}{2}+\frac{1}{\pi}\arctan 1\right)-\left(\frac{1}{2}+\frac{1}{\pi}\arctan(-1)\right)\right]=\frac{1}{2}.$

15. 10.　　**16.** 0.953.　　**17.** $A=\lambda^{\alpha}$.

18. (1) $\frac{2}{3}$; (2) $\frac{1}{3}$.　　**19.** $\frac{3}{4}$.

20. (1) 0.2033; (2) 1; (3) 0.0107; (4) 0.0768;
(5) 0.1883; (6) 0.9310.

21. (1) 0.92; (2) $a=57.5$.　　**22.** $h=179$ cm.

23. 先利用标准正态分布函数 $\Phi(x)$ 确定出参数 σ,再求出成绩在 60 至 84 分之间的概率.

由题意有

$$0.023=P\{X\geqslant 96\}=P\left\{\frac{X-72}{\sigma}\geqslant\frac{24}{\sigma}\right\}=1-\Phi\left(\frac{24}{\sigma}\right),$$

即 $\Phi\left(\frac{24}{\sigma}\right)=0.977$，查附表 2 可得 $\Phi(x)=0.9772$，从而$\frac{24}{\sigma}\approx 2$，故 $\sigma\approx 12$. 因此

$$P\{60\leqslant X\leqslant 84\}=P\left\{-1\leqslant\frac{X-72}{\sigma}\leqslant 1\right\}$$
$$=\Phi(1)-\Phi(-1)=0.6826.$$

24. (1) 0.4931； (2) 0.87.

25. $A=\frac{1}{\sqrt[4]{\pi^2 e}}, X\sim N\left(\frac{1}{2},\frac{1}{2}\right)$.

26. 据离散型随机变量的性质，要求 $0\leqslant\frac{1+3x}{4}\leqslant 1$，$0\leqslant\frac{1-x}{4}\leqslant 1$，$0\leqslant\frac{1+2x}{4}\leqslant 1$，$0\leqslant\frac{1-4x}{4}\leqslant 1$，故$-\frac{1}{3}\leqslant x\leqslant\frac{1}{4}$.

27. 解法 1 用定义法. 当 $y\leqslant 0$ 时，

$$F_Y(y)=P\{Y\leqslant y\}=P\{-2\ln X\leqslant y\}=P(\varnothing)=0;$$

当 $y>0$ 时，

$$F_Y(y)=P\{-2\ln X\leqslant y\}=P\{X\geqslant e^{-\frac{y}{2}}\}$$
$$=1-P\{X\leqslant e^{-\frac{y}{2}}\}=1-F_X(e^{-\frac{y}{2}}).$$

故
$$f_Y(y)=F_Y'(y)=\begin{cases}0, & y\leqslant 0,\\ \frac{1}{2}e^{-\frac{y}{2}}, & y>0.\end{cases}$$

解法 2 用公式法. 由题知 $f_X(x)=\begin{cases}1, & 0<x<1,\\ 0, & 其他,\end{cases}$ $y=-2\ln x$ 的反函数为 $x=h(y)=e^{-\frac{y}{2}}$，且 $h'(y)=-\frac{1}{2}e^{-\frac{y}{2}}$，故

$$f_Y(y)=\begin{cases}\left|-\frac{1}{2}e^{-\frac{y}{2}}\right|, & y>0,\\ 0, & y\leqslant 0\end{cases}=\begin{cases}\frac{1}{2}e^{-\frac{y}{2}}, & y>0,\\ 0, & y\leqslant 0.\end{cases}$$

B 级

1. 由题意 Y 的可取值为 $r,r+1,r+2,\cdots(r=1,2,\cdots)$.

$P\{Y=r\}=P\{r$ 次试验，每次都出现 $A\}=p^r$，

$P\{Y=r+1\}=P\{$第 $r+1$ 次试验出现 A，前 r 次试验有 $r-1$ 次出

现 A,1 次出现 $\overline{A}$}

$=pC_r^{r-1}p^{r-1}(1-p)=C_r^{r-1}p^r(1-p)$,

$P\{Y=r+2\}=P\{$第 $r+2$ 次试验出现 A,前 $r+1$ 次试验有 $r-1$ 次出现 A,2 次出现 $\overline{A}\}$

$=pC_{r+1}^{r-1}p^{r-1}(1-p)^2=C_{r+1}^{r-1}p^r(1-p)^2$,

$\vdots$

$P\{Y=k\}=P\{$第 k 次试验出现 A,前 $k-1$ 次试验有 $r-1$ 次出现 A,$k-r$ 次出现 $\overline{A}\}$

$=pC_{k-1}^{r-1}p^{r-1}(1-p)^{k-r}=C_{k-1}^{r-1}p^r(1-p)^{k-r}$,

$\vdots$

2. (1) $A=B=\dfrac{1}{2}$; (2) $f(x)=\begin{cases}\dfrac{1}{2}e^x, & x<0,\\ \dfrac{1}{2}e^{-(x-1)}, & x\geqslant 1,\\ 0, & \text{其他};\end{cases}$ (3) 0.

3. $a=\dfrac{1}{3}$, $b=-\dfrac{1}{6}$.

4. 设 X 表示 n 次试验中 A 发生的次数,则

$$P\{X=k\}=C_n^k\times 0.3^k\times 0.7^{n-k}\quad (k=0,1,\cdots,n).$$

当 $n=5$ 时,

$$P(B)=P\{X\geqslant 3\}=P\{X=3\}+P\{X=4\}+P\{X=5\}$$
$$=0.163;$$

当 $n=7$ 时,

$$P(C)=P\{X\geqslant 3\}$$
$$=1-P\{X=0\}-P\{X=1\}-P\{X=2\}$$
$$=0.353.$$

5. 设 X 表示甲 3 次中投中的次数,则

$$P\{X=k\}=C_3^k\times 0.6^k\times 0.4^{3-k}\quad (k=0,1,2,3),$$

设 Y 表示乙 3 次中投中的次数,则

$$P\{Y=k\}=C_3^k\times 0.7^k\times 0.3^{3-k}\quad (k=0,1,2,3).$$

(1) $P(A)=P\left(\bigcup_{i=0}^{3}\{X=i\}\{Y=i\}\right)$

$$=\sum_{i=0}^{3}P\{X=i\}P\{Y=i\}=0.321.$$

(2) $P(B)=P\left(\bigcup_{j<i=1}^{3}\{X=i\}P\{Y=j\}\right)$

$$=\sum_{j<i=1}^{3}P\{X=i\}P\{Y=j\}$$

$$=P\{X=1\}P\{Y=0\}$$

$$+P\{X=2\}(P\{Y=0\}+P\{Y=1\})$$

$$+P\{X=3\}(P\{Y=0\}+P\{Y=1\}+P\{Y=2\})$$

$$=0.243.$$

6. (1) 设 $H=\{$这批产品经第一次检验就能接受$\}$,则

$$P(H)=C_{10}^{0}\times 0.1^{0}\times 0.9^{10}=0.349;$$

(2) 设 $B=\{$需做第二次检验$\}=\{$第一次检验有 1 件或 2 件次品$\}$,则

$$P(B)=C_{10}^{1}\times 0.1\times 0.9^{9}+C_{10}^{2}\times 0.1^{2}\times 0.9^{8}=0.581;$$

(3) 设 $A=\{$按第二次检验的标准被接受$\}$,则

$$P(A)=C_{5}^{0}\times 0.1^{0}\times 0.9^{5}=0.590;$$

(4) $P(A|B)=P(A)$,所求概率为

$$P(BA)=P(B)P(A|B)=0.581\times 0.590=0.343;$$

(5) 所求概率为

$$P(H)+P(BA)=0.349+0.343=0.692.$$

7. (1) 设 $A=\{$试验成功一次$\}$,则 $P(A)=\dfrac{C_4^4}{C_8^4}=\dfrac{1}{70}$;

(2) 设 $B=\{$试验 10 次,成功 3 次$\}$,则

$$P(B)=C_{10}^{3}\left(\frac{1}{70}\right)^{3}\left(\frac{69}{70}\right)^{7}=0.000316283.$$

猜对的概率仅万分之三,太小,故按实际推断原理,认为他有区分能力.

8. (1) $t=3, X\sim\pi\left(\dfrac{3}{2}\right)$,所求概率为 $P\{X=0\}=\dfrac{\left(\frac{3}{2}\right)^{0}e^{-\frac{3}{2}}}{0!}=e^{-\frac{3}{2}}$;

(2) $t=5, X\sim\pi\left(\dfrac{5}{2}\right)$,所求概率为

$$P\{X\geqslant 1\}=1-P\{X=0\}=1-\frac{\left(\frac{5}{2}\right)^0 e^{-\frac{5}{2}}}{0!}=1-e^{-\frac{5}{2}}.$$

9. 由题意 $V_n\sim B(n,p)$，其中

$$p=P\{X\leqslant 0.1\}=\int_{-\infty}^{0.1} f(x)\mathrm{d}x=\int_0^{0.1} 2x\mathrm{d}x=0.01.$$

所以 $P\{V_n=k\}=C_n^k(0.01)^k(1-0.01)^{n-k}\ (k=0,1,2,\cdots,n)$.

10. $P\{X>1500\}=\int_{1500}^{+\infty}\frac{1000}{x^2}\mathrm{d}x=\frac{2}{3}$，

设 $A=$ {任取 5 件，其中至少有 2 件寿命大于 1500 h}，则

$$P(A)=1-C_5^0\left(\frac{2}{3}\right)^0\left(\frac{1}{3}\right)^5-C_5^1\left(\frac{2}{3}\right)\left(\frac{1}{3}\right)^4=\frac{232}{243}.$$

11. $P\{X>10\}=\int_{10}^{+\infty}\frac{1}{5}e^{-\frac{x}{5}}\mathrm{d}x=e^{-2}$，于是 Y 的分布律为

$$P\{Y=k\}=C_5^k(e^{-2})^k(1-e^{-2})^{5-k}\quad (k=0,1,2,3,4,5).$$

所以 $P\{Y\geqslant 1\}=1-P\{Y=0\}=1-(1-e^{-2})^5$.

12. (1) $P\{2<X\leqslant 5\}=P\left\{\frac{2-3}{2}<\frac{X-3}{2}<\frac{5-3}{2}\right\}$

$$=\Phi(1)-\Phi(-0.5)=\Phi(1)-[1-\Phi(0.5)]=0.5328,$$

$$\begin{aligned}P\{|X|>2\}&=P\{\{X>2\}\cup\{X<-2\}\}\\&=P\{X>2\}+P\{X<-2\}\\&=1-P\{X\leqslant 2\}+P\{X<-2\}\\&=1-\Phi\left(\frac{2-3}{2}\right)+\Phi\left(\frac{-2-3}{2}\right)\\&=\Phi(0.5)+1-\Phi(2.5)=0.6977;\end{aligned}$$

(2) 因为

$$P\{X\leqslant c\}=P\{X>c\}=1-P\{X\leqslant c\},$$

所以 $P\{X\leqslant c\}=\frac{1}{2}$. 又 $P\{X\leqslant c\}=\Phi\left(\frac{c-3}{2}\right)=\frac{1}{2}$，故

$$\frac{c-3}{2}=0,\quad c=3;$$

(3) $P\{X>d\}=1-P\{X\leqslant d\}=1-\Phi\left(\frac{d-3}{2}\right)=\Phi\left(\frac{3-d}{2}\right)\geqslant 0.9$，

得 $\frac{3-d}{2}\geqslant 1.28$，从而 $d\leqslant 0.44$.

13. 因为 $\varphi(-x)=\varphi(x)$，所以

$$P\{X \leqslant -a\} = P\{X \geqslant a\}, \quad \int_0^{+\infty} \varphi(x)\mathrm{d}x = \frac{1}{2},$$

$$F(-a) = P\{X \leqslant -a\} = P\{X \geqslant a\} = \int_a^{+\infty} \varphi(x)\mathrm{d}x$$

$$= \int_0^{+\infty} \varphi(x)\mathrm{d}x - \int_0^a \varphi(x)\mathrm{d}x = \frac{1}{2} - \int_0^a \varphi(x)\mathrm{d}x.$$

14. 由分布函数的右连续性 $F\left(\frac{\pi}{2}\right)=F\left(\frac{\pi}{2}+0\right)$，得 $A=1$. 于是

$$P\left\{|X| < \frac{\pi}{6}\right\} = F\left(\frac{\pi}{6}\right) - F\left(-\frac{\pi}{6}\right) = A\sin\frac{\pi}{6} - 0 = \frac{1}{2}.$$

15. 由题意知 $X\sim B(n,p)$. 记 $q=1-p$. 若 n 为奇数，则记 $r=n$；若 n 为偶数，则记 $r=n-1$. 由于

$$a = P\{X=1\} + P\{X=3\} + \cdots + P\{X=r\}$$
$$= \mathrm{C}_n^1 p q^{n-1} + \mathrm{C}_n^3 p^3 q^{n-3} + \cdots + \mathrm{C}_n^r p^r q^{n-r},$$

$$1 = (p+q)^n = q^n + \mathrm{C}_n^1 p q^{n-1} + \mathrm{C}_n^2 p^2 q^{n-2} + \cdots$$
$$+ \mathrm{C}_n^{n-1} p^{n-1} q + p^n,$$

$$(q-p)^n = q^n - \mathrm{C}_n^1 p q^{n-1} + \mathrm{C}_n^2 p^2 q^{n-2} - \cdots$$
$$+ (-1)^{n-1}\mathrm{C}_n^{n-1} p^{n-1} q + (-1)^n p^n,$$

$$1 - (q-p)^n = 2[\mathrm{C}_n^1 p q^{n-1} + \mathrm{C}_n^3 p^3 q^{n-3} + \cdots + \mathrm{C}_n^r p^r q^{n-r}],$$

故 $a=\frac{1}{2}[1-(1-2p)^n]$.

16. (1) 可看成 $n=1200$ 重伯努利试验，每次试验成功的概率为 $p=0.02$，故 $X\sim B(1200,0.02)$.

(2) 由于 $n=1200$ 和 $p=0.02$，显然满足泊松定理的条件，可见 X 近似服从参数为 24 的泊松分布，故

$$a = P\{X \leqslant 30\} = \sum_{k=0}^{30} \mathrm{C}_{1200}^k \times 0.02^k \times 0.98^{1200-k}$$

$$\approx \sum_{k=0}^{30} \frac{24^k}{k!}\mathrm{e}^{-24} \approx 0.90415.$$

17. 因为 X 服从区间 $(0,5)$ 上的均匀分布，所以 X 的分布函数为

$$F(x)=\begin{cases}0, & x<0,\\ x/5, & 0\leqslant x<5,\\ 1, & x\geqslant 5.\end{cases}$$

一元二次方程根的判别式为

$$\Delta=16X^2-16X-32=16(X-2)(X+1).$$

(1) 一元二次方程有两个不同实根,当且仅当

$$\Delta=16(X-2)(X+1)>0.$$

因为 X 服从区间(0,5)上的均匀分布,显然 $X+1>0$,因此 $\Delta>0$ 当且仅当 $X-2>0$,即 $X>2$. 故一元二次方程有两个不同实根的概率为

$$P\{\Delta>0\}=P\{X>2\}=1-F(2)=\frac{3}{5};$$

(2) 一元二次方程有重根,当且仅当 $\Delta=16(X-2)(X+1)=0$,即当且仅当 $X=2$,因此所给一元二次方程有重根的概率为

$$P\{\Delta=0\}=P\{X=2\}=0.$$

18. (1) Y 的可取值为 1,2,5,且

$$P\{Y=1\}=P\{X=0\}=0.3,$$
$$P\{Y=2\}=P\{X=-1\}+P\{X=1\}=0.4,$$
$$P\{Y=5\}=1-0.3-0.4=0.3,$$

因此 Y 的概率分布为

Y	1	2	5
P	0.3	0.4	0.3

(2) Z 的可取值为 -1,1,且

$$P\{Z=-1\}=P\{X=-1\}+P\{X=1\}=0.4,$$
$$P\{Z=1\}=1-0.4=0.6,$$

因此 Z 的概率分布为

Z	-1	1
P	0.4	0.6

19. 设 X 是一周 5 个工作日停用的天数,Y 是一周所创利润. $X\sim$

$B(5,0.2)$，而一周利润 Y 是 X 的函数：

$$Y=\begin{cases}10, & X=0,\\ 7, & X=1,\\ 2, & X=2,\\ -2, & X\geqslant 3,\end{cases}$$

从而

$$P\{Y=10\}=P\{X=0\}=0.8^5=0.328,$$
$$P\{Y=7\}=P\{X=1\}=C_5^1\times 0.2\times 0.8^4=0.410,$$
$$P\{Y=2\}=P\{X=2\}=C_5^2\times 0.2^2\times 0.8^3=0.205,$$
$$P\{Y=-2\}=P\{X\geqslant 3\}$$
$$=1-0.328-0.410-0.205=0.057,$$

故所创利润 Y 的概率分布为

Y	-2	2	7	10
P	0.057	0.205	0.410	0.328

20. 因为 X 服从参数为 λ 的指数分布，所以

$$F(x)=\begin{cases}0, & x\leqslant 0,\\ 1-e^{-\lambda x}, & x>0,\end{cases}$$

从而 $P\{X\leqslant 1\}=F(1)=1-e^{-\lambda}$. X 为连续型随机变量，故

$$P\{X\geqslant 1\}=1-P\{X\leqslant 1\}=1-F(1)=e^{-\lambda}.$$

由已知有 $e^{-\lambda}=1-e^{-\lambda}$，即 $2e^{-\lambda}=1$，从而 $\lambda=\ln 2$. 所以

$$F(x)=\begin{cases}0, & x\leqslant 0,\\ 1-e^{-(\ln 2)x}, & x>0\end{cases}$$
$$=\begin{cases}0, & x\leqslant 0,\\ 1-\left(\dfrac{1}{2}\right)^x, & x>0.\end{cases}$$

又 $\quad P\{X\geqslant k\}=1-P\{X\leqslant k\}=1-F(k)\quad (k>0)$.

所以 $P\{X\geqslant k\}=\left(\dfrac{1}{2}\right)^k$，故

$$\sum_{k=1}^{\infty}P\{X\geqslant k\}=\sum_{k=1}^{\infty}\left(\frac{1}{2}\right)^k=\frac{\frac{1}{2}}{1-\frac{1}{2}}=1.$$

专 题 三

A 级

1. X 的取值为 0,1,2,3;Y 的取值为 0,1,2. 由于还有 2 个白球,因此任取的 3 个球中,至少有 1 个黑球或红球,必定有

$$1 \leqslant X+Y \leqslant 3,$$

所以在(X,Y)的取值中不可能有(0,0),(2,2),(3,1),(3,2),只能有(0,1),(0,2),(1,0),(1,1),(1,2),(2,0),(2,1),(3,0). 下面求这些取值的概率,这里是古典概型,而

$$p=\frac{m}{n}, \quad n=\mathrm{C}_7^3=35,$$

这里 m 视具体事件定.

$$P\{X=0,Y=1\}=P\{2\text{ 个白球},1\text{ 个红球}\}=\frac{\mathrm{C}_2^2\mathrm{C}_2^1}{\mathrm{C}_7^3}=\frac{2}{35},$$

$$P\{X=0,Y=2\}=P\{1\text{ 个白球},2\text{ 个红球}\}=\frac{\mathrm{C}_2^1\mathrm{C}_2^2}{\mathrm{C}_7^3}=\frac{2}{35},$$

$$P\{X=1,Y=0\}=P\{1\text{ 个黑球},2\text{ 个白球}\}=\frac{\mathrm{C}_2^2\mathrm{C}_3^1}{\mathrm{C}_7^3}=\frac{3}{35},$$

$$P\{X=1,Y=1\}=P\{1\text{ 个黑球},1\text{ 个红球},1\text{ 个白球}\}$$
$$=\frac{\mathrm{C}_2^1\mathrm{C}_3^1\mathrm{C}_2^1}{\mathrm{C}_7^3}=\frac{12}{35},$$

$$P\{X=1,Y=2\}=P\{1\text{ 个黑球},2\text{ 个红球}\}=\frac{\mathrm{C}_3^1\mathrm{C}_2^2}{\mathrm{C}_7^3}=\frac{3}{35},$$

$$P\{X=2,Y=0\}=P\{2\text{ 个黑球},1\text{ 个白球}\}=\frac{\mathrm{C}_2^1\mathrm{C}_3^2}{\mathrm{C}_7^3}=\frac{6}{35},$$

$$P\{X=2,Y=1\}=P\{2\text{ 个黑球},1\text{ 个红球}\}=\frac{\mathrm{C}_3^2\mathrm{C}_2^1}{\mathrm{C}_7^3}=\frac{6}{35},$$

$$P\{X=3,Y=0\}=P\{3\text{ 个黑球}\}=\frac{\mathrm{C}_3^3}{\mathrm{C}_7^3}=\frac{1}{35}.$$

列表如下:

Y \ X	0	1	2	3
0	0	3/35	6/35	1/35
1	2/35	12/35	6/35	0
2	2/35	3/35	0	0

2. (1) (X,Y)的分布律为

Y \ X	1	2	3
1	1/16	1/16	2/16
2	1/16	1/16	2/16
3	2/16	2/16	4/16

(2) (X,Y)的分布律为

Y \ X	1	2	3
1	0	1/12	2/12
2	1/12	0	2/12
3	2/12	2/12	2/12

3. (X,Y)的分布律为

Y \ X	0	1	2	3
0	1/27	1/9	1/9	1/27
1	1/9	2/9	1/9	0
2	1/9	1/9	0	0
3	1/27	0	0	0

4. (X,Y)的分布律为

Y \ X	1	2	3
3	C_1^1/C_5^3	0	0
4	C_2^1/C_5^3	C_1^1/C_5^3	0
5	C_3^1/C_5^3	C_2^1/C_5^3	C_1^1/C_5^3

$$F(1,1)=P\{X\leqslant 1,Y\leqslant 1\}=0,$$

$$\begin{aligned}F(2.4,4)&=P\{X=1,Y=3\}+P\{X=1,Y=4\}\\&\quad+P\{X=2,Y=3\}+P\{X=2,Y=4\}\\&=\frac{1}{10}+\frac{2}{10}+0+\frac{1}{10}=\frac{2}{5}.\end{aligned}$$

5. X 的可取值为 0,1,2,3;Y 的可取值只能为 1,3,(X,Y)的取值只能为(0,3),(1,1),(2,1),(3,3),不可能为(0,1),(1,3),(2,3),(3,1).故

$$P\{X=0,Y=3\}=P\{\text{出现 3 次反面}\}=\frac{C_3^0}{2^3}=\frac{1}{8},$$

$$P\{X=1,Y=1\}=P\{\text{出现 1 次正面,2 次反面}\}=\frac{C_3^1}{2^3}=\frac{3}{8},$$

$$P\{X=2,Y=1\}=P\{\text{出现 2 次正面,1 次反面}\}=\frac{C_3^2}{2^3}=\frac{3}{8},$$

$$P\{X=3,Y=3\}=P\{\text{出现 3 次正面}\}=\frac{C_3^3}{2^3}=\frac{1}{8}.$$

列表如下:

Y \ X	0	1	2	3	$p_{\cdot j}$
1	0	3/8	3/8	0	6/8
3	1/8	0	0	1/8	2/8
$p_{i\cdot}$	1/8	3/8	3/8	1/8	1

关于 X,Y 边缘分布律,分别列于表的下边和右边.

6. X 的取值为 0,1,Y 的取值也是 0,1,故(X,Y)的取值为(0,0),(0,1),(1,0),(1,1).

(1) 第一次抽球后放回,则

$$P\{X=0,Y=0\}=P\{X=0\}P\{Y=0|X=0\}=\frac{4}{10}\times\frac{4}{10}=\frac{4}{25},$$

$$P\{X=0,Y=1\}=P\{X=0\}P\{Y=1|X=0\}=\frac{4}{10}\times\frac{6}{10}=\frac{6}{25},$$

$$P\{X=1,Y=0\}=P\{X=1\}P\{Y=0|X=1\}=\frac{6}{10}\times\frac{4}{10}=\frac{6}{25},$$

$$P\{X=1,Y=1\}=P\{X=1\}P\{Y=1|X=1\}=\frac{6}{10}\times\frac{6}{10}=\frac{9}{25}.$$

故(X,Y)的分布律和关于X,Y的边缘分布律如下：

$Y \backslash X$	0	1	$p_{\cdot j}$
0	4/25	6/25	2/5
1	6/25	9/25	3/5
$p_{i\cdot}$	2/5	3/5	

(2) 第一次抽球后不放回，则

$$P\{X=0,Y=0\}=P\{X=0\}P\{Y=0|X=0\}=\frac{4}{10}\times\frac{3}{9}=\frac{2}{15},$$

$$P\{X=0,Y=1\}=P\{X=0\}P\{Y=1|X=0\}=\frac{4}{10}\times\frac{6}{9}=\frac{4}{15},$$

$$P\{X=1,Y=0\}=P\{X=1\}P\{Y=0|X=1\}=\frac{6}{10}\times\frac{4}{9}=\frac{4}{15},$$

$$P\{X=1,Y=1\}=P\{X=1\}P\{Y=1|X=1\}=\frac{6}{10}\times\frac{5}{9}=\frac{5}{15}.$$

故(X,Y)的分布律和关于X,Y的边缘分布律如下：

$Y \backslash X$	0	1	$p_{\cdot j}$
0	2/15	4/15	2/5
1	4/15	5/15	3/5
$p_{i\cdot}$	2/5	3/5	

可看出两种情况下的X与Y的联合分布律不同，但边缘分布律是相同的. 这说明，相同的边缘分布可能会由不同的联合分布得来. 因此，由边缘分布不能唯一地确定联合分布. 这其中的原因，可从下面独立性的分析中得到说明.

分析X,Y的独立性：(1) 放回：可以验证对所有的i,j都有$p_{ij}=p_{i\cdot}p_{\cdot j}$，所以$X,Y$相互独立；(2) 不放回：因为$p_{0\cdot}p_{\cdot 0}=\frac{2}{5}\times$

$\frac{2}{5}=\frac{4}{25}$，而 $p_{00}=\frac{2}{15}\neq\frac{4}{25}$，所以 $p_{0\cdot}p_{\cdot 0}\neq p_{00}$. 这说明 X,Y 不相互独立.

7. $\alpha=\frac{2}{9}$，$\beta=\frac{1}{9}$.

8. 使 $f(x,y)$ 不为 0 值的区域为图 3 中阴影部分.

$$f_Y(y)=\int_{-\infty}^{+\infty}f(x,y)\mathrm{d}x$$

$$=\begin{cases}\int_y^1 4.8y(2-x)\mathrm{d}x, & 0\leqslant y\leqslant 1,\\ 0, & \text{其他},\end{cases}$$

$$f_X(x)=\int_{-\infty}^{+\infty}f(x,y)\mathrm{d}y$$

$$=\begin{cases}\int_0^x 4.8y(2-x)\mathrm{d}y, & 0\leqslant x\leqslant 1,\\ 0, & \text{其他}.\end{cases}$$

9. 使 $f(x,y)$ 不为 0 值的区域为图 4 中阴影部分.

$$f_Y(y)=\begin{cases}\int_0^y \mathrm{e}^{-y}\mathrm{d}x, & y>0,\\ 0, & \text{其他}\end{cases}=\begin{cases}y\mathrm{e}^{-y}, & y>0,\\ 0, & \text{其他},\end{cases}$$

$$f_X(x)=\begin{cases}\int_x^{+\infty} \mathrm{e}^{-y}\mathrm{d}y, & x>0,\\ 0, & \text{其他}\end{cases}=\begin{cases}\mathrm{e}^{-x}, & x>0,\\ 0, & \text{其他}.\end{cases}$$

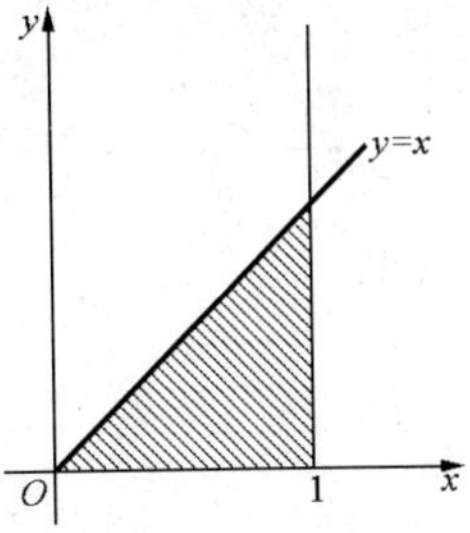

图 3

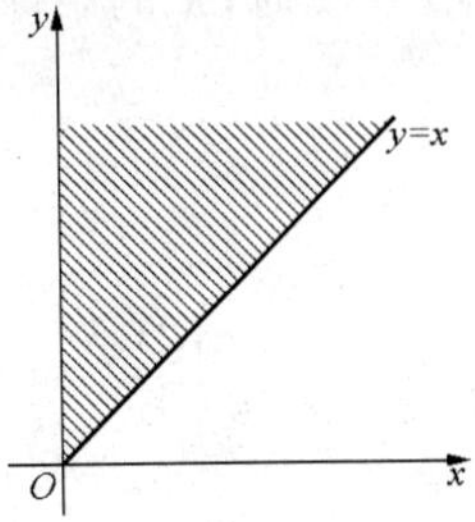

图 4

10. 使 $f(x,y)$ 不为 0 值的区域为图 5 中阴影部分.

(1) 由

$$1=\int_{-\infty}^{+\infty}\int_{-\infty}^{+\infty}f(x,y)\mathrm{d}x\mathrm{d}y$$

$$=\int_{-1}^{1}\mathrm{d}x\int_{x^2}^{1}cx^2y\mathrm{d}y$$

$$=\frac{4c}{21},$$

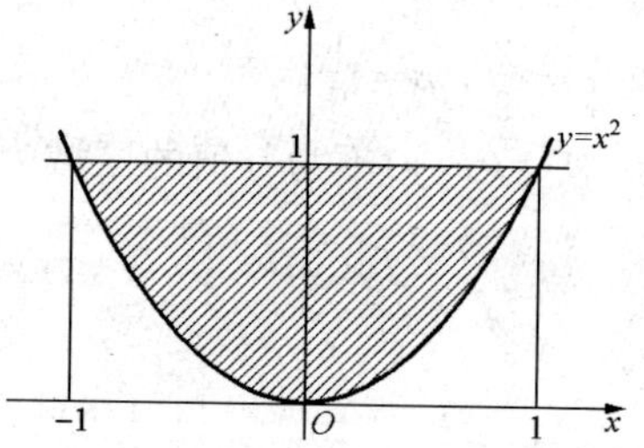

图 5

得 $c=\dfrac{21}{4}$.

(2) $$f_Y(y)=\begin{cases}\displaystyle\int_{-\sqrt{y}}^{\sqrt{y}}\frac{21}{4}x^2y\mathrm{d}x, & 0\leqslant y\leqslant 1,\\ 0, & \text{其他}\end{cases}=\begin{cases}\dfrac{7}{2}y^{\frac{5}{2}}, & 0\leqslant y\leqslant 1,\\ 0, & \text{其他},\end{cases}$$

$$f_X(x)=\begin{cases}\displaystyle\int_{x^2}^{1}\frac{21}{4}x^2y\mathrm{d}y, & -1\leqslant x\leqslant 1,\\ 0, & \text{其他}\end{cases}=\begin{cases}\dfrac{21}{8}x^2(1-x^4), & -1\leqslant x\leqslant 1,\\ 0, & \text{其他}.\end{cases}$$

11. (1) $$f_Y(y)=\begin{cases}\dfrac{7}{2}y^{\frac{5}{2}}, & 0\leqslant y\leqslant 1,\\ 0, & \text{其他}.\end{cases}$$

当 $0<y\leqslant 1$ 时,

$$f_{X|Y}(x|y)=\begin{cases}\dfrac{\frac{21}{4}x^2y}{\frac{7}{2}y^{\frac{5}{2}}}=\dfrac{3}{2}x^2y^{-\frac{3}{2}}, & -\sqrt{y}<x<\sqrt{y},\\ 0, & x\text{ 取其他值}.\end{cases}$$

当 $Y=\dfrac{1}{2}$ 时, X 的条件概率密度为

$$f_{X|Y}\left(x\,\middle|\,y=\frac{1}{2}\right)=\begin{cases}3\sqrt{2}x^2, & -\dfrac{1}{\sqrt{2}}<x<\dfrac{1}{\sqrt{2}},\\ 0, & \text{其他}.\end{cases}$$

(2) $$f_X(x)=\begin{cases}\dfrac{21}{8}x^2(1-x^4), & -1\leqslant x\leqslant 1,\\ 0, & \text{其他}.\end{cases}$$

当 $-1<x<0$ 或 $0<x<1$ 时,

$$f_{Y|X}(y|x)=\begin{cases}\dfrac{\frac{21}{4}x^2y}{\frac{21}{8}x^2(1-x^4)}=\dfrac{2y}{1-x^4}, & x^2<y<1,\\ 0, & y\text{ 取其他值}.\end{cases}$$

当 $X=\dfrac{1}{2}$时，Y 的条件概率密度为

$$f_{Y|X}\left(y\middle|x=\frac{1}{2}\right)=\begin{cases}\dfrac{32}{15}y, & \dfrac{1}{4}<y<1,\\ 0, & \text{其他}.\end{cases}$$

(3) $P\left\{Y\geqslant\dfrac{1}{4}\middle|X=\dfrac{1}{2}\right\}=\displaystyle\int_{\frac{1}{4}}^{1}f_{Y|X}\left(y\middle|x=\frac{1}{2}\right)\mathrm{d}y=\int_{\frac{1}{4}}^{1}\frac{32}{15}y\mathrm{d}y=1$,

$P\left\{Y\geqslant\dfrac{3}{4}\middle|X=\dfrac{1}{2}\right\}=\displaystyle\int_{\frac{3}{4}}^{1}f_{Y|X}\left(y\middle|x=\frac{1}{2}\right)\mathrm{d}y=\int_{\frac{3}{4}}^{1}\frac{32}{15}y\mathrm{d}y=\frac{7}{15}$.

12. (1) $f_X(x)=\begin{cases}1, & 0<x<1,\\ 0, & x\leqslant 0, x\geqslant 1,\end{cases}$

$$f(x,y)=f_X(x)f_Y(y)=\begin{cases}\dfrac{1}{2}\mathrm{e}^{-\frac{y}{2}}, & 0<x<1, y>0,\\ 0, & \text{其他}.\end{cases}$$

(2) 若有实根 a，则 $X^2-Y\geqslant 0$. 于是所求概率为

$$\begin{aligned}P\{X^2-Y\geqslant 0\}&=P\{Y-X^2\leqslant 0\}=\int_0^1\mathrm{d}x\int_0^{x^2}\frac{1}{2}\mathrm{e}^{-\frac{y}{2}}\mathrm{d}y\\&=\int_0^1(1-\mathrm{e}^{-x^2/2})\mathrm{d}x=1-\sqrt{2\pi}\int_0^1\frac{1}{\sqrt{2\pi}}\mathrm{e}^{-\frac{x^2}{2}}\mathrm{d}x\\&=1-\sqrt{2\pi}[\Phi(1)-\Phi(0)]=0.1445.\end{aligned}$$

13. 因 $X\sim N(0,1)$，故有

$$f_X(x)=\frac{1}{\sqrt{2\pi}}\mathrm{e}^{-\frac{x^2}{2}}\quad(x\in\mathbf{R}).$$

因 $Y\sim N(0,1)$，故有

$$f_Y(y)=\frac{1}{\sqrt{2\pi}}\mathrm{e}^{-\frac{y^2}{2}}\quad(y\in\mathbf{R}).$$

又 X 和 Y 相互独立，所以 X 与 Y 的联合概率密度为

$$f(x,y)=f_X(x)f_Y(y)=\frac{1}{2\pi}e^{-\frac{x^2+y^2}{2}}\quad ((x,y)\in\mathbf{R}^2).$$

又因

$$P\{(X,Y)\in D_1\}=\iint\limits_{D_1}f(x,y)\mathrm{d}x\mathrm{d}y=\frac{1}{2\pi}\iint\limits_{x^2+y^2<1}e^{-\frac{x^2+y^2}{2}}\mathrm{d}x\mathrm{d}y$$

$$=\frac{1}{2\pi}\int_0^{2\pi}\mathrm{d}\theta\int_0^1 e^{-\frac{r^2}{2}}r\mathrm{d}r=1-e^{-\frac{1}{2}},$$

$$P\{(X,Y)\in D_2\}=\iint\limits_{D_2}f(x,y)\mathrm{d}x\mathrm{d}y=\frac{1}{2\pi}\iint\limits_{1\leqslant x^2+y^2\leqslant 4}e^{-\frac{x^2+y^2}{2}}\mathrm{d}x\mathrm{d}y$$

$$=\frac{1}{2\pi}\int_0^{2\pi}\mathrm{d}\theta\int_1^2 e^{-\frac{r^2}{2}}r\mathrm{d}r=e^{-\frac{1}{2}}-e^{-2},$$

$$P\{(X,Y)\in D_3\}=\iint\limits_{D_3}f(x,y)\mathrm{d}x\mathrm{d}y=\frac{1}{2\pi}\iint\limits_{x^2+y^2>4}e^{-\frac{x^2+y^2}{2}}\mathrm{d}x\mathrm{d}y$$

$$=\frac{1}{2\pi}\int_0^{2\pi}\mathrm{d}\theta\int_2^{+\infty}e^{-\frac{r^2}{2}}r\mathrm{d}r=e^{-2}.$$

Z 的分布律为

Z	0	1	2
P	e^{-2}	$e^{-1/2}-e^{-2}$	$1-e^{-1/2}$

14. (1) 因 X 和 Y 相互独立,故 X 与 Y 的联合概率密度为

$$f(x,y)=f_X(x)f_Y(y)$$
$$=\begin{cases}\lambda\mu e^{-\lambda x}e^{-\mu y}, & x>0,y>0,\\ 0, & \text{其他}.\end{cases}$$

当 $y>0$ 时, $f_{X|Y}(x|y)=\dfrac{f(x,y)}{f_Y(y)}=\begin{cases}\lambda e^{-\lambda x}, & x>0,\\ 0, & x\leqslant 0.\end{cases}$

(2) 又因

$$P\{Z=1\}=P\{X\leqslant Y\}=\iint\limits_{x\leqslant y}f(x,y)\mathrm{d}x\mathrm{d}y$$

$$=\int_0^{+\infty}\mathrm{d}x\int_x^{+\infty}\lambda\mu e^{-\lambda x}e^{-\mu y}\mathrm{d}y$$

$$= \int_0^{+\infty} \lambda e^{-\lambda x} e^{-\mu x} dx = \frac{\lambda}{\lambda + \mu},$$

$$P\{Z = 0\} = 1 - P\{Z = 1\} = 1 - \frac{\lambda}{\lambda + \mu} = \frac{\mu}{\lambda + \mu}.$$

故 Z 的分布律为

Z	0	1
P	$\frac{\mu}{\lambda+\mu}$	$\frac{\lambda}{\lambda+\mu}$

Z 的分布函数为

$$F_Z(z) = \begin{cases} 0, & z < 0, \\ \dfrac{\mu}{\lambda + \mu}, & 0 \leqslant z < 1, \\ 1 & z \geqslant 1. \end{cases}$$

15. 设 X 为第一周需要量，Y 为第二周需要量，W 为第三周需要量，Z 为两周需要量，T 为三周需要量，则

$$Z = X + Y, \quad T = Z + W.$$

$$f_Z(z) = \int_{-\infty}^{+\infty} f_X(z - y) f_Y(y) dy$$

$$= \begin{cases} \int_0^z (z - y) y e^{-(z-y)} e^{-y} dy, & z > 0, \\ 0, & z \leqslant 0 \end{cases}$$

$$= \begin{cases} \dfrac{z^3}{3!} e^{-z}, & z > 0, \\ 0, & z \leqslant 0, \end{cases}$$

$$f_T(t) = \int_{-\infty}^{+\infty} f_Z(t - w) f_W(w) dw$$

$$= \begin{cases} \int_0^t \dfrac{(t - w)^3}{3!} e^{-(t-w)} w e^{-w} dw, & t > 0, \\ 0, & t \leqslant 0 \end{cases}$$

$$= \begin{cases} \dfrac{t^5}{5!} e^{-t}, & t > 0, \\ 0, & t \leqslant 0. \end{cases}$$

16. (1)

$$f_X(x)=\begin{cases}\displaystyle\int_{-\infty}^{+\infty}f(x,y)\mathrm{d}y=\int_0^{+\infty}\frac{1}{2}(x+y)\mathrm{e}^{-(x+y)}\mathrm{d}y\\ \displaystyle\qquad=\frac{x+1}{2}\mathrm{e}^{-x}, & x>0,\\ 0, & x\leqslant 0;\end{cases}$$

同理

$$f_Y(y)=\begin{cases}\dfrac{y+1}{2}\mathrm{e}^{-y}, & y>0,\\ 0, & y\leqslant 0.\end{cases}$$

因 $f_X(x)f_Y(y)\neq f(x,y)$,故 X 与 Y 不独立.

(2) 使 $f(x,z-x)$ 不为 0 值的 x,z 应满足 $\begin{cases}x>0,\\ z-x>0,\end{cases}$ 即为图 6 中阴影部分,故

当 $z>0$ 时,

$$f_Z(z)=\int_{-\infty}^{+\infty}f(x,z-x)\mathrm{d}x$$

$$=\int_0^z\frac{1}{2}(x+z-x)\mathrm{e}^{-(x+z-x)}\mathrm{d}x$$

$$=\frac{z^2}{2}\mathrm{e}^{-z};$$

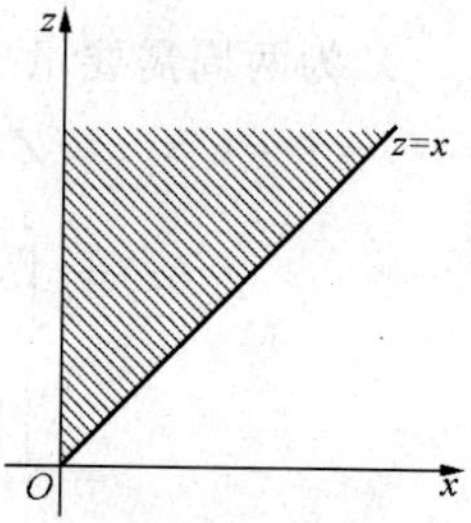

图 6

当 $z\leqslant 0$ 时,

$$f_Z(z)=\int_{-\infty}^{+\infty}f(x,z-x)\mathrm{d}x=0.$$

所以
$$f_Z(z)=\begin{cases}\dfrac{z^2}{2}\mathrm{e}^{-z}, & z>0,\\ 0, & z\leqslant 0.\end{cases}$$

17. 由题意知

$$f(x,y)=\frac{1}{2\pi\sigma^2}\mathrm{e}^{-\frac{x^2+y^2}{2\sigma^2}}\quad((x,y)\in\mathbf{R}^2).$$

当 $z<0$ 时,

$$F_Z(z)=P\{Z\leqslant z\}=P\{\sqrt{X^2+Y^2}\leqslant z\}=P(\varnothing)=0,$$

当 $z\geqslant 0$ 时,

$$F_Z(z)=\frac{1}{2\pi\sigma^2}\iint\limits_{\sqrt{x^2+y^2}\leqslant z}\mathrm{e}^{-\frac{x^2+y^2}{2\sigma^2}}\mathrm{d}x\mathrm{d}y$$

$$=\frac{1}{2\pi\sigma^2}\int_0^{2\pi}\mathrm{d}\theta\int_0^z\mathrm{e}^{-\frac{r^2}{2\sigma^2}}r\mathrm{d}r$$

$$=1-\mathrm{e}^{-\frac{z^2}{2\sigma^2}}.$$

故 $$f_Z(z)=F'_Z(z)=\begin{cases}\dfrac{z}{\sigma^2}\mathrm{e}^{-\frac{z^2}{2\sigma^2}}, & z\geqslant 0,\\ 0, & z<0.\end{cases}$$

18. (1) 因

$$1=\int_{-\infty}^{+\infty}\int_{-\infty}^{+\infty}f(x,y)\mathrm{d}x\mathrm{d}y$$

$$=\int_0^1\mathrm{d}x\int_0^{+\infty}b\mathrm{e}^{-(x+y)}\mathrm{d}y$$

$$=b(1-\mathrm{e}^{-1}),$$

故 $b=\dfrac{1}{1-\mathrm{e}^{-1}}$.

(2) 当 $0<x<1$ 时,

$$f_X(x)=\int_{-\infty}^{+\infty}f(x,y)\mathrm{d}y=\int_0^{+\infty}b\mathrm{e}^{-(x+y)}\mathrm{d}y$$

$$=b\mathrm{e}^{-x}=\frac{1}{1-\mathrm{e}^{-1}}\mathrm{e}^{-x},$$

故 $$f_X(x)=\begin{cases}\dfrac{1}{1-\mathrm{e}^{-1}}\mathrm{e}^{-x}, & 0<x<1,\\ 0, & x\leqslant 0, x\geqslant 1.\end{cases}$$

当 $0<y<+\infty$ 时,

$$f_Y(y)=\int_{-\infty}^{+\infty}f(x,y)\mathrm{d}x=\int_0^1 b\mathrm{e}^{-(x+y)}\mathrm{d}x$$

$$=b(1-\mathrm{e}^{-1})\mathrm{e}^{-y}=\mathrm{e}^{-y},$$

故 $$f_Y(y)=\begin{cases}\mathrm{e}^{-y}, & y>0,\\ 0, & y\leqslant 0.\end{cases}$$

可看出 X 与 Y 相互独立.

(3) 因为

$$P\{X \leqslant u\} = \begin{cases} 0, & u < 0, \\ \int_0^u b\mathrm{e}^{-x}\mathrm{d}x = b(1-\mathrm{e}^{-u}) \\ \quad = \dfrac{1-\mathrm{e}^{-u}}{1-\mathrm{e}^{-1}}, & 0 \leqslant u < 1, \\ 1, & u \geqslant 1, \end{cases}$$

$$P\{Y \leqslant u\} = \begin{cases} 0, & u < 0, \\ \int_0^u \mathrm{e}^{-y}\mathrm{d}y = 1-\mathrm{e}^{-u}, & u \geqslant 0, \end{cases}$$

故

$$F_U(u) = P\{U \leqslant u\} = P\{X \leqslant u\}P\{Y \leqslant u\}$$

$$= \begin{cases} 0, & u < 0, \\ \dfrac{(1-\mathrm{e}^{-u})^2}{1-\mathrm{e}^{-1}}, & 0 \leqslant u < 1, \\ 1-\mathrm{e}^{-u}, & u \geqslant 1. \end{cases}$$

19. 参数为 $\sigma=2$ 的瑞利分布,概率密度为

$$f_X(x) = \begin{cases} \dfrac{x}{4}\mathrm{e}^{-\frac{x^2}{8}}, & x > 0, \\ 0, & x \leqslant 0, \end{cases}$$

分布函数为

$$F_X(x) = \begin{cases} \int_0^x \dfrac{x}{4}\mathrm{e}^{-\frac{x^2}{8}}\mathrm{d}x, & x \geqslant 0, \\ 0, & x < 0 \end{cases} = \begin{cases} 1-\mathrm{e}^{-\frac{x^2}{8}}, & x \geqslant 0, \\ 0, & x < 0. \end{cases}$$

(1) 因 X_1, X_2, X_3, X_4, X_5 相互独立,且均服从 $\sigma=2$ 的瑞利分布,所以 $Z=\max\{X_1, X_2, X_3, X_4, X_5\}$的分布函数为

$$F_Z(z) = [F_X(z)]^5 = \begin{cases} (1-\mathrm{e}^{-z^2/8})^5, & z \geqslant 0, \\ 0, & z < 0. \end{cases}$$

(2) $P\{Z>4\}=1-P\{Z\leqslant 4\}=1-F_Z(4)$

$$=1-(1-\mathrm{e}^{-2})^5=0.5167.$$

20. 令 $N=\min\{X, Y\}$, 则

$$\begin{aligned}
\text{左边} &= P\{N \leqslant b\} - P\{N \leqslant a\} \\
&= 1 - P\{N > b\} - (1 - P\{N > a\}) \\
&= P\{N > a\} - P\{N > b\} = \text{右边}.
\end{aligned}$$

21. $Z=X+Y$ 的取值范围为 $0,1,2,\cdots$. 对于非负整数 i，有

$$\begin{aligned}
\{Z = i\} = \{X + Y = i\} &= \{X = 0, Y = i\} \cup \{X = 1, Y = i - 1\} \\
&\quad \cup \cdots \cup \{X = k, Y = i - k\} \cup \cdots \\
&\quad \cup \{X = i, Y = 0\}.
\end{aligned}$$

又由 X,Y 的独立性知

$$\begin{aligned}
P\{X = k, Y = i - k\} &= P\{X = k\}P\{Y = i - k\} \\
&= p(k)q(i - k) \quad (k = 0,1,2,\cdots,i),
\end{aligned}$$

故

$$\begin{aligned}
P\{Z = i\} &= P\left\{\bigcup_{k=0}^{i}\{X = k, Y = i - k\}\right\} \\
&= \sum_{k=0}^{i} P\{X = k, Y = i - k\} \\
&= \sum_{k=0}^{i} p(k)q(i - k) \quad (i = 0,1,2,\cdots).
\end{aligned}$$

22. 因为 $X \sim \pi(\lambda_1), Y \sim \pi(\lambda_2)$，故

$$p(k) = P\{X = k\} = \frac{\lambda_1^k e^{-\lambda_1}}{k!} \quad (k = 0,1,2,\cdots),$$

$$q(k) = P\{Y = k\} = \frac{\lambda_2^k e^{-\lambda_2}}{k!} \quad (k = 0,1,2,\cdots).$$

$Z=X+Y$ 的可取值为 $0,1,2,\cdots$，且 X,Y 相互独立.

$$\begin{aligned}
P\{Z = i\} &= \sum_{k=0}^{i} \frac{\lambda_1^k \lambda_2^{i-k}}{k!(i - k)!} e^{-(\lambda_1 + \lambda_2)} \\
&= \frac{e^{-(\lambda_1 + \lambda_2)}}{i!} \sum_{k=0}^{i} \frac{i!}{k!(i - k)!} \lambda_1^k \lambda_2^{i-k} \\
&= \frac{e^{-(\lambda_1 + \lambda_2)}}{i!} (\lambda_1 + \lambda_2)^i \\
&= \frac{(\lambda_1 + \lambda_2)^i e^{-(\lambda_1 + \lambda_2)}}{i!} \quad (i = 0,1,2,\cdots),
\end{aligned}$$

即 $Z\sim\pi(\lambda_1+\lambda_2)$.

23. 因为 $X\sim B(n_1,p)$，$Y\sim B(n_2,p)$，故

$$P\{X=i\}=\mathrm{C}_{n_1}^{i}p^{i}(1-p)^{n_1-i}\quad(i=0,1,2,\cdots,n_1),$$

$$P\{Y=j\}=\mathrm{C}_{n_2}^{j}p^{j}(1-p)^{n_2-j}\quad(j=0,1,2,\cdots,n_2).$$

$X+Y$ 可能取值为 $0,1,2,\cdots,n_1+n_2$，且 X,Y 相互独立. 不妨设 $n_1\leqslant n_2$，则

(1) 当 $k\leqslant n_1$ 时，有

$$P\{X+Y=k\}=\sum_{i=0}^{k}P\{X=i,Y=k-i\},$$

这是因为有 $k\leqslant n_1\leqslant n_2$，所以 $i=0,1,\cdots,k$ 是随机变量 X 的可取值；同时 $k-i=k,k-1,\cdots,0$ 也是随机变量 Y 的可取值. 又因 Y 不可能取负值，故 i 最大取 k，最小取 0，故

$$\begin{aligned}P\{X+Y=k\}&=\sum_{i=0}^{k}P\{X=i\}P\{Y=k-i\}\\&=\sum_{i=0}^{k}\mathrm{C}_{n_1}^{i}p^{i}(1-p)^{n_1-i}\mathrm{C}_{n_2}^{k-i}p^{k-i}(1-p)^{n_2-k+i}\\&=\left[\sum_{i=0}^{k}\mathrm{C}_{n_1}^{i}\mathrm{C}_{n_2}^{k-i}\right]p^{k}(1-p)^{n_1+n_2-k}.\end{aligned}$$

下面要证明 $\mathrm{C}_{n_1+n_2}^{k}=\sum_{i=0}^{k}\mathrm{C}_{n_1}^{i}\mathrm{C}_{n_2}^{k-i}\quad(k\leqslant n_1\leqslant n_2)$.

这里构造一个抽样的数学模型，利用概率论的已知结果来证明. 设一袋中有 n_1 个白球，n_2 个红球($n_1\leqslant n_2$)，从袋中任取 k 个球，令 X 表"任取的 k 个球中白球的个数"，则当 $k\leqslant n_1$ 时随机变量 X 的分布律为

$$p_i=P\{X=i\}=\frac{\mathrm{C}_{n_1}^{i}\mathrm{C}_{n_2}^{k-i}}{\mathrm{C}_{n_1+n_2}^{k}}\quad(i=0,1,\cdots,k).$$

由离散型随机变量分布律的性质 $\sum_{i}p_i=1$ 得

$$\sum_{i=0}^{k}\frac{\mathrm{C}_{n_1}^{i}\mathrm{C}_{n_2}^{k-i}}{\mathrm{C}_{n_1+n_2}^{k}}=1,$$

两边乘以 $C_{n_1+n_2}^k$ 便得 $C_{n_1+n_2}^k = \sum_{i=0}^{k} C_{n_1}^i C_{n_2}^{k-i}$. 因此

$$P\{X+Y=k\} = C_{n_1+n_2}^k p^k (1-p)^{n_1+n_2-k}$$

$$(k=0,1,2,\cdots,n_1).$$

(2) 当 $n_1 < k \leqslant n_1+n_2$ 时,记 $l=\max\{k-n_2,0\}$, 则

$$P\{X+Y=k\} = \sum_{i=l}^{n_1} P\{X=i, Y=k-i\}$$

因为 X 的最大可取值为 n_1,所以 i 最大取值是 n_1. 因为 Y 的可取值范围是 $0 \leqslant k-i \leqslant n_2$,$i$ 最小取值是 l,如果 $k-n_2 \geqslant 0$,则 $0 \leqslant l = k-n_2 \leqslant n_1$,$l$ 是 X 的可取值;同时 $Y=k-l=n_2$ 也是 Y 的可以取的最大值. 当 $i < l = k-n_2$ 时,将有 $k-i > n_2$ 不是 Y 的可取值. 故 i 不能比 l 小. 如果 $k-n_2<0$,则 $l=0$. $i=l=0$ 当然是 X 的可能取值,同时 $k-0<n_2$ 也在 Y 的可能取值范围内. 因此

$$P\{X+Y=k\} = \sum_{i=l}^{n_1} P\{X=i\} P\{Y=k-i\}$$

$$= \left[\sum_{i=l}^{n_1} C_{n_1}^i C_{n_2}^{k-i}\right] p^k (1-p)^{n_1+n_2-k}.$$

在(1)中已构造的模型中,当 $n_1 < k \leqslant n_1+n_2$ 时,

$$p_i = P\{X=i\} = \frac{C_{n_1}^i C_{n_2}^{k-i}}{C_{n_1+n_2}^k} \quad (i=l, l+1, \cdots, n_1).$$

由离散型随机变量分布律的性质,有

$$\sum_{i=l}^{n_1} \frac{C_{n_1}^i C_{n_2}^{k-i}}{C_{n_1+n_2}^k} = 1,$$

于是 $C_{n_1+n_2}^k = \sum_{i=l}^{n_1} C_{n_1}^i C_{n_2}^{k-i}$. 因此

$$P\{X+Y=k\} = C_{n_1+n_2}^k p^k (1-p)^{n_1+n_2-k}$$

$$(k=n_1+1,\cdots,n_1+n_2).$$

综合(1),(2)得

$$P\{X+Y=k\} = C_{n_1+n_2}^k p^k (1-p)^{n_1+n_2-k}$$

$$(k = 0,1,\cdots,n_1 + n_2),$$

即 $X+Y \sim B(n_1+n_2,p)$.

B 级

1. 分析 由题意知(X,Y)的可取值为(i,j),$i,j=0,1,\cdots,13$,且$i+j\leqslant 13$. 由古典概型计算公式,从 52 张扑克牌中任取 13 张牌,基本事件总数为C_{52}^{13}. 现考虑事件$\{X=i,Y=j\}$中的基本事件数,要完成此件事可分三步,第一步从 13 张"红桃" 中任取 i 张牌,有C_{13}^{i}种取法;第二步从 13 张"方块" 中任取 j 张牌,有 C_{13}^{j}种取法;第三步从剩余的 26 张"黑桃"和"梅花"中任取 $13-i-j$ 张牌,有C_{26}^{13-i-j}种取法. 根据乘法原理,事件$\{X=i,Y=j\}$含基本事件数为 $\mathrm{C}_{13}^{i}\mathrm{C}_{13}^{j}\mathrm{C}_{26}^{13-i-j}$. 故 X 与 Y 的联合分布律为

$$p_{ij} = P\{X = i,Y = j\} = \frac{\mathrm{C}_{13}^{i}\mathrm{C}_{13}^{j}\mathrm{C}_{26}^{13-i-j}}{\mathrm{C}_{52}^{13}},$$

其中 $i,j=0,1,2,\cdots,13$ 且 $i+j\leqslant 13$.

2. 分析 此题的关键是正确理解和应用条件 $P\{XY=0\}=1$. 不论(X,Y)如何取值,乘积 XY 可分成两种情况: $XY=0$ 和 $XY\neq 0$,可看成相互对立的"事件". 由 $P\{XY=0\}=1$,必有 $P\{XY\neq 0\}=0$,由此得(X,Y)的分布律如下表:

$Y \backslash X$	-1	0	1	$p_{\cdot j}$
-1	0	a	0	$1/4$
0	b	c	d	$1/2$
1	0	e	0	$1/4$
$p_{i\cdot}$	$1/4$	$1/2$	$1/4$	1

因为 $\sum\limits_{i}\sum\limits_{j} p_{ij} = 1$,故应有

$$a+b+c+d+e=1.$$

根据联合分布律与边缘分布律的关系容易得出

$$a = \frac{1}{4},\quad b = \frac{1}{4},\quad c = 0,\quad d = \frac{1}{4},\quad e = \frac{1}{4}.$$

所以(X,Y)的分布律为

$Y \backslash X$	-1	0	1	$p_{\cdot j}$
-1	0	1/4	0	1/4
0	1/4	0	1/4	1/2
1	0	1/4	0	1/4
$p_{i\cdot}$	1/4	1/2	1/4	1

满足$|X|=|Y|$的点为$(-1,-1),(0,0),(1,1),(-1,1)$, $(1,-1)$,它们所对应的概率值均为0,所以

$$P\{|X|=|Y|\}=0.$$

3. (1) 由 $\sum_i \sum_j p_{ij}=1$,显然有$a+b=\frac{1}{2}$.又由已知条件有

$$P\{X=0,X+Y=1\}=P\{X=0\}P\{X+Y=1\},$$

且

$$P\{X=0\}=a+\frac{1}{4},$$

$$P\{X+Y=1\}=P\{X=0,Y=1\}+P\{X=1,Y=0\}$$
$$=a+b,$$

$$P\{X=0,X+Y=1\}=P\{X=0,Y=1\}=a,$$

故$a=\left(a+\frac{1}{4}\right)(a+b)$,即$a^2-\frac{3}{4}a+ab+\frac{1}{4}b=0$.求解方程组

$$\begin{cases} a+b=\dfrac{1}{2}, \\ a^2-\dfrac{3}{4}a+ab+\dfrac{1}{4}b=0, \end{cases} \quad 得 \quad a=\frac{1}{4},\ b=\frac{1}{4}.$$

故(X,Y)的分布律为

$Y \backslash X$	0	1	$p_{\cdot j}$
0	1/4	1/4	1/2
1	1/4	1/4	1/2
$p_{i\cdot}$	1/2	1/2	1

(1) 由表得出的关于X,Y的边缘分布律知,对任何i,j都有

$$p_{i\cdot}p_{\cdot j}=\frac{1}{2}\times\frac{1}{2}=\frac{1}{4}=p_{ij}.$$

所以X,Y相互独立.

4. 因为

$$P\{X=Y\}=P\{X=-1,Y=-1\}+P\{X=1,Y=1\}$$
$$=P\{X=-1\}P\{Y=-1\}+P\{X=1\}P\{Y=1\}=\frac{1}{2},$$

故选(A).

5. 选(B).因 $X+Y\sim N(0+1,1+1)$,即 $X+Y\sim N(1,2)$,故

$$P\{X+Y\leqslant 1\}=1/2.$$

6. 选(B). 显然,$f_1(x)+f_2(x)$不满足概率密度的归一性,$F_1(x)+F_2(x)$不满足分布函数的有界性,由此可排除(A),(C).对于(D),若取 X_1 和 X_2 都服从区间(0,2)上的均匀分布,则

$$f_1(x)f_2(x)=\frac{1}{4}\quad(0<x<2).$$

可见 $f_1(x)f_2(x)$也不满足概率密度的归一性,由此可排除(D).故选(B).

7. $D=\{(x,y)\mid x+y\leqslant 1,0\leqslant x\leqslant y\leqslant 1\}$

$$=\left\{(x,y)\,\middle|\, x\leqslant y\leqslant 1-x,0\leqslant x\leqslant\frac{1}{2}\right\}$$

(见图 7),故

$$P\{X+Y\leqslant 1\}=\iint_D f(x,y)\mathrm{d}x\mathrm{d}y$$
$$=\int_0^{\frac{1}{2}}\mathrm{d}x\int_x^{1-x}6x\mathrm{d}y=\frac{1}{4}.$$

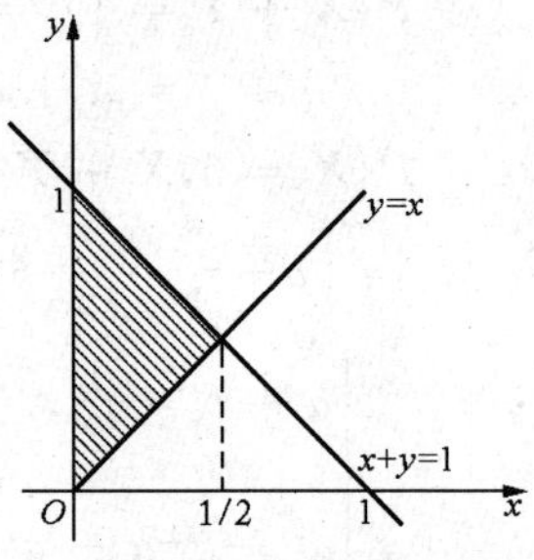

图 7

8. 有限个相互独立的正态随机变量的线性组合仍是正态随机变量,即设 $X_1,X_2,\cdots,X_n$ 是 n 个相互独立的正态随机变量,且 $X_i\sim N(\mu_i,\sigma_i^2)\ (i=1,2,\cdots,n)$,则 $Z=\sum\limits_{i=1}^{n}a_iX_i$ 仍是正态随机变量(其中 $a_1,a_2,\cdots,a_n$ 是一组不全为 0 的常数),且

$$Z\sim N\left(\sum_{i=1}^{n}a_i\mu_i,\sum_{i=1}^{n}a_i^2\sigma_i^2\right).$$

设一瓶色拉油的净质量为 X,两包食盐的净质量分别为 Y_1,Y_2,三瓶酱油的净质量分别为 Z_1,Z_2,Z_3,则 X,Y_1,Y_2,Z_1,Z_2,Z_3 相互

独立，且 $X\sim N(1000,100)$，$Y_i\sim N(500,25)(i=1,2)$，$Z_j\sim N(500,25)(j=1,2,3)$. 所以总的净质量为

$$\begin{aligned}W&=X+Y_1+Y_2+Z_1+Z_2+Z_3\\&\sim N(1000+500+500+500+500+500,\\&\quad 100+25+25+25+25),\end{aligned}$$

即 $W\sim N(3500,225)$.

注 不可如下求解：设一瓶色拉油的净质量为 X，一包食盐的净质量为 Y，一瓶酱油的净质量为 Z，则 $X\sim N(1000,100)$，$Y\sim N(500,25)$，$Z\sim N(500,25)$，而总的净质量为

$$\begin{aligned}W&=X+2Y+3Z\\&\sim N(1000+2\times 500+3\times 500,\\&\quad 100+2^2\times 25+3^2\times 25).\end{aligned}$$

因为不可能随机地从货架上取出两包食盐，且两包食盐的净质量必相同. 同理三瓶酱油的情况也是如此.

9. 设 n 个随机变量 $X_1,X_2,\cdots,X_n$ 相互独立，且具有相同的分布函数 $F(x)$，则 $\max\limits_{1\leqslant i\leqslant n}\{X_i\}$的分布函数为

$$F_{\max}(z)=[F(z)]^n\quad(z\in\mathbf{R}),$$

$\min\limits_{1\leqslant i\leqslant n}\{X_i\}$的分布函数为

$$F_{\min}(z)=1-[1-F(z)]^n\quad(z\in\mathbf{R}).$$

由题意，5 次购票所需时间 $X_1,X_2,\cdots,X_5$ 是相互独立的，且具有相同的分布函数.

$$\begin{aligned}F(x)&=\int_{-\infty}^{x}f(t)\mathrm{d}t\\&=\begin{cases}\displaystyle\int_0^x t\mathrm{e}^{-t}\mathrm{d}t=1-(1+x)\mathrm{e}^{-x}, & x>0,\\ 0, & x\leqslant 0.\end{cases}\end{aligned}$$

(1) Y 的分布函数为 $F_Y(y)=[F(y)]^5$，故 Y 的概率密度为

$$\begin{aligned}f_Y(y)&=F_Y'(y)=5[F(y)]^4\cdot f(y)\\&=\begin{cases}5[1-(1+y)\mathrm{e}^{-y}]^4y\mathrm{e}^{-y}, & y>0,\\ 0, & y\leqslant 0.\end{cases}\end{aligned}$$

(2) Z 的分布函数为 $F_Z(z)=1-[1-F(z)]^5$,故 Z 的概率密度为

$$f_Z(z)=F'_Z(z)=-5[1-F(z)]^4[-f(z)]$$
$$=\begin{cases}5[(1+z)e^{-z}]^4\cdot ze^{-z}, & z>0,\\ 0, & z\leqslant 0\end{cases}$$
$$=\begin{cases}5z(1+z)^4e^{-5z}, & z>0,\\ 0, & z\leqslant 0.\end{cases}$$

10. 要先求 U 和 V 的联合分布函数 $F(x,y)$, 再求 U 和 V 的联合概率密度 $f(x,y)$. 要求 $F(x,y)$,则要对事件$\{U\leqslant x,V\leqslant y\}$进行分析.

$$F(x,y)=P\{U\leqslant x,V\leqslant y\}$$
$$=P\{\max_{1\leqslant i\leqslant n}\{X_i\}\leqslant x,\min_{1\leqslant i\leqslant n}\{X_i\}\leqslant y\}.$$

(1) 当 $y\geqslant x$ 时,事件 $A=\{\max\limits_{1\leqslant i\leqslant n}\{X_i\}\leqslant x\}$和 $B=\{\min\limits_{1\leqslant i\leqslant n}\{X_i\}\leqslant y\}$满足 $A\subset B$,故 $F(x,y)=P(AB)=P(A)=P\{\max\limits_{1\leqslant i\leqslant n}\{X_i\}\leqslant x\}$与 y 无关,得

$$f(x,y)=\frac{\partial^2 F(x,y)}{\partial x\partial y}=0.$$

(2) 当 $y<x$ 时,

$$F(x,y)=P(AB)=P(A-\overline{B})=P(A)-P(A\overline{B}),$$

即

$$F(x,y)=P\{\max_{1\leqslant i\leqslant n}\{X_i\}\leqslant x\}$$
$$-P\{\max_{1\leqslant i\leqslant n}\{X_i\}\leqslant x,\min_{1\leqslant i\leqslant n}\{X_i\}>y\}.$$

由题设 $X_1,X_2,\cdots,X_n$ 相互独立,且都服从$[0,\theta]$上的均匀分布,具有相同的概率密度

$$f(x)=\begin{cases}1/\theta, & 0\leqslant x\leqslant\theta,\\ 0, & \text{其他},\end{cases}$$

因此具有相同的分布函数

$$F(x)=\int_{-\infty}^{x}f(t)dt=\begin{cases}0, & x<0,\\ x/\theta, & 0\leqslant x<\theta,\\ 1, & x\geqslant\theta.\end{cases}$$

而 $P\{\max\limits_{1\leqslant i\leqslant n}\{X_i\}\leqslant x\}=[F(x)]^n$，又由事件

$$\{\max_{1\leqslant i\leqslant n}\{X_i\}\leqslant x\}=\bigcap_{i=1}^{n}\{X_i\leqslant x\}$$

和事件

$$\{\min_{1\leqslant i\leqslant n}\{X_i\}>y\}=\bigcap_{i=1}^{n}\{X_i>y\}$$

有事件

$$\begin{aligned}&\{\max_{1\leqslant i\leqslant n}\{X_i\}\leqslant x,\min_{1\leqslant i\leqslant n}\{X_i\}>y\}\\&\quad=\left(\bigcap_{i=1}^{n}\{X_i\leqslant x\}\right)\cap\left(\bigcap_{i=1}^{n}\{X_i>y\}\right)=\bigcap_{i=1}^{n}\{y<X_i\leqslant x\},\end{aligned}$$

从而由 $X_1,X_2,\cdots,X_n$ 的相互独立性，得

$$\begin{aligned}&P\{\max_{1\leqslant i\leqslant n}\{X_i\}\leqslant x,\min_{1\leqslant i\leqslant n}\{X_i\}>y\}\\&\quad=\prod_{i=1}^{n}P\{y<X_i\leqslant x\}=[F(x)-F(y)]^n,\end{aligned}$$

因此 $F(x,y)=[F(x)]^n-[F(x)-F(y)]^n$. 先求 $F(x,y)$ 对 x 的偏导，得

$$\begin{aligned}\frac{\partial F(x,y)}{\partial x}&=n[F(x)]^{n-1}\cdot f(x)\\&\quad-n[F(x)-F(y)]^{n-1}\cdot f(x).\end{aligned}$$

再求 $\dfrac{\partial F(x,y)}{\partial x}$ 对 y 的偏导数，得 U 和 V 的联合概率密度为

$$\begin{aligned}f(x,y)&=\frac{\partial^2F(x,y)}{\partial x\partial y}\\&=-n(n-1)[F(x)-F(y)]^{n-2}f(x)[-f(y)]\\&=n(n-1)[F(x)-F(y)]^{n-2}f(x)f(y).\end{aligned}$$

当 $y<0$ 或 $x>\theta$ 时，因 $f(y)=0$ 或 $f(x)=0$，故 $f(x,y)=0$. 而当 $0\leqslant y\leqslant x\leqslant\theta$ 时，$f(x)=f(y)=\dfrac{1}{\theta}$，$F(x)=\dfrac{x}{\theta}$，$F(y)=\dfrac{y}{\theta}$，得

$$f(x,y)=n(n-1)\left(\frac{x}{\theta}-\frac{y}{\theta}\right)^{n-2}\cdot\frac{1}{\theta}\cdot\frac{1}{\theta}.$$

综合(1)，(2)得 U 和 V 的联合概率密度为

$$f(x,y)=\begin{cases}n(n-1)(x-y)^{n-2}\dfrac{1}{\theta^n}, & 0\leqslant y\leqslant x\leqslant\theta,\\ 0, & \text{其他}.\end{cases}$$

11. $F_Y(y)=P\{Y\leqslant y\}=P\{\min\{X,2\}\leqslant y\}$.

当 $y<0$ 时，

$$\begin{aligned}F_Y(y)&=P\{\min\{X,2\}\leqslant y\}\\&=P\{\min\{X,2\}\leqslant y,X\geqslant 0\}\\&\quad+P\{\min\{X,2\}\leqslant y,X<0\},\end{aligned}$$

其中 $P\{\min\{X,2\}\leqslant y,X\geqslant 0\}=P(\varnothing)=0$（$X\geqslant 0$ 时，$\min\{X,2\}\geqslant 0$ 不可能小于等于负数 y），而

$$P\{\min\{X,2\}\leqslant y,X<0\}\leqslant P\{X<0\}=\int_{-\infty}^{0}0\mathrm{d}x=0,$$

所以此时

$$F_Y(y)=P\{\min\{X,2\}\leqslant y\}=0.$$

当 $y\geqslant 2$ 时，$\min\{X,2\}\leqslant 2\leqslant y$，所以

$$F_Y(y)=P\{\min\{X,2\}\leqslant y\}=P(S)=1.$$

当 $0\leqslant y<2$ 时，

$$\begin{aligned}F_Y(y)&=P\{\min\{X,2\}\leqslant y\}=P\{X\leqslant y\}=F_X(y)\\&=1-\mathrm{e}^{-\lambda y}.\end{aligned}$$

所以

$$F_Y(y)=\begin{cases}0, & y<0,\\1-\mathrm{e}^{-\lambda y}, & 0\leqslant y<2,\\1, & y\geqslant 2.\end{cases}$$

从而 $F_Y(y)$ 只有一个间断点 $y=2$，故应选(D).

专 题 四

A 级

1. 设所需检查次数为随机变量 X，则其分布律为

X	2	3	4	5
P	$\frac{2\times 1}{5\times 4}$	$\frac{2\times 3\times 2\times 1}{5\times 4\times 3}$	$\frac{3\times 3\times 2\times 2\times 1}{5\times 4\times 3\times 2}$	$\frac{4\times 3\times 2\times 1\times 2\times 1}{5\times 4\times 3\times 2\times 1}$

故 $\mathrm{E}(X)=4$.

2. 4.6 颗.　　　**3.** 0.08.

4. 设 3 次航行后修理次数为随机变量 X,则其分布律为

X	0	1	2	3
P	0.12	0.38	0.38	0.12

故 $\mathrm{E}(X)=1.5$.

5. $\frac{1}{p}$.　　**6.** $p\sum_{k=1}^{4}k(1-p)^{k-1}+4(1-p)^4$.

7. 因为 X,Y 相互独立,故

$$\mathrm{E}(XY)=\mathrm{E}(X)\mathrm{E}(Y)=\int_{-\infty}^{+\infty}xf_X(x)\mathrm{d}x\int_{-\infty}^{+\infty}yf_Y(y)\mathrm{d}y$$
$$=\int_0^1 3x^3\mathrm{d}x\int_0^{+\infty}2y\mathrm{e}^{-2y}\mathrm{d}y=\frac{3}{4}\times\frac{1}{2}=\frac{3}{8}.$$

8. $\mathrm{E}(X)=\int_{-\infty}^{+\infty}\int_{-\infty}^{+\infty}xf(x,y)\mathrm{d}x\mathrm{d}y=\frac{1}{8}\int_0^2\mathrm{d}x\int_0^2 x(x+y)\mathrm{d}y$

$=\frac{1}{4}\int_0^2(x^2+x)\mathrm{d}x=\frac{7}{6}$.

9. 由期望与方差的性质有

(1) $\mathrm{E}(3X+2)=3\mathrm{E}(X)+2=3\mu+2$, $\mathrm{D}(3X+2)=3^2\mathrm{D}(X)=9\sigma^2$;

(2) $\mathrm{E}(X)=100\times0.4=40$, $\mathrm{D}(X)=100\times0.4\times(1-0.4)=24$;

(3) $\mathrm{E}(X^2)=\mathrm{D}(X)+[\mathrm{E}(X)]^2=5+4^2=21$,

$\mathrm{D}(-2X)=(-2)^2\mathrm{D}(X)=4\times5=20$;

(4) $\mathrm{E}(c+5)=c+5$, $\mathrm{D}(c+5)=0$.

10. $\mathrm{D}(2X-Y)=2^2\mathrm{D}(X)+(-1)^2\mathrm{D}(Y)=4\times8+4=36$.

11. 因 $\mathrm{D}(X_1)=\frac{(6-0)^2}{12}=3$, $\mathrm{D}(X_2)=2^2=4$, $\mathrm{D}(X_3)=3$,且 X_1,X_2,X_3 相互独立,所以

$$\mathrm{D}(Y)=\mathrm{D}(X_1)+(-2)^2\mathrm{D}(X_2)+3^2\mathrm{D}(X_3)=46.$$

12. $\mathrm{D}(X)=1/6$.

13. 因为随机变量 X_1,X_2,X_3,X_4 相互独立,且 $\mathrm{D}(X_k)=\frac{1}{12}(k=1,2,3,4)$,故

$$\mathrm{D}\left(\frac{1}{\sqrt{5}}\sum_{k=1}^{4}kX_k\right)=\left(\frac{1}{\sqrt{5}}\right)^2\sum_{k=1}^{4}\mathrm{D}(kX_k)$$
$$=\frac{1}{5}\sum_{k=1}^{4}k^2\mathrm{D}(X_k)=\frac{1}{60}\sum_{k=1}^{4}k^2$$

$$= \frac{1}{60}(1^2 + 2^2 + 3^2 + 4^2) = \frac{1}{2}.$$

14. $E(X+Y)=\frac{3}{2}$, $D(X+Y)=\frac{13}{12}$.

15. $a=\frac{1}{2}$；$b=\frac{1}{\pi}$；$E(X)=0$；$D(X)=\frac{1}{2}$.

16. 0.0590；0.0557. **17.** $\frac{2}{3}R$；$\frac{1}{18}R^2$. **18.** $x_1=1$；$x_2=2$.

20. 设 X_i 为第 i 个面包的质量，则 $X_i \sim N(50,5^2)(i=1,2,\cdots,16)$.

设 Y 为一盒面包的总质量，则 $Y=\sum_{i=1}^{16} X_i$，且

$$Y \sim N(50 \times 16, 5^2 \times 16).$$

(1) $P\{Y<800\}=\Phi(0)=0.5$； (2) $P\{Y<750\}=0.0062$；

(3) $P\{Y>825\}=0.1056$.

21. (1) 52.91 g； (2) 51.46 g.

22. (1) √. 因 $\text{cov}(X,Y)=\rho_{XY}\sqrt{D(X)}\sqrt{D(Y)}=12$.

(2) ×. 由 $D(X+Y)=D(X)+D(Y)+2\text{cov}(X,Y)$ 知

$$D(X+Y)=55+2\text{cov}(X,Y),$$

而 $\text{cov}(X,Y)$ 未必为 0.

23. 因为 X 与 Y 相互独立，且 $D(X)=1$，$D(Y)=2$，所以

$$D(Z)=D(X)+4D(Y)=1+4\times 2=9.$$

又因 X 与 Y 相互独立，所以 $\text{cov}(X,Y)=0$，从而

$$\text{cov}(X,Z)=\text{cov}(X,X+2Y)=\text{cov}(X,X)+2\text{cov}(X,Y)$$
$$=D(X)=1,$$

故 $$\rho_{XZ}=\frac{\text{cov}(X,Z)}{\sqrt{D(X)}\sqrt{D(Z)}}=\frac{1}{\sqrt{1}\times\sqrt{9}}=\frac{1}{3}.$$

24. 因为

$$E(X+Y)=E(X)+E(Y)=0,$$
$$D(X)=E(X^2)-[E(X)]^2=2,$$
$$D(Y)=E(Y^2)-[E(Y)]^2=2,$$

所以

$$E(X+Y)^2=D(X+Y)+[E(X+Y)]^2=D(X+Y)$$

$$= \mathrm{D}(X) + \mathrm{D}(Y) + 2\sqrt{\mathrm{D}(X)}\sqrt{\mathrm{D}(Y)}\rho_{XY}$$

$$= 2 + 2 + 2 \times \sqrt{2} \times \sqrt{2} \times 0.5 = 6.$$

B 级

1. 由于 $\min\{|x|,1\}=\begin{cases}|x|, & |x|<1,\\ 1, & |x|\geqslant 1,\end{cases}$ 所以

$$\mathrm{E}(\min\{|X|,1\}) = \int_{-1}^{1}\frac{|x|\mathrm{d}x}{\pi(1+x^2)} + \int_{-\infty}^{-1}\frac{\mathrm{d}x}{\pi(1+x^2)} + \int_{1}^{+\infty}\frac{\mathrm{d}x}{\pi(1+x^2)}$$

$$= 2\int_{0}^{1}\frac{x\mathrm{d}x}{\pi(1+x^2)} + 2\int_{1}^{+\infty}\frac{\mathrm{d}x}{\pi(1+x^2)}$$

$$= \frac{1}{\pi}\ln 2 + \frac{1}{2}.$$

注 虽然 $\mathrm{E}(\min\{|X|,1\})$存在,但是$\mathrm{E}(X)$并不存在.

2. 解法 1 设随机变量 Y 为每次随机地取 10 件产品进行检验的产品中的次品数,则 $Y\sim B(10,0.1)$. 于是

$$P\{Y>1\} = 1 - P\{Y=0\} - P\{Y=1\}$$

$$= 1 - \mathrm{C}_{10}^{0}\times 0.1^{0}\times 0.9^{10} - \mathrm{C}_{10}^{1}\times 0.1^{1}\times 0.9^{9}$$

$$\overset{\text{记为}}{=\!=\!=} p.$$

而 $X\sim B(4,p)$,故 $\mathrm{E}(X)=4p$.

解法 2 设随机变量 $X_i(i=1,2,3,4)$为

$$X_i = \begin{cases}0, & \text{第 } i \text{ 次检验不调整设备},\\ 1, & \text{第 } i \text{ 次检验调整设备},\end{cases}$$

则 X_1,X_2,X_3,X_4 同分布,且 X_i 的分布律为

X_i	0	1
P	$\mathrm{C}_{10}^{0}(0.1)^{0}(0.9)^{10}+\mathrm{C}_{10}^{1}(0.1)^{1}(0.9)^{9}$	$1-\mathrm{C}_{10}^{0}(0.1)^{0}(0.9)^{10}-\mathrm{C}_{10}^{1}(0.1)^{1}(0.9)^{9}$

而 $X=X_1+X_2+X_3+X_4$,故

$$\mathrm{E}(X) = \sum_{i=1}^{4}\mathrm{E}(X_i) = 4\mathrm{E}(X_i) = 1.0556.$$

3. X 的分布律为

X	1	2	3	4
P	$1-\frac{3^3}{4^3}$	$\frac{C_3^1 2^2+C_3^2 C_2^1+C_3^3}{4^3}$	$\frac{C_3^1+C_3^2+C_3^3}{4^3}$	$\frac{1}{4^3}$

故 $E(X)=25/16$.

其中事件$\{X=2\}$表示 3 个球中任选 1 个放入 2 号盒,其他两个球逐个、独立、随机地放入 3 号盒或 4 号盒,有 $C_3^1 2^2$ 种放法,或 3 个球中任选 2 个放入 2 号盒,剩下 1 球随机地放入 3 号盒或 4 号盒,有 $C_3^2 C_2^1$ 种放法, 或 3 个球均放入 2 号盒,有 C_3^3 种放法,故事件$\{X=2\}$共含有 $C_3^1 2^2+C_3^2 C_2^1+C_3^3$ 个基本事件. 至于事件$\{X=1\}$,$\{X=3\}$,$\{X=4\}$类推.

4. 因 $\sum\limits_{j=1}^{\infty}(-1)^{j+1}\frac{3^j}{j}\cdot\frac{2}{3^j}=\sum\limits_{j=1}^{\infty}(-1)^{j+1}\frac{2}{j}$ 的绝对值级数 $\sum\limits_{j=1}^{\infty}\frac{2}{j}$ 发散,原级数不绝对收敛,故期望不存在.

5. $$E(X)=\int_{-\infty}^{+\infty}xf(x)\mathrm{d}x$$
$$=\int_0^{1500}\frac{x^2}{1500^2}\mathrm{d}x+\int_{1500}^{3000}\frac{-x}{1500^2}(x-3000)\mathrm{d}x=1500.$$

6. 设 $X_i(i=1,2)$是第 i 个中间站无故障的时间, 则 $X=\min\{X_1,X_2\}$. 由条件可认为 X_1,X_2 相互独立,又 $E(X_1)=1$,$E(X_2)=\frac{1}{0.5}=2$,于是 X_1,X_2 的分布函数分别为

$$F_1(x)=\begin{cases}1-e^{-x}, & x\geqslant 0,\\ 0, & x<0,\end{cases}\quad F_2(x)=\begin{cases}1-e^{-2x}, & x\geqslant 0,\\ 0, & x<0.\end{cases}$$

而 X 的分布函数

$$F(x)=P\{X\leqslant x\}=P\{\min\{X_1,X_2\}\leqslant x\}$$
$$=1-[1-F_1(X)][1-F_2(X)],$$

故 X 的分布函数及概率密度为

$$F(x)=\begin{cases}1-e^{-3x}, & x\geqslant 0,\\ 0, & x<0,\end{cases}\quad f(x)=\begin{cases}3e^{-3x}, & x\geqslant 0,\\ 0, & x<0.\end{cases}$$

所以 $$E(X)=3\int_0^{+\infty}xe^{-3x}\mathrm{d}x=\frac{1}{3}(\text{单位: kh}).$$

7. 解法 1

(1) $E(Y)=E(2X)=\int_{-\infty}^{+\infty}2xf(x)dx=\int_0^{+\infty}2xe^{-x}dx=2$；

(2) $E(Y)=E(e^{-2X})=\int_{-\infty}^{+\infty}e^{-2x}f(x)dx=\int_0^{+\infty}e^{-2x}e^{-x}dx=\frac{1}{3}$.

解法 2

(1) $F_Y(y)=P\{Y\leqslant y\}=P\{2X\leqslant y\}=P\left\{X\leqslant\frac{y}{2}\right\}=F_X\left(\frac{y}{2}\right)$两端求导得

$$f_Y(y)=\frac{1}{2}f_X\left(\frac{y}{2}\right)=\begin{cases}\frac{1}{2}e^{-\frac{y}{2}}, & y>0,\\ 0, & y\leqslant 0,\end{cases}$$

于是 $$E(Y)=\int_{-\infty}^{+\infty}yf_Y(y)dy=\int_0^{+\infty}\frac{y}{2}e^{-\frac{y}{2}}dy=2.$$

(2) 当 $y\leqslant 0$ 时，$F_Y(y)=P\{Y\leqslant y\}=P\{e^{-2X}\leqslant y\}=0, f_Y(y)=0$；

当 $y>0$ 时，

$$\begin{aligned}F_Y(y)&=P\{Y\leqslant y\}=P\{e^{-2X}\leqslant y\}\\&=P\{-2X\leqslant \ln y\}=P\left\{X\geqslant-\frac{\ln y}{2}\right\}\\&=1-P\left\{X\leqslant-\frac{\ln y}{2}\right\}=1-F_X\left(-\frac{\ln y}{2}\right),\end{aligned}$$

$$\begin{aligned}f_Y(y)&=-f_X\left(-\frac{\ln y}{2}\right)\left(-\frac{\ln y}{2}\right)'=\frac{1}{2y}f_X\left(-\frac{\ln y}{2}\right)\\&=\begin{cases}\frac{1}{2y}e^{\frac{\ln y}{2}}, & 0<y<1,\\ 0, & y\geqslant 1\end{cases}\end{aligned}$$

$\left(\text{因为}-\frac{\ln y}{2}>0, \ln y<0, \text{所以 } 0<y<1\text{；又因为}-\frac{\ln y}{2}\leqslant 0, \ln y\geqslant 0,\text{所以 } y\geqslant 1\right)$.

$$\begin{aligned}E(Y)&=\int_{-\infty}^{+\infty}yf_Y(y)dy=\int_0^1\frac{y}{2y}e^{\frac{\ln y}{2}}dy\\&=\int_0^1\frac{1}{2}\sqrt{y}\,dy=\frac{1}{3}.\end{aligned}$$

8. 由题可求得

X	1	2	3
$p_{i\cdot}$	0.4	0.2	0.4

Y	-1	0	1
$p_{\cdot j}$	0.3	0.4	0.3

且

$(X-Y)^2$	2^2	3^2	4^2	1^2	2^2	3^2	0^2	1^2	2^2
P	0.2	0.1	0	0.1	0	0.3	0.1	0.1	0.1

即

$(X-Y)^2$	0	1	4	9
P	0.1	0.2	0.3	0.4

(1) $\mathrm{E}(X)=1\times 0.4+2\times 0.2+3\times 0.4=2$,

$\mathrm{E}(Y)=-1\times 0.3+0\times 0.4+1\times 0.3=0$.

(2) $\mathrm{E}(Z)=\mathrm{E}(X-Y)^2=0\times 0.1+1\times 0.2+4\times 0.3+9\times 0.4=5$.

9. 使 $f(x,y)$ 不为 0 值的区域为图 8 中阴影部分，故

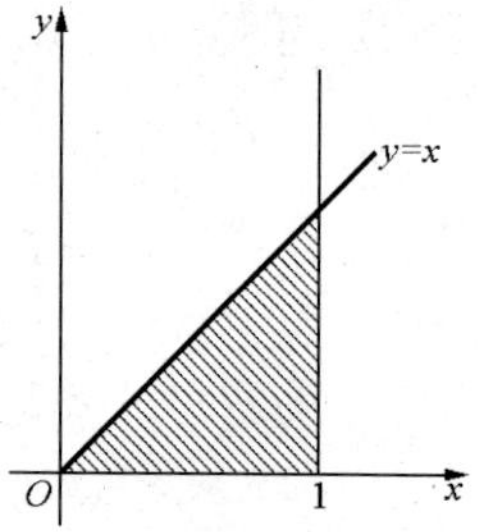

图 8

$$f_X(x)=\int_{-\infty}^{+\infty}f(x,y)\mathrm{d}y$$

$$=\begin{cases}\int_0^x 12y^2\mathrm{d}y=4x^3, & 0\leqslant x\leqslant 1,\\ 0, & x<0,x>1,\end{cases}$$

$$f_Y(y)=\int_{-\infty}^{+\infty}f(x,y)\mathrm{d}x$$

$$=\begin{cases}\int_y^1 12y^2\mathrm{d}x=12y^2-12y^3, & 0\leqslant y\leqslant 1,\\ 0, & y<0,y>1;\end{cases}$$

$$\mathrm{E}(X)=\int_0^1 4x^4\mathrm{d}x=\frac{4}{5},$$

$$\mathrm{E}(Y)=\int_0^1 y(12y^2-12y^3)\mathrm{d}y=\frac{3}{5},$$

$$\mathrm{E}(XY)=\int_{-\infty}^{+\infty}\int_{-\infty}^{+\infty}xyf(x,y)\mathrm{d}x\mathrm{d}y=\int_0^1\mathrm{d}x\int_0^x 12xy^3\mathrm{d}y=\frac{1}{2}.$$

10. 因为 $P\{X\leqslant 1\}=\int_{-\infty}^{1}f(x)\mathrm{d}x=\int_0^1\frac{1}{4}\mathrm{e}^{-\frac{x}{4}}\mathrm{d}x=1-\mathrm{e}^{-\frac{1}{4}}$,

$$P\{X>1\}=\int_1^{+\infty} f(x)\mathrm{d}x=\int_1^{+\infty}\frac{1}{4}\mathrm{e}^{-\frac{x}{4}}\mathrm{d}x=\mathrm{e}^{-\frac{1}{4}},$$

所以若设 Y 为出售一台设备净赢利,则

Y	100	-200
P	$\mathrm{e}^{-\frac{1}{4}}$	$1-\mathrm{e}^{-\frac{1}{4}}$

故 $\mathrm{E}(Y)=300\mathrm{e}^{-\frac{1}{4}}-200$.

11. 以 X 表示试验的总次数,则 X 服从参数为 p 的几何分布,其分布律为

$$P\{X=k\}=pq^{k-1}\quad(k=1,2,\cdots),$$

其中 $q=1-p$. 试验的总费用为 Y

$$Y=\begin{cases}10X, & X\leqslant 5,\\ 50+5(X-5), & X>5\end{cases}=\begin{cases}10X, & X\leqslant 5,\\ 25+5X, & X>5.\end{cases}$$

故

$$\begin{aligned}a=\mathrm{E}(Y)&=10\sum_{k=1}^{5}kpq^{k-1}+\sum_{k=6}^{\infty}(25+5k)pq^{k-1}\\&=5p\sum_{k=1}^{5}kq^{k-1}+5p\sum_{k=1}^{\infty}kq^{k-1}+25q^5\\&=\frac{5}{p}(5q^6-6q^5+2)+25q^5.\end{aligned}$$

12. 显然 Y 只有 1 和 -1 两个可能值. 记 $P\{Y=1\}=p_m, P\{Y=-1\}=q_m$,有

$$p_m+q_m=1,\quad p_m-q_m=\mathrm{E}(Y),\quad \mathrm{E}(X_k)=p-q.$$

又

$$\mathrm{E}(Y)=\mathrm{E}(X_1X_2\cdots X_m)=\mathrm{E}(X_1)\mathrm{E}(X_2)\cdots\mathrm{E}(X_m)=(p-q)^m,$$

于是有 $\quad p_m+q_m=1,\quad p_m-q_m=(p-q)^m.$

从而得

$$p_m=\frac{1}{2}[1+(p-q)^m],\quad q_m=\frac{1}{2}[1-(p-q)^m].$$

13. $\mathrm{E}(X_1)=\int_0^{+\infty}2x\mathrm{e}^{-2x}\mathrm{d}x=\frac{1}{2}$, $\mathrm{E}(X_2)=\int_0^{+\infty}4x\mathrm{e}^{-4x}\mathrm{d}x=\frac{1}{4}$,

$$\mathrm{E}(X_2^2)=\int_0^{+\infty}4x^2\mathrm{e}^{-4x}\mathrm{d}x=\frac{1}{8}.$$

(1) $E(X_1+X_2)=E(X_1)+E(X_2)=\frac{1}{2}+\frac{1}{4}=\frac{3}{4}$,

$E(2X_1-3X_2^2)=2E(X_1)-3E(X_2^2)=\frac{5}{8}$.

(2) $E(X_1X_2)=E(X_1)E(X_2)=\frac{1}{8}$.

14. 设

$$X_i=\begin{cases}0, & \text{第 } i \text{ 个球不在第 } i \text{ 个盒子中},\\ 1, & \text{第 } i \text{ 个球在第 } i \text{ 个盒子中}\end{cases}\quad (i=1,2,\cdots,n),$$

则对 $i=1,2,\cdots,n$,X_i 的分布律为

X_i	0	1
P	$\frac{(n-1)(n-1)!}{n!}$	$1-\frac{(n-1)(n-1)!}{n!}$

X_i 的期望为 $E(X_i)=\frac{1}{n}(i=1,2,\cdots,n)$.

又总配对数 $X=X_1+X_2+\cdots+X_n$,则

$$E(X)=\sum_{i=1}^{n}E(X_i)=nE(X_i)=n\times\frac{1}{n}=1.$$

15. X 的分布律为

X	1	2	3	$\cdots$	n
P	$\frac{1}{n}$	$\frac{n-1}{n}\cdot\frac{1}{n-1}$	$\frac{n-1}{n}\cdot\frac{n-2}{n-1}\cdot\frac{1}{n-2}$	$\cdots$	$\frac{1}{n}$

故 $E(X)=\frac{n+1}{2}$.

16. 由 X 的分布函数可得 X 的分布律

X	-1	0	1
P	0.25	0.50	0.25

故

$$E\left(\frac{X}{1+X^2}\right)=\frac{-1}{1+(-1)^2}\times 0.25+\frac{0}{1+0^2}\times 0.50+\frac{1}{1+1^2}\times 0.25=0,$$

$$D\left(\frac{X}{1+X^2}\right)=E\left(\frac{X}{1+X^2}\right)^2-0^2$$

$$= \left[\frac{-1}{1+(-1)^2}\right]^2 \times 0.25 + \left(\frac{0}{1+0^2}\right)^2 \times 0.50$$

$$+ \left(\frac{1}{1+1^2}\right)^2 \times 0.25 = 0.125.$$

17. $E(X-c)^2 - D(X)$

$$= E(X^2) - 2cE(X) + E(c^2) - \{E(X^2) - [E(X)]^2\}$$

$$= c^2 - 2cE(X) + [E(X)]^2 = [c - E(X)]^2 > 0.$$

18. $E(X) = \int_0^{+\infty} \frac{x^2}{\sigma^2} e^{-\frac{x^2}{2\sigma^2}} dx = -\int_0^{+\infty} x d e^{-\frac{x^2}{2\sigma^2}}$

$$= -x e^{-\frac{x^2}{2\sigma^2}} \Big|_0^{+\infty} + \int_0^{+\infty} e^{-\frac{x^2}{2\sigma^2}} dx$$

$$= \int_0^{+\infty} e^{-\frac{x^2}{2\sigma^2}} dx \xlongequal{x/\sigma=t} \sigma \int_0^{+\infty} e^{-\frac{t^2}{2}} dt = \sigma\sqrt{\frac{\pi}{2}},$$

$$E(X^2) = \int_0^{+\infty} \frac{x^3}{\sigma^2} e^{-\frac{x^2}{2\sigma^2}} dx = -\int_0^{+\infty} x^2 d e^{-\frac{x^2}{2\sigma^2}}$$

$$= 2\int_0^{+\infty} x e^{-\frac{x^2}{2\sigma^2}} dx = -2\sigma^2 e^{-\frac{x^2}{2\sigma^2}} \Big|_0^{+\infty} = 2\sigma^2,$$

$$D(X) = \left(2 - \frac{\pi}{2}\right)\sigma^2.$$

19. 已知 $\Gamma(\alpha) = \int_0^{+\infty} x^{\alpha-1} e^{-x} dx$，故

$$E(X) = \int_0^{+\infty} \frac{1}{\Gamma(\alpha)} \left(\frac{x}{\beta}\right)^\alpha e^{-\frac{x}{\beta}} dx = \frac{\beta}{\Gamma(\alpha)} \int_0^{+\infty} \left(\frac{x}{\beta}\right)^\alpha e^{-\frac{x}{\beta}} d\frac{x}{\beta}$$

$$\xlongequal{x/\beta=u} \frac{\beta}{\Gamma(\alpha)} \int_0^{+\infty} u^\alpha e^{-u} du = \frac{\beta}{\Gamma(\alpha)} \int_0^{+\infty} -u^\alpha d e^{-u}$$

$$= \frac{\beta}{\Gamma(\alpha)} \left(-u^\alpha e^{-u} \Big|_0^{+\infty} + \alpha \int_0^{+\infty} e^{-u} u^{\alpha-1} du\right)$$

$$= \frac{\alpha\beta\Gamma(\alpha)}{\Gamma(\alpha)} = \alpha\beta.$$

又

$$E(X^2) = \int_0^{+\infty} \frac{x^2}{\beta^\alpha \Gamma(\alpha)} x^{\alpha-1} e^{-\frac{x}{\beta}} dx = \frac{\beta^2}{\Gamma(\alpha)} \int_0^{+\infty} \left(\frac{x}{\beta}\right)^{\alpha+1} e^{-\frac{x}{\beta}} d\frac{x}{\beta}$$

$$\xlongequal{x/\beta=u}\frac{\beta^2}{\Gamma(\alpha)}\int_0^{+\infty}u^{\alpha+1}e^{-u}du=\frac{\beta^2}{\Gamma(\alpha)}\int_0^{+\infty}-u^{\alpha+1}de^{-u}$$

$$=\frac{\beta^2}{\Gamma(\alpha)}\left[-u^{\alpha+1}e^{-u}\Big|_0^{+\infty}+(\alpha+1)\int_0^{+\infty}u^{\alpha}e^{-u}du\right]$$

$$=\frac{\beta^2(\alpha+1)\alpha\Gamma(\alpha)}{\Gamma(\alpha)}=\alpha^2\beta^2+\alpha\beta^2.$$

故 $D(X)=E(X^2)-[E(X)]^2=\alpha^2\beta^2+\alpha\beta^2-(\alpha\beta)^2=\alpha\beta^2.$

20. 因 $A=X(10-X)$,故

$$E(A)=10E(X)-E(X^2)=8\frac{2}{3}.$$

$$E(A^2)=E(100X^2-20X^3+X^4)=\frac{1448}{15},$$

$$D(A)=E(A^2)-[E(A)]^2=21.42.$$

21. (1) $E(Y)=7$,

$$D(Y)=4D(X_1)+D(X_2)+9D(X_3)+\frac{1}{4}D(X_4)$$
$$=4\times(5-1)+5-2+9\times(5-3)$$
$$+\frac{1}{4}(5-4)=37\frac{1}{4}.$$

(2) $Z_1=2X+Y\sim N(2\times720+640,4\times30^2+25^2)$
$=N(2080,65^2)$,

$Z_2=X-Y\sim N(720-640,30^2+25^2)=N(80,1525)$,

$Z_3=X+Y\sim N(720+640,30^2+25^2)=N(1360,1525)$.

$$P\{X>Y\}=P\{X-Y>0\}=P\{Z_2>0\}$$

$$=1-\Phi\left(\frac{-80}{\sqrt{1525}}\right)=\Phi\left(\frac{80}{\sqrt{1525}}\right)=0.9798,$$

$$P\{X+Y>1400\}=P\left\{\frac{Z_3-1360}{\sqrt{1525}}>\frac{1400-1360}{\sqrt{1525}}\right\}$$

$$=1-\Phi\left(\frac{40}{\sqrt{1525}}\right)=1-\Phi(1.0204)$$

$$=1-0.8461=0.1539.$$

22. (1) 设 5 家商店两周的总销售量为 X,则

$$X=X_1+X_2+X_3+X_4+X_5\sim N(1200,1225),$$

$$E(X)=\sum_{i=1}^{5}E(X_i)=1200,\quad D(X)=\sum_{i=1}^{5}D(X_i)=1225.$$

(2) 设储存量为 x,则

$$P\{X\leqslant x\}>0.99,\quad \text{从而}\quad \Phi\left(\frac{x-1200}{\sqrt{1225}}\right)>0.99,$$

即 $$\frac{x-1200}{\sqrt{1225}}>2.33,\quad x=1282\ (\text{单位: kg}).$$

23. 设 X_i 表示第 i 袋的质量，且最多装 n 袋，则

$$X_i\sim N(50,2.5^2)\quad (i=1,2,\cdots,n).$$

记 $Y=X_1+X_2+\cdots+X_n$,则 $Y\sim N(50n,(2.5)^2n)$. 于是

$$P\{Y>2000\}\leqslant 0.05,\quad \text{得}\quad n\leqslant 39.$$

24. 由于 $X_1,X_2,\cdots,X_n$ 相互独立,可见

$$D(Y_n)=a_1^2D(X_1)+a_2^2D(X_2)+\cdots+a_n^2D(X_n)=\sum_{i=1}^{n}a_i^2\sigma_i^2,$$

其中 $\sigma_i^2=D(X_i)$. 现在用拉格朗日乘数法,引进辅助函数:

$$L(\lambda)=D(Y_n)-\lambda\left(\sum_{i=1}^{n}a_i-1\right)=\sum_{i=1}^{n}a_i^2\sigma_i^2-\lambda\left(\sum_{i=1}^{n}a_i-1\right),$$

注意到 $a_1+a_2+\cdots+a_n=1$,由

$$\frac{\partial L(\lambda)}{\partial a_i}=2a_i\sigma_i^2-\lambda=0\quad (i=1,2,\cdots,n),$$

得

$$a_i=\frac{\lambda}{2\sigma_i^2},\quad 1=\sum_{i=1}^{n}a_i=\sum_{i=1}^{n}\frac{\lambda}{2\sigma_i^2},$$

$$\lambda=2\left(\sum_{j=1}^{n}\frac{1}{\sigma_j^2}\right)^{-1},\quad a_i=\frac{1}{\sigma_i^2}\left(\sum_{j=1}^{n}\frac{1}{\sigma_j^2}\right)^{-1}\quad (i=1,2,\cdots,n).$$

于是,对于所求得的 $a_i(i=1,2,\cdots,n)$,$D(Y_n)$取最小值:

$$D(Y_n)=\sum_{i=1}^{n}\frac{1}{\sigma_i^4}\left(\sum_{j=1}^{n}\frac{1}{\sigma_j^2}\right)^{-2}\sigma_i^2=\left(\sum_{j=1}^{n}\frac{1}{\sigma_j^2}\right)^{-2}\sum_{i=1}^{n}\frac{1}{\sigma_i^2}$$

$$=\left(\sum_{j=1}^{n}\frac{1}{\sigma_j^2}\right)^{-1}.$$

25. 由题设有(X,Y)的分布律及关于 X,Y 的边缘分布律为

$Y \backslash X$	-1	0	1	$p_{\cdot j}$
-1	1/8	1/8	1/8	3/8
0	1/8	0	1/8	2/8
1	1/8	1/8	1/8	3/8
$p_{i\cdot}$	3/8	2/8	3/8	

XY 的分布律为

XY	1	0	-1	0	0	0	-1	0	1
P	1/8	1/8	1/8	1/8	0	1/8	1/8	1/8	1/8

即

XY	-1	0	1
P	1/4	1/2	1/4

故

$$\mathrm{E}(X)=0,\quad \mathrm{E}(Y)=0,\quad \mathrm{E}(XY)=0,$$

$$\rho_{XY}=\frac{\mathrm{E}(XY)-\mathrm{E}(X)\mathrm{E}(Y)}{\sqrt{\mathrm{D}(X)}\sqrt{\mathrm{D}(Y)}}=0,$$

从而 X 和 Y 不相关.

又 $p_{1\cdot}p_{\cdot 1}=\frac{3}{8}\times\frac{3}{8}\neq\frac{1}{8}=p_{11}$,故 X 与 Y 不是相互独立.

26. $\mathrm{E}(X)=P(A)$,$\mathrm{E}(Y)=P(B)$. 若 $\rho_{XY}=0$,则

$$\mathrm{cov}(X,Y)=\mathrm{E}(XY)-\mathrm{E}(X)\mathrm{E}(Y)=0,$$
$$\mathrm{E}(XY)=\mathrm{E}(X)\mathrm{E}(Y)=P(A)P(B).$$

又

$$\begin{aligned}\mathrm{E}(XY)&=0\times 0\times p_{00}+0\times 1\times p_{01}\\&\quad+1\times 0\times p_{10}+1\times 1\times p_{11}\\&=p_{11}=P(AB),\end{aligned}$$

即 $P(AB)=P(A)P(B)$,从而有

$$P(\overline{A}B)=P(\overline{A})P(B),\quad P(A\overline{B})=P(A)P(\overline{B}),$$
$$P(\overline{A}\,\overline{B})=P(\overline{A})P(\overline{B}).$$

故 X 与 Y 相互独立.

27. 使 $f(x,y)$ 不为 0 值的区域为图 9 中阴影部分，故

$$f_X(x)=\begin{cases}\int_{-x}^{x}\mathrm{d}y=2x, & 0<x<1,\\ 0, & x\leqslant 0, x\geqslant 1.\end{cases}$$

$$f_Y(y)=\begin{cases}\int_{-y}^{1}\mathrm{d}x=1+y, & -1<y<0,\\ \int_{y}^{1}\mathrm{d}x=1-y, & 0<y<1,\\ 0, & y\leqslant -1, y\geqslant 1.\end{cases}$$

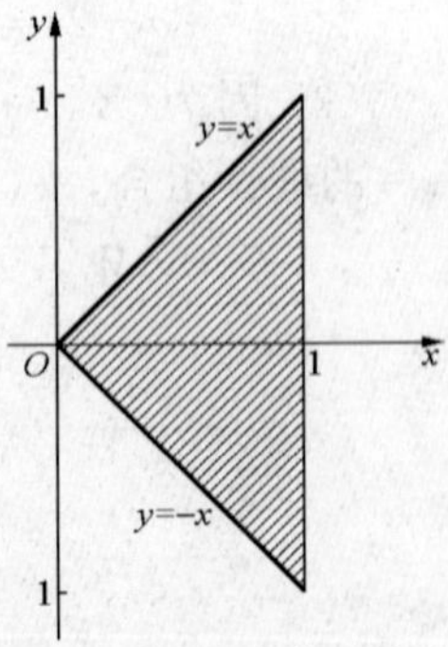

图 9

$$\mathrm{E}(X)=\frac{2}{3},\quad \mathrm{E}(Y)=0,$$

$$\mathrm{E}(XY)=\int_0^1\mathrm{d}x\int_{-x}^{x}xy\,\mathrm{d}y=0,$$

$$\mathrm{cov}(X,Y)=\mathrm{E}(XY)-\mathrm{E}(X)\mathrm{E}(Y)=0.$$

28. $\mathrm{E}(Z_1)=\mathrm{E}(\alpha X+\beta Y)=\alpha\mu+\beta\mu,$

$\mathrm{E}(Z_2)=\mathrm{E}(\alpha X-\beta Y)=\alpha\mu-\beta\mu,$

$$\mathrm{E}(X^2)=\mathrm{E}(Y^2)=\int_{-\infty}^{+\infty}\frac{x^2}{\sqrt{2\pi}\sigma}\mathrm{e}^{-\frac{(x-\mu)^2}{2\sigma^2}}\mathrm{d}x=\mu^2+\sigma^2,$$

$\mathrm{E}(Z_1^2)=\alpha^2\mathrm{E}(X^2)+2\alpha\beta\mathrm{E}(XY)+\beta^2\mathrm{E}(Y^2),$

$\mathrm{E}(Z_2^2)=\alpha^2\mathrm{E}(X^2)-2\alpha\beta\mathrm{E}(XY)+\beta^2\mathrm{E}(Y^2),$

$\mathrm{E}(XY)=\mathrm{E}(X)\mathrm{E}(Y)=\mu^2,$

$\mathrm{E}(Z_1Z_2)=\mathrm{E}(\alpha^2X^2-\beta^2Y^2)=\alpha^2\mathrm{E}(X^2)-\beta^2\mathrm{E}(Y^2),$

$$\rho_{Z_1Z_2}=\frac{\mathrm{E}(Z_1Z_2)-\mathrm{E}(Z_1)\mathrm{E}(Z_2)}{\sqrt{\mathrm{E}(Z_1^2)-[\mathrm{E}(Z_1)]^2}\sqrt{\mathrm{E}(Z_2^2)-[\mathrm{E}(Z_2)]^2}}$$

$$=\frac{\alpha^2(\mu^2+\sigma^2)-\beta^2(\mu^2+\sigma^2)-\mu^2(\alpha^2-\beta^2)}{\sqrt{\alpha^2(\mu^2+\sigma^2)+\beta^2(\mu^2+\sigma^2)+2\alpha\beta\mu^2-(\alpha\mu+\beta\mu)^2}}$$

$$\times\frac{1}{\sqrt{\alpha^2(\mu^2+\sigma^2)+\beta^2(\mu^2+\sigma^2)-2\alpha\beta\mu^2-(\alpha\mu-\beta\mu)^2}}$$

$$=\frac{\alpha^2-\beta^2}{\alpha^2+\beta^2}.$$

29. (1) $\mathrm{E}(W)=a^2\mathrm{E}(X^2)+6a\mathrm{E}(XY)+9\mathrm{E}(Y^2)$

$=a^2\{\mathrm{D}(X)+[\mathrm{E}(X)]^2\}+6a[\rho_{XY}\sqrt{\mathrm{D}(X)}\sqrt{\mathrm{D}(Y)}$

$+E(X)E(Y)]+9\{D(Y)+[E(Y)]^2\}$

$=4a^2-24a+144$

令 $E'_a=8a-24=0$，得 $a=3$. $E(W)_{\min}=108$.

(2) 因为(X,Y)是二维正态随机变量，而 W 与 V 分别是 X,Y 的线性组合，故(W,V)也是二维正态随机变量.

$$\begin{aligned}\operatorname{cov}(W,V) &= E[X-aY-E(X-aY)] \\ &\quad\cdot[X+aY-E(X+aY)] \\ &= E\{[X-E(X)]-a[Y-E(Y)]\} \\ &\quad\cdot\{[X-E(X)]+a[Y-E(Y)]\} \\ &= E\{[X-E(X)]^2-a^2[Y-E(Y)]^2\} \\ &= D(X)-a^2D(Y)=\sigma_X^2-a^2\sigma_Y^2 \\ &= \sigma_X^2-\frac{\sigma_X^2}{\sigma_Y^2}\sigma_Y^2=0,\end{aligned}$$

即 W 与 V 不相关. 又因为(W,V)是二维正态随机变量，所以 W 与 V 相互独立.

30. 设$(X,Y)\sim N(\mu_1,\mu_2,\sigma_1^2,\ \sigma_2^2,\rho)$，则由题知 $\mu_1=0,\mu_2=0,\sigma_1^2=3$，$\sigma_2^2=4,\rho=\rho_{XY}=-\frac{1}{4}$. 故

$$f(x,y)=\frac{1}{3\sqrt{5}\,\pi}\exp\left[\frac{-8}{15}\left(\frac{x^2}{3}+\frac{xy}{4\sqrt{3}}+\frac{y^2}{4}\right)\right].$$

31. 记 $q(t)=E[(V+tW)^2]=E(V^2)+2tE(VW)+t^2E(W^2)\geqslant 0$.

若 $q(t)>0$，则 $\Delta=4[E(VW)]^2-4E(V^2)E(W^2)<0$，即

$$[E(VW)]^2<E(V^2)E(W^2);$$

若 $q(t)=0$，则 $V=-tW$，这时$[E(VW)]^2=E(V^2)E(W^2)$.

专　题　五

A　级

1. $p\approx 0.8889$. **提示**：用契比雪夫不等式.

2. 至少要有 10 个学生. **提示**：用契比雪夫不等式.

3. 1.　　　**4.** 是.　　　**5.** $N\left(n,\dfrac{n}{3}\right)$.　　　**6.** $N\left(0,\dfrac{n\sigma^2}{4}\right)$.

7. 96.　**提示**：用中心极限定理与不等式 $p(1-p)\leqslant\dfrac{1}{4}$.

8. $p\approx 0.00135$.

B　级

1. **提示**：用辛饮大数定律.

2. **提示**：系统误差为每次称质量的期望，用辛饮大数定律.

3. 642.6.　　**4.** $p=0.01017$.

5. 0.9938.　　**6.** $272a$.

7. (1) $\mathrm{E}(\eta_n)=I,\mathrm{D}(\eta_n)=\dfrac{\sigma^2}{n}$；　(2) **提示**：用契比雪夫不等式.

8. (1) $P\{X=k\}=\mathrm{C}_{100}^{k}\times 0.2^{k}\times 0.8^{100-k}\ (k=0,1,2,\cdots,100)$；

(2) 0.927.

9. $\varepsilon=0.33$.

专　题　六

A　级

1. $\chi^2(n)$，n.　　　**2.** $\chi^2(n-1)$.

3. B.　　**4.** D.　　**5.** $\dfrac{1}{\sigma^2}(X_1^2+X_2^2+X_1^2)$.

6. (1) 40；(2) 1.537.　　　**7.** $n=27$.

B　级

2. $n\geqslant 9$.

3. (1) 1.83；　(2) 2.26；　(3) 3.25；　(4) 2.82.

4. (1) $\alpha_1=10.932$，$\alpha_1=1.096$；　(2) $\beta_1=10.932$；

(3) $\beta_2=0.113$；　(4) $\gamma_1=0.709$，$\gamma_2=6.038$.

5. $\varphi(x)=\dfrac{1}{\sqrt{2\pi}\sqrt{217}}\exp\left\{\dfrac{-1}{434}x^2\right\}$，$-3$，3472.

6. t 分布，0，3.　　　**7.** $\frac{1}{4}$，4，8.

8. (1) 0，$\frac{1}{100}$；(2) $\frac{1}{4900}$；(3) 0.8414.　　　**9.** $\frac{a}{n}$，a.

10. 提示：$U=\frac{Y_1-Y_2}{\sigma/\sqrt{2}}\sim N(0,1)$，$\chi^2=\frac{2S^2}{\sigma^2}\sim\chi^2(2)$.

专　题　七

A　　级

1. $\overline{X}$；$\overline{X}$；$\frac{1}{n}\sum_{k=1}^{n}(X_k-\overline{X})^2$，不是 σ^2 的无偏估计；

$\frac{1}{n}\sum_{k=1}^{n}(X_k-\overline{X})^2$，不是 σ^2 的无偏估计.

2. 极大似然.　　　**3.** (T_1,T_2).

4. $\hat{p}=\dfrac{\overline{X}-\frac{1}{n}\sum_{k=1}^{n}(X_k-\overline{X})^2}{\overline{X}}$，$\hat{k}=\dfrac{\overline{X}^2}{\overline{X}-\frac{1}{n}\sum_{k=1}^{n}(X_k-\overline{X})^2}$.

5. θ_1,θ_2 的矩估计量分别为

$\hat{\theta}_1=\overline{X}-\sqrt{3}S$，$\hat{\theta}_2=\overline{X}+\sqrt{3}S$，　其中 $S^2=\frac{1}{n}\sum_{k=1}^{n}(X_k-\overline{X})^2$.

θ_1,θ_2 的极大似然估计量分别为

$$\hat{\theta}_1=\min_{1\leqslant i\leqslant n}\{X_i\},\quad \hat{\theta}_2=\max_{1\leqslant i\leqslant n}\{X_i\}.$$

6. (1) $\hat{\mu}=\overline{X}$；(2) $\hat{\mu}=\overline{X}$.　　　**7.** $\hat{\sigma}^2=\frac{1}{n}\sum_{k=1}^{n}X_k^2$.

8. $(0.561,2.857)$.　**9.** $(8.33,8.43)$，$(2.9\times10^{-4},0.0125)$.

B　　级

1. 0.90.

2. 矩估计量：(1) $\hat{\theta}=\dfrac{\overline{X}}{\overline{X}-c}$；　(2) $\hat{\theta}=\sqrt{\dfrac{2}{\pi}}\overline{X}$；

极大似然估计量：(1) $\hat{\theta}=\dfrac{n}{\sum\limits_{k=1}^{n}\ln X_k-n\ln c}$；(2) $\hat{\theta}=\sqrt{\dfrac{\sum\limits_{k=1}^{n}X_k^2}{2n}}$.

3. 极大似然估计：$\hat{p}=\dfrac{n}{\sum\limits_{i=1}^{n}k_i}$；矩估计：$\hat{p}=\dfrac{n}{\sum\limits_{i=1}^{n}k_i}$.

4. **提示**：$X_i\sim$0-1 分布$(i=1,2,\cdots,100)$，从而

$$\frac{\sum\limits_{k=1}^{n}X_k-np}{\sqrt{np(1-p)}}\sim N(0,1).$$

5. (1) **提示**：令 $Y=\dfrac{2}{\theta}X$，Y 服从指数分布.

(2) $2n\overline{X}/\chi_\alpha^2(2n)$.　**提示**：$\dfrac{2n\overline{X}}{\theta}\sim\chi^2(2n)$.

(3) 由(2)的结果 $\underline{\theta}\approx3764.71$.

6. (1) (21.137,21.663)；　(2) (20.3355,22.4645).

7. (0.45,2.79).　**8.** (−6.04,−5.96).

12. $\hat{\theta}=\dfrac{1}{2n}\sum\limits_{k=1}^{n}X_k^2$，是无偏估计量.

专　题　八

A　级

1. (1) 参数，非参数；　(2) 控制犯第一类错误的概率；

(3) $\chi^2=\dfrac{\sum\limits_{k=1}^{n}(X_k-\mu)^2}{\sigma_0^2}$，$\chi^2=\dfrac{(n-1)S^2}{\sigma_0^2}$.

2. (1) 正常；　(2) 不正常.　**3.** 不是.　**4.** 不是.

5. 新的比旧的显著好.　**6.** 这块地面积已到 1.25.

B　　级

1. 有显著变化.

2. $\alpha=0.05$ 时,有显著差异;$\alpha=0.01$ 时,无显著差异.

3. 有显著差异.　**提示**:先检验 $\sigma_x^2=\sigma_y^2$,再检验 $\mu_x=\mu_y$.

4. (1) $c=0.62$;　(2) 不能推断 $\mu=0$;　(3) $\alpha=0.0003$.

5. (1) (29.31,30.69);　(2) 平均气温不是 31.5℃;

(3) 对于同一显著水平 α 而言,拒绝 $\mu=31.5$℃ 与 31.5℃ 在置信水平为 $1-\alpha$ 的 μ 的置信区间之外是一致的.

6. 新仪器的精度比旧仪器好.

7. 无显著变化.　**提示**:检验方差齐性 $\sigma_1^2=\sigma_2^2$.

8. 相等.　**9.** 符合要求.

10. 生产正常.　**提示**:先检验 $\sigma^2=\sigma_0^2=0.03$,再检验 $\mu=\mu_0=7$.

附录二　模拟试题答案或提示

模拟试题一答案

一、**1.** 0.72；0.1.　　**2.** 21.　　**3.** 5；1/25.

4. $\hat{\mu}_1', \hat{\mu}_3$；$\hat{\mu}_1$.　　**5.** $1-\dfrac{\sigma^2}{n\varepsilon^2}$.

二、0.0642.

三、(1) $f(x,y)=\begin{cases}1, & 0<x<1, 0<y<1,\\ 0, & \text{其他};\end{cases}$

(2) 独立；

(3) $f_Z(z)=\begin{cases}z, & 0<z<1,\\ 2-z, & 1\leqslant z<2,\\ 0, & \text{其他}.\end{cases}$

四、X 的分布律为

X	1	2	3
P	6/16	9/16	1/16

故　　$\mathrm{E}(X)=\dfrac{27}{16}$,　$\mathrm{D}(X)=\dfrac{87}{256}$.

五、以 X_k 表示该射手第 k 次射击的得分，则诸 X_k 独立同服从如下分布

X_k	0	2	3	4	5
P	0.1	0.1	0.2	0.2	0.4

$(k=1,2,\cdots,200)$,

且 $\sum_{k=1}^{200} X_k$ 表示射手所得的总分. 因为 $\mathrm{E}(X_k)=3.6$, $\mathrm{D}(X_k)=2.44$，由独立同分布中心极限定理，有

$$\frac{\sum_{k=1}^{n} X_k - n\mathrm{E}(X_k)}{\sqrt{n\mathrm{D}(X_k)}} \overset{\text{近似}}{\sim} N(0,1),$$

据此，有

(1) $P\left\{\sum_{k=1}^{200}X_k>750\right\}=P\left\{\frac{\sum_{k=1}^{200}X_k-200\times3.6}{\sqrt{200\times2.44}}>\frac{750-200\times3.6}{\sqrt{200\times2.44}}\right\}$

$$\approx1-\Phi\left(\frac{30}{\sqrt{488}}\right)=1-\Phi(1.36)=0.087;$$

(2) $P\left\{650<\sum_{k=1}^{200}X_k<750\right\}$

$$=P\left\{\frac{650-200\times3.6}{\sqrt{200\times2.44}}<\frac{\sum_{k=1}^{200}X_k-200\times3.6}{\sqrt{200\times2.44}}<\frac{750-200\times3.6}{\sqrt{200\times2.44}}\right\}$$

$$\approx\Phi\left(\frac{30}{\sqrt{488}}\right)-\Phi\left(\frac{-70}{488}\right)$$

$$=\Phi(1.36)-\Phi(-3.17)$$

$$=\Phi(1.36)+\Phi(3.17)-1=0.912.$$

六、$E(X)=\int_0^{+\infty}\frac{x^2}{\sigma}e^{-\frac{x^2}{2\sigma}}dx=-\int_0^{+\infty}xde^{-\frac{x^2}{2\sigma}}$

$$=-xe^{-\frac{x^2}{2\sigma}}\Big|_0^{+\infty}+\int_0^{+\infty}e^{-\frac{x^2}{2\sigma}}dx$$

$$=\sqrt{2\pi}\sqrt{\sigma}\frac{1}{\sqrt{2\pi}}\int_0^{+\infty}e^{-\frac{(x/\sqrt{\sigma})^2}{2}}d\frac{x}{\sqrt{\sigma}}=\frac{\sqrt{2\pi\sigma}}{2}.$$

令$\frac{\sqrt{2\pi\sigma}}{2}=\overline{X}$，得 σ 的矩估计量为 $\hat{\sigma}=\frac{2\overline{X}^2}{\pi}$.

设 $x_1,x_2,\cdots,x_n$ 为样本值，则似然函数为

$$L(\sigma)=\prod_{i=1}^{n}\frac{1}{\sigma}x_ie^{-\frac{x_i^2}{2\sigma}}=\frac{1}{\sigma^n}e^{-\frac{1}{2\sigma}\sum_{i=1}^{n}x_i^2}\prod_{i=1}^{n}x_i,$$

$$\ln L(\sigma)=-n\ln\sigma-\frac{1}{2\sigma}\sum_{i=1}^{n}x_i^2+\sum_{i=1}^{n}\ln x_i.$$

由$\frac{d\ln L(\sigma)}{d\sigma}=\frac{-n}{\sigma}+\frac{1}{2\sigma^2}\sum_{i=1}^{n}x_i^2=0$ 得 σ 的极大似然估计量为

$$\hat{\sigma}=\frac{1}{2n}\sum_{i=1}^{n}X_i^2.$$

七、$\overline{x}=11.114, s^2=0.021, s=0.145, \alpha=0.05, n=10, t_{\alpha/2}(n-1)=t_{0.025}(9)=2.2622$，故 μ 的置信水平为 0.95 的置信区间为

$$\left(\overline{x} \pm \frac{s}{\sqrt{n}} t_{\alpha/2}(n-1)\right)=\left(11.114 \pm \frac{0.145}{\sqrt{10}} \times 2.262\right),$$

又
$$\chi^2_{\alpha/2}(n-1)=\chi^2_{0.025}(9)=19.023,$$
$$\chi^2_{1-\alpha/2}(n-1)=\chi^2_{0.975}(9)=2.7,$$

故 σ^2 的置信水平为 0.95 的置信区间为

$$\left(\frac{(n-1)s^2}{\chi^2_{\alpha/2}(n-1)}, \frac{(n-1)s^2}{\chi^2_{1-\alpha/2}(n-1)}\right)=\left(\frac{9 \times 0.021}{19.023}, \frac{9 \times 0.021}{2.7}\right).$$

模拟试题二答案

一、**1.** 0.2358；　**2.** $N(1,4)$；4；0.　**3.** $f(x)=\begin{cases} e^{-x}, & x \geqslant 0, \\ 0, & x<0. \end{cases}$

4. $f(x_1,x_2,x_3)=\dfrac{1}{(2\pi)^{\frac{3}{2}}\sigma^3}\exp\left\{-\dfrac{(x_1-\mu)^2+(x_2-\mu)^2+(x_3-\mu)^2}{2\sigma^2}\right\}$

5. $\dfrac{3}{5}$；$\dfrac{3}{10}$.　**6.** $\left(2.705 \pm \dfrac{0.029}{4} \times 2.1315\right)$.　**7.** 0.1.

二、设事件

$A=\{$从这 10 箱中任取一件产品为正品$\}$，

$B_1=\{$从这 10 箱中任取一件产品是甲厂生产的$\}$，

$B_2=\{$从这 10 箱中任取一件产品是乙厂生产的$\}$，

$B_3=\{$从这 10 箱中任取一件产品是丙厂生产的$\}$，

则
$$P(A)=\frac{23}{25},\quad P(B_1|A)=\frac{45}{92}.$$

三、设 $X_i=\begin{cases} 0, & \text{第 } i \text{ 个交通岗红灯}, \\ 1, & \text{第 } i \text{ 个交通岗非红灯} \end{cases}$ $(i=1,2,3)$，则

$$X=X_1+X_2+X_3,$$

且 X_i 的分布律为

X_i	0	1
P	2/5	3/5

$(i=1,2,3)$.

于是　$E(X_i)=\frac{3}{5}$，　$D(X_i)=\frac{2}{5}\times\frac{3}{5}=\frac{6}{25}\quad(i=1,2,3)$

$$E(X)=\sum_{i=1}^{3}E(X_i)=3\times\frac{3}{5}=\frac{9}{5},$$

$$D(X)=\sum_{i=1}^{3}D(X_i)=3\times\frac{6}{25}=\frac{18}{25}.$$

四、(1) $A=\frac{1}{\pi}$；　(2) $P\left\{0<X<\frac{1}{2}\right\}=\frac{1}{6}$；

(3) $F(x)=\begin{cases}0, & x<-1,\\ \frac{1}{\pi}\arcsin x+\frac{1}{2}, & -1\leqslant x<1,\\ 1, & x\geqslant 1.\end{cases}$

五、(1) (X,Y)的分布律和关于 X,Y 的边缘分布律为

$X \backslash Y$	1	2	3	$p_{i\cdot}$
1	1/6	1/9	1/18	1/3
2	1/3	α	β	$1/3+\alpha+\beta$
$p_{\cdot j}$	1/2	$1/9+\alpha$	$1/18+\beta$	1

故 $\alpha+\beta=1/3$；

(2) 因$\left(\frac{1}{9}+\alpha\right)\times\frac{2}{3}=\alpha$，故 $\alpha=\frac{2}{9},\beta=\frac{1}{9}$；

(3) 由题设得

$X \backslash Y$	1	2	3	$p_{i\cdot}$
1	1/6	1/9	1/18	1/3
2	1/3	1/6	1/6	2/3
$p_{\cdot j}$	1/2	5/18	4/18	1

XY	1	2	3	4	6
P	1/6	4/9	1/18	1/6	1/6

于是 $E(X)=1\times\frac{1}{3}+2\times\frac{2}{3}=\frac{5}{3}$，$E(Y)=1\times\frac{1}{2}+2\times\frac{5}{18}+3\times\frac{4}{18}=\frac{31}{18}$，$E(XY)=1\times\frac{1}{6}+2\times\frac{4}{9}+3\times\frac{1}{18}+4\times\frac{1}{6}+6\times\frac{1}{6}=\frac{26}{9}$，

$\mathrm{cov}(X,Y)=E(XY)-E(X)E(Y)=\frac{26}{9}-\frac{31}{18}\times\frac{5}{3}=\frac{1}{54}.$

六、$P\{X=x\}=p(x,\theta),P\{X=x_i\}=p(x_i,\theta),L(\theta)=\prod_{i=1}^{3}p(x_i,\theta).$

(1) 由 $E(X)=1\times\theta^2+2\times2\theta(1-\theta)+3\times(1-\theta)^2=\bar{x}=\frac{1+2+1}{3}$,

得矩估计值为 $\hat{\theta}=\frac{5}{6}$.

(2) 因为 $P\{X=1\}=\theta^2,P\{X=2\}=2\theta(1-\theta)$,所以

$$L(\theta)=\theta^2\cdot2\theta(1-\theta)\cdot\theta^2=2\theta^5-2\theta^6.$$

令 $L'(\theta)=0$,得最大似然估计值为 $\hat{\theta}=5/6$.

七、由已知有

$\bar{x}=1.414$, $s^2=0.00778$, $\chi^2_{\alpha/2}(n-1)=\chi^2_{0.025}(4)=11.143$,

$\chi^2_{1-\alpha/2}(n-1)=\chi^2_{0.975}(4)=0.484$,

$$0.484<\chi^2=\frac{(n-1)s^2}{\sigma_0^2}=\frac{4\times0.00778}{0.048}=0.6483<11.143,$$

所以标准差正常.

模拟试题三答案

一、**1.** $\frac{C_3^2C_9^1}{C_{12}^3}$.　　　**2.** $1-(1-p)^n$.

3. $P(AB)=0.5\times0.8=0.4,P(A\cup B)=0.5+0.6-0.4=0.7.$

4. $f(x)=\frac{1}{\sqrt{2\pi}\frac{1}{\sqrt{2}}}e^{-\frac{(x-1)^2}{2\left(\frac{1}{\sqrt{2}}\right)^2}}$, $\mu=1$, $\sigma^2=\frac{1}{2}$.

5. $Z=X+Y$ 的分布律为

$X+Y$	0	1	2
P	1/9	4/9	4/9

6. 12.　　　**7.** μ,σ^2 均为已知参数.

8. $\overline{X}+X_n\sim N\left(2\mu,\frac{n}{n-1}\sigma^2\right)$.　　　**9.** $\left(1\pm\frac{0.2}{\sqrt{100}}Z_{0.025}\right)$.

二、(1) $A=2$;

(2) $P\{X\leqslant0.1\}=\int_0^{0.1}2x\mathrm{d}x=0.01$,　$V_{10}\sim B(10,0.01)$,

$E(V_{10})=10\times 0.01=0.1$,

$D(V_{10})=10\times 0.01\times 0.99=0.099$.

三、(1) $E(X)=\frac{7}{6}$, $E(Y)=\frac{7}{6}$, $D(X)=\frac{11}{36}$,

$$D(Y)=\frac{11}{36},\quad E(XY)=\frac{4}{3},\quad \rho=\frac{\frac{4}{3}-\frac{49}{36}}{\frac{11}{36}}=-\frac{1}{11};$$

(2) 不独立.

四、X 的分布律为

X	10	5	0	−2
P	0.3277	0.4096	0.2048	0.0579

故一周内平均利润是 $E(X)=5.2090$.

五、似然函数为

$$L(\theta)=\prod_{i=1}^{n}\frac{1}{\theta}e^{-\frac{x_i}{\theta}}=\frac{1}{\theta^n}e^{-\frac{1}{\theta}\sum_{i=1}^{n}x_i},$$

$$\ln L(\theta)=-n\ln\theta-\frac{1}{\theta}\sum_{i=1}^{n}x_i,$$

由 $\frac{d\ln L(\theta)}{d\theta}=-\frac{n}{\theta}+\frac{1}{\theta^2}\sum_{i=1}^{n}x_i=0$ 得 $\hat{\theta}=\frac{1}{n}\sum_{i=1}^{n}x_i$ 为 θ 的极大似然估计量. 由于 $E(\hat{\theta})=E\left(\frac{1}{n}\sum_{i=1}^{n}X_i\right)=\frac{1}{n}\sum_{i=1}^{n}E(X_i)=\theta$,故 $\hat{\theta}$ 为 θ 的无偏估计.

六、$t_{0.025}(35)=2.0301$, $|t|=\left|\frac{8.5-8}{1.218/\sqrt{36}}\right|=2.4631>2.0301$,故有显著提高.

七、3/5.　　　　八、1.879.